체육관으로 간 뇌과학자

실험실에 갇혀 살던 중년 뇌과학자의
엉뚱하고 유쾌한 셀프 두뇌 실험기

체육관으로 간 뇌과학자

Healthy
Brain,
Happy
Life

웬디 스즈키 지음 | 조은아 옮김

북라이프
booklife

옮긴이 **조은아**

한국외국어대학교 중국어학과를 졸업했다. 글밥 아카데미 수료 후 현재 바른번역 소속 번역가로 활동 중이다. 역서로는 《살인 카드 게임》, 《암, 더 이상 감출 수 없는 진실》, 《구아파》 등이 있다.

체육관으로 간 뇌과학자

1판 1쇄 발행   2019년 6월 25일
1판 8쇄 발행   2024년 3월 26일

지은이 | 웬디 스즈키
옮긴이 | 조은아
발행인 | 홍영태
발행처 | 북라이프
등 록 | 제2011-000096호(2011년 3월 24일)
주 소 | 03991 서울시 마포구 월드컵북로6길 3 이노베이스빌딩 7층
전 화 | (02)338-9449
팩 스 | (02)338-6543
대표메일 | bb@businessbooks.co.kr
홈페이지 | http://www.businessbooks.co.kr
블로그 | http://blog.naver.com/booklife1
페이스북 | thebooklife
ISBN 979-11-88850-60-0   03400

뇌과학이 삶을
바꿀 수 있을까?

어느 날 잠에서 깨어났을 때 나는 삶이 텅 비어 있음을 깨달았다. 나는 신경과학자로서 권위 있는 상을 여러 차례 수상하며 세계적인 명성을 얻었고 40세를 바라보는 나이에 이미 평생의 꿈으로 여겨지는 것들을 이루었다. 뉴욕 대학교에서 신경과학 연구로 명성이 자자한 실험실을 운영했고 종신 교수 자격까지 얻었다. 두 가지 모두 여러 이유로 매우 성취하기 어렵다. 대학원 때까지만 해도 남녀 비율이 반반이었지만, 졸업 후 수많은 여자 동기들이 과학에서 멀어졌다. 대부분 여성들이 직장에서 공통적으로 겪는 어려움들 때문이었다. 일단 남편의 직업 때문에 과학과 관련된 직업을 구하기 어려운 곳에 살아야 하는 경우가 많고, 출산과 육아로 휴직한 후에 아주 힘겹게 복귀하거나 아예 실직하기도 했다. 또 지나치게 경쟁적인 연구 보조금의 사용 내역을 작성하는 과정에서 의욕을 잃거나 긴 근무 시간과 낮은 급여에 지쳐 재능과 창조성을 발휘할 또 다른 배출구를 찾아가기도 했다. 나처럼 줄곧 과학자로 살아온 여성들은 매우 드물다. 실제로 현재 미국 내 주류 연구 기관에서 과학 교수로 일하는 여성은 전체의 28퍼센트에 불과하다. 대학원을 졸업할 때만 해도 50퍼센트였던 여성의 비율이 교수 수준에서 롤러코스터를 탄 듯 28퍼센트로 떨어진 현실은 번쩍이는 거대 네온사인처럼 여성들에게 경고하고 있다. "조심하라. 이 바닥에서는 삶 자체가 엄청난 도전이다!"

암울한 통계에도 불구하고 나는 계속 앞으로 나아갔다. 저명한 과학 잡지에 수많은 기사를 실었고 뇌 기억 기능의 기저에 깔린 해부학과 생리학 연구로 수차례 상을 받았다. 나는 여성 과학자들의 롤 모델이었으며 동료들에게는 존경의 대상이었다. 또 다수의 논문을 발표하여 뛰어난 경력과 흠잡을 데 없는 실적을 쌓았다. 나는 과학을 연구하는 일을 사랑했다. 정말 그랬다.

이런 상황에서 잘못될 일이 있었겠는가? 글쎄… 그 외의 모든 것이 그랬다.

솔직히 내 삶은 굉장히 우울했다. 나는 꿈에 그리던 경력을 쌓느라 사회생활과 연애를 멀리했다. 학과나 실험실 사람들과도 잘 지내지 못했다. 내가 실험실의 다른 과학자들과 어울리는 유일한 방법은 함께 일을 하는 것이었다. 더 정확히 말하면 아주 열심히 일하는 것이었다. 내 삶에는 오로지 일뿐이었기 때문에 그 외에 공유할 만한 것이 없었다. 참, 내가 외모에 대한 이야기도 했던가? 나는 조금씩 둔해지고 있었다. 정확히 말하면 정상 체중보다 9킬로그램이 더 나갔다. 비참한 심정이었고, 삶의 방향을 완전히 잃어버렸다. 과학 분야에 종사하면서 경력을 쌓는 데는 무척 탁월했지만 일상생활은 엉망이었다. 그렇다고 오해하지 마시라. 나는 내 일을 무척 사랑했고, 과학에 대해 늘 열정적이었다. 하지만 사람이 일만 하며 살 수는 없지 않은가?

그러던 어느 날 나는 아주 놀라운 깨달음의 순간을 맞이했고, 정말 중요한 것들을 전혀 모르고 있다는 생각을 했다.

공부밖에 모르던 뇌과학자의 반전 뇌과학

과학 외의 모든 것을 놓치고 있었음을 깨달은 나는 과학자로서 어떤 선택을 했을까?

나는 나를 대상으로 실험을 하기로 결심했고, 그 후 내 삶은 완전히 달라졌다.

지난 몇 년 사이 나는 20년간 매진했던 신경과학 연구를 바탕으로 큰 도약을 이루어냈다. 그런데 과학계 너머를 탐험하며 건강과 행복이라는 완전히 새로운 세계를 발견하게 되었다. 그 발견은 아이러니하게도 나를 출발점으로 되돌려보냈다. 나의 내면에서는 180도에 가까운 엄청난 변화가 일어났다.

운명을 바꾸기로 마음먹기 전까지의 나는 사실상 연구실의 쥐처럼 살았다. 과학 분야에서 많은 성과를 이루었으나 활발한 경력과 의미 있는 인간관계를 모두 갖춘 건강하고 행복한 사람이 되는 법은 찾지 못한 과체중의 중년 여성이었다. 심연 속의 나를 끌어올릴 수 있는 사람은 오직 나 자신뿐이었다. 더 많은 출판물과 수상 경력, 연구 결과를 얻기 위해 이렇게 10년을 더 보내고 50세에 문득 잠에서 깨어나 인생의 공허함을 느끼고 싶지 않았다. 나는 더 많은 것을 원했다.

욕심이었을까? 우리 각자는 오직 주어진 하나의 운명을 받아들이거나 한 가지 길만 선택해야 하는 걸까?

우리에게는 다양한 면이 있지 않은가? 일이나 가족, 혹은 두 가지를 동시에 추구하다 어떤 면을 포기하지는 않았는가? 기회가 주어진다면 날뛰는 황소에 올라탄 카우걸처럼 인생에 올라타 재미있고 창의적이며 열정적이고 아이 같은 자신의 일부, 그 잃어버린 면을 되찾고 싶지 않겠는가? 내 대답은 "그래, 해보자!"였다.

인생의 여정을 절반쯤 마친 시점에서 나는 강제적으로 분리되었던 두 개의 자아와 맞붙었고 오히려 행복해졌다. 물론 행복이 무엇인지, 어떻게 하면 행복해질 수 있는지를 다룬 책은 수없이 많다. 나는 독서를 통해 행복이 전적으로 태도에 달려 있으며 감정의 내적 균형을 부정에서 긍정으로 이동시켜 얻을 수 있음을 알게 되었다. 또 행복에는 자기 수용self-permission이라는 특정 방식이 필요하다. 즉, 생산성으로만 판단받는 금욕주의의 희생자로 남아 있으려는 집착을 버리고 스스로 자유로워지고, 탐험하고, 창조해야 한다. 그뿐만 아니라 행복은 선택과 자유의지로 얻을 수 있다는 것을 배웠다. 따라서 누군가가 커다란 리본을 단 선물 바구니에 행복을 넣어 보내주기를 기다리지 말고 적극적으로 나서 행복을 요구해야 한다.

그러나 나는 과학자로서 진정한 행복의 길을 보여줄 더 본질적이고 과학적인 무언가를 찾고 싶었다. 신경과학에 관한 내 모든 지식을 삶에 적용하면 어떨까? 행복해지기 위해서는 위대한 신경과학 실험들을 고안한 뇌 일부만 사용할 것이 아니라 뇌 전체를 사용해야 했다. 나는 뉴욕 대학교에서 연구와 교수 일을 시작하면서부터 뇌 영역의 상당한 부위를 사용하지 않았다. 사용하지 않은 부위가 녹슬어가는 것이 분명하게 느껴졌다. 예를 들어, 움직임이 적다 보니 운동영역의 많은 부분이 방치되었다. 특정 유형(과학적이지 않은)의 창조성에 관여하는 감각영역과 명상 및 영성에 관여하는 영역은 새로운 실험을 고안하고 규칙을 따르고 매번 나 자신을 판단했던 영역에 비하면 황무지나 다름없었다. 과학과 관련된 모든 영역은 아마존의 우림처럼 생명력이 충만한 숲이었다. 나는 행복해지기 위한 첫걸음으로 뇌 전체와 접촉해야 한다는 것을 깨달았다. 물론 그것이 전부는 아니었다.

나는 뇌를 깊이 사랑하고 존중했지만, 인간은 뇌 이상의 존재이며 뇌와 연결된 몸이 세상과의 상호작용을 가능하게 한다는 사실을 알고 있었다. 그동안 방치되어온 것은 뇌의 일부만이 아니었다. 나는 몸 전체를 소홀히 하고 있었다. 황폐해진 뇌 일부를 자극하는 것보다 몸 전체를 작동시키는 것이 더 시급했다. 다시 말해, 행복해지기 위해서는 뇌 전체를 균형 있게 사용해야 할 뿐 아니라 뇌와 몸을 연결해야 한다.

아인슈타인도 사는 게 복잡할 땐 몸을 움직였다

반갑고 놀라운 소식을 전해주겠다. 뇌를 활성화하고 마음과 신체를 연결하여 뇌와 몸의 불가분적 관계를 이용하면, 뇌 기능은 이례적이고 아주 독특한 방식으로 향상된다. 즉 사고력을 날카롭게 다듬고 기억력을 증진할 수 있다. 또 환경(신체를 포함한)의 좋은 측면을 활용하고 나쁜 환경(스트레스, 부정적 사고, 트라우마, 중독)으로부터 자신을 보호하는 방법을 배울 수 있다.

나는 수년간의 소파 생활을 접고 규칙적인 에어로빅과 요가로 새로운 여정을 시작했다. 신체의 변화를 보고 느끼는 것은 마법 같은 경험이었다. 유년 시절 이후 처음으로 육체적인 자신감을 느꼈다. 이전보다 강해진 느낌이었고 약간은 섹시하게 느껴지기도 했으며, 운동을 하면 할수록 더 환상적인 기분이 들었다. 내 몸은 늘 새로운 것을 배우고 있었고 뇌도 그것을 좋아했다! 기분뿐 아니라 기억력과 집중력도 좋아졌다. 삶을 더 즐기기 시작하면서 스트레스는 줄고 창의성은 늘었다. 게다가 운동에 대한 열정을 과학자로서의 삶에 적용하여 그전까지 한 번도 생각해본 적 없던 뇌에 관한 질문과 주제를 탐구할 수 있었다. 가장 큰 기적은 새롭게 얻은 자신감과 건강, 끝내주는 기분이 수년간 애정으로 일구어낸 지루하고 통제적이며 악착같던 '과학자로서의 인격'을 서서히 벗겨내기 시작했다는 점일 것이다. 나는 오랫동안 잊고 있었던 열정으로 즐거움을 한껏 끌어안았다.

여기서 뇌를 활성화하고 정신과 신체의 연결에서 나오는 힘을 사용하여 우리를 행복하게 만드는 비밀병기 또는 램프의 요정 지니가 바로 신경과학이다. 나는 신경과학의 살아 있는 표본이었고, 모든 신체 활동이 내 뇌를 더 나은 방향으로 변화시키고 있었다! 이러한 사실이 확실해지자 나는 예전으로 돌아갈 수 없음을 깨달았다. 시간을 투자하여 다양한 정체성을 더 많이 계발할수록 스스로가 충만해지고 완전해지는 것을 느꼈다. 부정적인 사고 패턴을 관리하여 삶을 행복하게 만들고 고도의 집중력을 유지하며 목표를 향해 나아갈 수만 있다면 어떠한 변화도 감당할 작정이었다. 그러니까 신경과학의 관점에서 내가 하고 싶은 말은, 누구나 뇌를 이용해 행복해질 수 있다는 것이다.

나는 현재 49세다. 나는 건강하고 행복하며 놀라울 정도로 재미있고 활동적인 사회생활을 영위하는 동시에 그 어느 때보다 본업에 전념하고 있다. 또 전 세계를 여행하며 동료 신경과학자, 의사와 의대생, 유명 인사와 다양한 연령대의 아이 들을 대상으로 강연을 한다. 뇌에 매료된 많은 사람이 나를 찾고 있기 때문이다. 나는 테드TED 강연을 하고 모스Moth 무대에 선다. 또 교육 기관의 대규모 관중 앞에서 강연을 한다. 그러면서도 나를 완전히 다른 길로 이끈 규칙적인 신체 운동을 절대 빼먹지 않는다. 사실 나는 신경과학만 가르치는 것이 아니라 뉴욕 대학교 학생들과 뉴욕시 거주민 전체를 대상으로 매주 한 번씩 무료 운동 강의를 한다. 말 그대로 내가 말한 것을 매일 실천하고 있다!

나는 이 책을 통해 40세가 되던 해에 몹시 갈망했던 삶, 내가 지금처럼 행복한 상황에 이를 수 있었던 방법을 여러분과 공유하고자 한다. 또 이러한 변화 뒤에 숨은 과학을 알려주고 싶다. 앞으로 여러분은 신경과학과 뇌 연구에 관한 뉴스를 모두 이해할 수 있을 것이고, 그것들이 자신의 삶과 연관되어 있다고 느낄 것이다. 내 개인적인 경험뿐 아니라 지금까지 신경과학 연구를 통해 밝혀진 사실들을 바탕으로 조언과 통찰을 제공할 것이다. 이것은 누구나 쉽게 접근할 수 있는 유연한 조언이자 정보이며, 쉽게 영향을 받는 여러분의 뇌를 최대한 많이 변화시키고 성장시키며 활용하도록 도와줄 과학적 사실이다.

또 나와 전설적인 과학자들의 매우 흥미로운 신경과학 연구를 공유하여 우리가 뇌를 이해하게 된 과정과 여전히 밝혀지지 않은 것들에 대해 알려줄 것이다. 각 장에서는 일상에 적용할 수 있는 신경과학의 주요 개념을 설명한 핵심 정보와 뇌의 능력에 빠르게 접근할 수 있는 4분짜리 간단 응용법, 일명 '브레인 핵스'Brain Hacks를 소개한다. 브레인 핵스를 통해 기력과 기분, 사고력을 향상하는 것은 물론이고, 누구든 신경과학의 개념을 인지하고 활용할 수 있을 것이다. 뇌로 향하는 지름길을 원하거나 뇌 기능을 향상하고 싶지만 시간이 없거나 운동에 취미가 없다면 브레인 핵스를 이용해보라.

뇌를 이용하여 방전된 채 멈춰 있던 삶에 시동 걸 준비가 되었는가? 좋다! 그렇다면 시작해보자.

•차례•

Healthy
Brain,
Happy
Life

제1장

괴짜 소녀는 어쩌다
뇌와 사랑에 빠졌을까?

신경가소성으로 밝혀낸 뇌의 잠재력

과학자 이전의 내 꿈은 브로드웨이 스타였다. 전기 기술자이자 브로드웨이의 열성 팬이었던 아버지는 브로드웨이 제작사가 샌프란시스코로 순회공연을 올 때마다 우리 가족이 살았던 캘리포니아 서니베일에서 한 시간 거리에 있는 공연장으로 우리를 데려갔다. 그곳에서 〈왕과 나〉의 율 브리너, 〈마이 페어 레이디〉의 렉스 해리슨, 〈카멜롯〉의 리처드 버턴을 보았다. 나는 셜리 템플의 영화와 할리우드의 고전 뮤지컬을 섭렵하며 유년을 보냈다. 매년 〈사운드 오브 뮤직〉을 상영할 때마다 아빠는 우리 남매를 극장에 데려갔다. 적어도 스무 번은 넘게 봤을 것이다. 나는 줄리 앤드루스, 셜리 존스, 셜리 템플이 마법처럼 합쳐진 내 모습을 상상하며 자연스럽게 노래 속으로 끼어들었고, 몽상 속에서 사랑스럽고 어처구니없을 만큼 대담한 방식으로 순식간에 궁지에서 벗어나 남자 주인공을 쟁취했다.

아버지의 못 말리는 브로드웨이 사랑에도 불구하고 나는 그보다 더 진지한 일을 할 것이라 기대했다. 나는 1910년에 미국으로 건너와 서해안에 최대 규모의 일본어 학교를 설립한 할아버지를 둔 일본계 미국인 3세였고, 자녀들에게 기대치가 매우 높은 집안에서 자랐다. 그러한 기대감을 굳이 말로 표현할 필요도 없었다. 열심히 공부해서 가족이 자랑스러워할 만큼 제대로 된 직업을 갖는 것은 내게 너무 당연한 일이었다. 여기서 제대로 된 직업이란 의사와 변호사 아니면 학술과 관련된 일, 이렇게 세 가지뿐이었고 그럴듯하게 들릴수록 더 좋았다. 나는 가족의 기대를 충분히 이해했고 그들의 뜻을 거스르지 않았다.

나는 제법 어린 나이였던 오르테가 중학교 6학년 때부터 평생의 업이 된 과학자의 길을 걷기 시작했다. 그해 과학 과목을 담당했던 터너 선생님은 우리에게 인체의 골격에 대해 가르쳤고, 어두운 상자에 손을 집어넣어 촉감만으로 어떤 뼈인지 구별해보게 했다. 나는 그 시험을 정말 사랑했다! 나는 우물쭈물하지 않고 그 상황을 대담하게 즐겼다. 처음으로 돼지와 개구리를 해부했을 때는 더욱 흥분했다. 냄새가 역한데도 더 많은 것을 배우고 싶었다. 어떻게 저 작은 장기들이 저렇게 조그만 돼지의 몸속에 빈틈없이 아름답게 들어 있을까? 어떻게 동시에 저렇게 매끄럽게 기능하는 걸까? 돼지의 몸속이 이런 모습이라면 사람의 몸속은 어떨까? 혹 풍겨오는 포름알데히드 냄새에 숨이 막혔던 첫 만남 때부터 생물학 해부 과정은 내 상상력을 사로잡았다.

고등학교 때 수학을 가르쳤던 트래볼리 선생님은 나를 아름답고 논리적인 AP 삼각법의 세계로 친절히 안내했다. 나는 방정식의 우아함을 사랑했다. 문제가 풀리는 순간, 티 없이 깨끗한 세계로 향하는 입구의 자물쇠가 열리면서 등호 양쪽의 균형이 맞춰졌다. 나는 수학 공부가 꿈을 이뤄줄 열쇠라고 생각했고(비록 그때는 그 꿈이 무엇인지 전혀 몰랐지만), 최상위 성적을 받기 위해 열심히 공부했다. 트래볼리 선생님은 경쾌한 이탈리아식 억양으로 우리를 향해 심화반 학생들은 "최고 중의 최고"라고 거듭 말했다. 나는 이 말을 뛰어난 학생이 되라는 격려와 수학 실력을 최대한 발휘해야 한다는 엄숙한 책임감으로 받아들였다. 나는 진지하고 성실한 아이였고, 훨씬 더 진지한 십 대가 되어가는 중이었다.

당시 브로드웨이를 향한 열정을 분출할 수 있는 방법은 영화관에 가는 것뿐이었다. 〈토요일 밤의 열기〉가 보고 싶었던 나는 R등급이라는 사실을 슬쩍 감추고(그때 고작 열두 살이었다) 뮤지컬 영화라며 부모님을 설득해 혼자 극장에 갔다. 나중에 그것이 어떤 영화인지 알게 된 부모님은 몹시 못마땅해하셨다. 〈더티 댄싱〉 같은 영화에 빠져 있을 때에는 춤춰본 경험이라고는 초등학교에서 배운 발레와 탭댄스뿐이면서 조니 캐슬의 품에 안겨 모두의 시선을 한몸에 받는 내 모습을 상상하곤 했다.

　고등학생이 되면서 균형추가 한쪽으로 확실히 기울었다. 반짝반짝 빛나던 브로드웨이의 불빛은 점차 희미해졌고, 단호하고 헌신적이며 의욕적인 학생이었던 나는 과학에 미친 아이들의 괴짜 왕국에서 완벽한 편안함을 느꼈다. 고등학교 시절 하면 떠오르는 모습이 하나 있다. 나는 무거운 책을 산처럼 쌓아 구부정한 어깨에 짊어진 채 심각한 표정으로 어디에도 주의를 뺏기지 않으려 무던히 애쓰며 복도를 걸었다. 물론 텔레비전에서 가장 좋아하는 뮤지컬이 방영될 때마다 브로드웨이에 대한 환상이 되살아났지만, 그런 꿈들은 집에 있는 은신처에 가둬두고 대신 공붓벌레인 괴짜 소녀에게 내 인생을 맡겼다. 나는 학업에 전념했고 전 과목에서 A학점을 받아 명문 대학에 입학했다. 내 모든 시간을 할애하여 과학과 수학 공부에 몰두하는 동안 엉뚱한 관심사는 그냥 그 곁에 공존하도록 내버려 두었다.

　고등학교 시절 수줍음을 많이 탔던 나는 누군가와 데이트할 엄두조차 내지 못했다. 대신 4년 동안 테니스팀에서 활동했다. 어떻게 그러지 않을 수 있었겠는가? 열성적이고 적극적인 아마추어 테니스 선수였던 어머니 덕에 나는 일 년 내내 테니스 라켓을 쥐었고 매년 여름에는 테니스 캠프에도 참여했다. 그로 인해 더 다재다능한 사람이 되었을지 모르지만, 그때 내게 정말 절실했던 것은 남자애들과의 대화법을 집중적으로 가르쳐줄 캠프였다. 물론 그런 캠프는 구경도 해보지 못했고, 결국 중·고등학교 시절 내내 단 한 번도 데이트를 하거나 댄스파티에 참석해보지 못했다. 만약 과학에 미친 괴짜 범생이들을 위한 미스 외톨이 USA 대회가 있었다면 내가 거뜬히 1등을 차지했을 것이다.

데이트 한 번 못 해본 괴짜 과학쟁이들에 관한 고정관념? 그것들의 살아 있는 증거가 바로 나였다.

브로드웨이 스타에서 실험실 쥐로

과학에 대한 집착, 좋은 성적과 학업에 대한 욕구는 데이트 기회를 앗아가는 대신 나를 좋은 곳으로 데려갔다. 정확히 어떤 분야를 공부하고 싶은지는 몰랐어도 어디서 공부하고 싶은지는 분명히 알았다. 서니베일에서 넘어지면 코 닿을 곳에 있는 캘리포니아 대학교 버클리 캠퍼스(이하 U.C. 버클리)가 우리 집안의 모교였다. 대학으로 도망칠 생각에 대륙 반대쪽에 있는 웰즐리 대학교 진학도 고려했었다. 하지만 아름다운 버클리 캠퍼스와 그 동네의 별나면서도 근사한 분위기에 푹 빠져버렸고, 그곳이 내게 딱 맞는 학교임을 확신했다. 그 후 U.C. 버클리에 지원하여 무난히 합격했고, 그해 여름 나는 공식적으로 가장 행복한 여자애가 되었다. 나는 재빨리 짐 가방을 쌌고 당장 새로운 모험을 시작하고 싶어 안달을 냈다.

얼마 지나지 않아 나는 학문에 대한 열정을 찾았다. 열정은 첫 학기에 들었던 '뇌와 그 잠재력'이라는 우수 신입생 세미나에서 찾아왔다. 유명한 신경과학자 메리언 C. 다이아몬드Marian C. Diamond의 수업이었다. 수강생이 열다섯 명뿐이어서 교수와 직접적인 상호작용이 가능했다.

특히 수업 첫날은 평생 잊을 수 없는 기억으로 남았다. 교탁에는 커다란 모자 상자가 놓여 있었다. 다이아몬드 교수는 우리에게 환영 인사를 한 후 실험용 장갑을 끼고 모자 상자를 열었고, 무척 애정 어린 손길로 보존 처리된 진짜 인간의 뇌를 천천히 꺼냈다.

나는 태어나 처음 보는 광경에 완전히 넋을 잃었다.

다이아몬드 교수는 자신이 들고 있는 것이 인류에게 알려진 것 중에 가장 복잡한 구조물이라고 말했다. 그 구조물은 주변 세계로부터 받아들인 시각, 촉각, 미각, 후각, 청각 정보를 정의했다. 또 개개인의 특성을 규정하고, 울던 사람을 순식간에 웃게 만들기도 했다.

나는 다이아몬드 교수가 뇌를 어떻게 들고 있었는지 기억한다. 그녀는 누군가의 삶이자 존재였을 그 귀중한 조직 덩어리를 매우 정중히 다루었다.

뇌가 뽐내던 밝은 황갈색이 주로 보존제의 화학물질 때문이라는 사실은 나중에 알았다. 뇌의 윗부분은 다소 제멋대로 생긴 두꺼운 튜브의 치밀한 덩어리처럼 보였다. 한쪽 끝이 다른 쪽 끝보다 살짝 넓고

길쭉한 모양이었다. 다이아몬드 교수가 뇌를 옆으로 돌리자 뇌의 앞면이 뒷면보다 더 짧으며 굉장히 복잡한 구조임을 더 확실히 볼 수 있었다. 양쪽으로 갈라져 짝을 이룬 뇌 구조가 첫눈에도 명확히 보였고, 우측과 좌측은 각기 다른 엽lobe으로 나뉘어 있었다.

⤳ 뇌와 뇌의 모든 영역

신경과학자들은 한때 뇌의 각 영역을 특정 기능의 거처로 생각했다. 이제 우리는 그중 일부만 진실임을 알고 있다. 일부 영역들이 특정 기능을 가지고 있기는 하지만, 뇌의 모든 영역이 하나의 거대하고 복잡한 망으로 연결되어 있다는 점을 기억해야 한다.

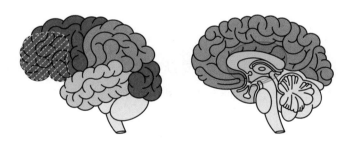

· **전두엽**: 뇌 앞쪽에 위치하며 소위 성격의 자리로 여겨지고 계획과 주의 집중, 작업기억, 의사 결정, 사회적 행동을 관리하는 데 필수적이다. 신체 움직임에 관여하는 일차운동피질이 전두엽의 뒤쪽 경계와 맞닿아 있다.

- **두정엽**: 시공간 기능에 중요하며 전두엽의 의사 결정을 돕는다. 두정엽의 맨 앞쪽에 일차체감각피질로 알려진, 신체감각을 느끼는 영역이 위치한다.
- **후두엽**: 시각을 담당한다.
- **측두엽**: 청각, 시각, 기억에 관여한다.
- **해마**: 측두엽의 깊숙한 내부에 위치하며 장기기억 형성에 결정적인 역할을 하고 기분과 상상에도 관여한다.
- **편도체**: 공포, 분노, 이끌림과 같은 감정에 대한 처리 과정과 반응에 매우 중요하며 해마 바로 앞에 위치한다.
- **선조체**: 뇌 중심부의 절단면에서 가장 잘 보이며, 운동 기능에 관여하고 습관 형성에 중요한 역할을 한다(반대로 습관을 버리기 어려운 이유가 되기도!). 또 보상 체계와 중독 과정에도 필수적이다.

 여느 훌륭한 선생님들처럼 다이아몬드 교수도 상상을 초월할 정도로 복잡해 보였던 내용을 완전히 이해할 수 있게 만들었다. 그녀는 이 크고 복잡한 조직 덩어리가 뉴런과 교세포, 이렇게 단 두 가지 종류의 세포로 이루어져 있다고 말했다. 뇌의 일꾼인 뉴런은 제어 센터인 신경세포체를 포함하며, 커다란 나뭇가지처럼 펼쳐진 입력 기관인 수상돌기와 여러 개의 가지가 달린 가느다란 출력 기관인 축삭돌기를 갖는다.

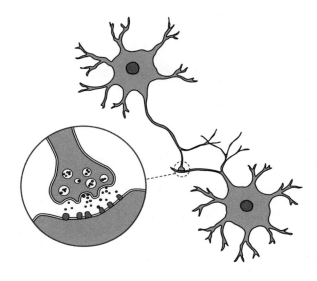

뉴런과 뉴런 사이의 연결

뉴런이 다른 세포와 다른 점은 활동전위 혹은 스파이크_{spike}라고 불리는 전기적 활성의 짧은 폭발을 통해 정보를 전달할 수 있다는 것이다. 한 뉴런의 축삭돌기와 옆 뉴런의 수상돌기 사이에 있는 시냅스라는 특별한 공간에서 두 뉴런의 대화가 이루어진다. 이러한 뇌의 전기적 '수다' 혹은 축삭돌기와 수상돌기의 정보 교환이 모든 뇌 활동의 기본이다.

교세포는 어떨까? 교_{glia}는 '접착제'_{glue}를 의미하며, 교세포가 뇌를 뭉치게 한다고 착각한 19세기 과학자들에 의해 그렇게 불리기 시작했다. 사실 교세포는 뇌의 뼈대로 기능할 뿐 아니라 뉴런을 매우 광범위하게 지원한다. 교세포는 뉴런에 영양분과 산소를 공급하고 정상적인 시냅스 전달에 필요한 미엘린이라는 특수 막을 뉴런에 입히며 세균을 공격하거나 뇌의 청소부로서 죽은 뉴런의 잔해를 제거한다. 교세포가 기억을 포함한 몇 가지 인지 기능에 중요한 역할을 한다는 가설을 뒷받침하는 흥미로운 증거도 발견되었다. 지금까지는 대체로 교세포가 뉴런보다 10~15배 더 많다고 여겨졌지만, 두 세포의 비율이 거의 비슷하다는 주장이 제기되면서 당연시되었던 이 통계도 위협을 받고 있다.

다이아몬드 교수는 만약 커다란 양동이 두 개를 가득 채울 만큼의 뉴런과 교세포가 있다면 적어도 이론상으로는 뇌를 만들 수 있을 것이라고 설명했다. 그러나 그 커다란 퍼즐을 진짜 뇌처럼 아름답고 우아하게 작동시킬 수 있는 뉴런과 교세포의 정확한 조합법은 여전히 연구 중이다.

첫 수업에서 내 안에 싹트고 있던 과학자를 진정으로 사로잡은 것은 뇌가소성brain plasticity에 관한 설명이었다. 이것은 인간의 뇌가 플라스틱으로 만들어진 게 아니라 경험을 통해 변화할 수 있는 능력을 기본적으로 갖추고 있다는 뜻이다. 마치 가단성 플라스틱 조각처럼 말이다. 즉 변화를 통해 뇌에 새로운 연결망이 형성될 수 있다는 의미였다. 공부를 열심히 하면 모든 축삭돌기와 수상돌기가 자라나며 새로운 연결망을 만들려고 애쓰기 때문에 뇌가 아플 수 있다는 비유를 들었던 것이 아직도 기억난다.

당시 극소수였던 여성 과학자의 한 사람으로서 다이아몬드 교수는 1960년대 초부터 시작되었던 뇌가소성, 즉 실제로 뇌가 정확히 얼마나 변화할 수 있는가에 관한 전형적인 연구를 주도해왔다. 당시 사람들은 뇌가 유아기부터 매우 폭넓게 변화하고 성장하다가 성인기에 접어들면 완전히 고정되어 변화하거나 성장하지 못한다고 믿었다.

다이아몬드 교수와 버클리 동료들은 이 개념에 강력한 이의를 제기했다. 그리고 성체 쥐들을 다이아몬드 교수의 표현처럼 "풍족한 환경"에 두고 뇌 변화를 확인하는 유명한 연구를 진행했다. 성체 쥐들은 형형색색의 수많은 장난감과 뛸 수 있는 널찍한 공간, 함께 어울릴 친구들이 있는 설치류의 디즈니 월드에서 생활했다. 연구자들은 이 연구를 통해 성인의 뇌가 고정되어 있어 변할 수 없다는 주장을 무너뜨릴 수 있을 거라고 기대했다. 해답을 찾기 위해 다이아몬드 교수의 연구팀은 쥐의 거주 환경을 물리적으로 변화시키고 이것이 뇌의 물리적 구조에 영향을 미쳤는지 여부를 확인했다. 뇌 구조의 변화는 특정 조건하에서 인간의 뇌도 성장·적응·변화할 수 있음을 의미했다.

디즈니 월드에 거주한 결과는 과연 어떻게 나타났을까? 장난감도 친구도 없는 빈곤한 환경에서 거주한 쥐들과 비교할 때 디즈니 월드의 쥐들은 실제로 더 큰 뇌를 가지고 있었다. 다이아몬드 교수는 풍족한 환경에서 수상돌기가 실제로 성장하고 확장하여 대량의 정보를 수용하고 처리한다는 사실을 밝혀냈다. 또 시냅스 연결이 강화되고 뇌혈관이 확장됐으며(산소와 영양소에 대한 접근성이 더 좋아졌음을 의미한다), 신경전달물질인 아세틸콜린과 특정 성장인자들처럼 유익한 뇌화학물질의 농도도 높은 것으로 밝혀졌다.

다이아몬드 교수는 쥐들의 뇌 크기 차이가 거주 환경의 특징을 직접적으로 반영한다고 설명했다. 다시 말해 뇌의 크기와 기능은 어떤 환경에서든 신체적·정신적·감정적·인지적으로 매우 민감하게 반응한다. 신경과학자들이 말하는 뇌가소성은 환경과 끊임없이 상호작용하며 해부학적 구조와 생리를 변화시키는 뇌의 능력을 의미한다. 새로운 것을 창조하거나 낯선 사람과 상호작용하는 방식으로 뇌를 자극하면 새로운 시냅스 연결이 만들어지면서 뇌의 크기가 실제로 증가한다. 반면 새로운 자극을 박탈하거나 매일 지루한 일상을 반복하면 시냅스 연결이 약화되고 뇌의 크기는 감소할 것이다.

즉 뇌는 여러분이 세상과 상호작용하는 방식에 끊임없이 반응한다. 상호작용이 다양하고 복잡할수록 뇌는 더 많은 신경망을 만들 것이다. 반면 환경과 경험이 빈곤할수록 더 적은 신경망을 만들 것이다. 디즈니 월드에서 자란 쥐들은 모두 자극에 동일한 반응 능력을 보이는 평범한 개체들이었다. 피아노를 연주할 수 있는가? 그렇다면 손의 운동 기능을 담당하는 뇌 일부가 피아노를 치지 않는 사람들에 비해 상대적으로 변할 것이다. 그림을 그리는가? 테니스를 치는가? 볼링은? 이 모든 것이 우리의 뇌를 변화시킨다. 우리가 일상적으로 배우는 것들이 모두 뇌 학습의 예이며, 뇌 구조에 미세한 변화를 일으킨다.

수업 첫날 배우기에는 너무나 매혹적인 내용이었다. 다만 한 가지는 확실했다. 첫 수업의 주제였던 '뇌와 그 잠재력'은 내 인생을 송두리째 바꿔놓았다. 호기심 많고 열정적인 신입생이었던 나는 지식을 모조리 빨아들일 생각으로 강의실에 들어갔다가 새로운 목표와 의미를 찾아 나왔다. 그날 나는 진짜 하고 싶은 일을 찾았다. 뇌라는 조직 덩어리를 연구하여 인간의 존재를 이해하는 데 도움이 될 만한 비밀들을 발견하고 싶었다. 나는 신경과학자가 되기로 했다.

택시 운전사들의 뇌에 관한 모든 것

설치류를 풍족한 환경에 노출시킨 다이아몬드 교수의 초기 연구 이후, 뇌가소성에 관한 연구는 많은 진전을 이루었다. 인간을 포함한 동물들의 뇌가소성에 대한 증거는 매우 많다. 나는 성인의 뇌가소성을 보여주는 연구 중에 동료인 엘리너 매과이어가 런던 대학교에서 진행한 실험을 가장 좋아한다. 매과이어는 인간 피험자들을 디즈니 월드에 보내지 않았다. 대신 자신의 근거지에 관한 매우 구체적이고 광범위한 지식 체계를 세심하게 학습한 집단을 연구했다. 바로 런던의 택시 운전사들이었다. 알다시피 런던의 택시 운전사들은 수천 가지의 주요 지

형지물과 흥미로운 장소들을 숙지하고, 런던 중심부에 있는 2만5천개 이상의 거리를 운행해야 하는 만만치 않은 과업을 수행한다. 이 모든 공간 정보를 배워야 하는 긴 교육 기간을 '지식 습득하기'Acquiring the Knowledge라고 부르며 일반적으로 3~4년 정도 걸린다. 만약 런던에서 스쿠터 핸들에 지도를 펼치고 달리는 사람들을 본다면 그들은 이러한 기술을 배우고 있는 예비 택시 운전사들일 것이다!

실제로 예비 운전사들 중 극소수만 '어피어런스'Appearances라는 엄격한 시험을 통과하며, 합격자들은 런던 지리에 관한 인상적이고 광범위한 운행 지식을 갖추고 있음을 인정받는다. 연구하기에 얼마나 흥미로운 집단, 그리고 뇌인가!

특히 매과이어의 실험은 앞으로 이 책에서 자주 언급할 뇌 구조물, 해마hippocampus의 크기에 초점을 맞추었다. 해마는 측두엽 깊숙한 곳에 있는 해마 모양의 기다란 구조물이며 공간 학습과 기억, 특히 장기기억 기능에 매우 중요한 역할을 한다. 더 구체적으로 말하면, 매과이어와 그녀의 동료들은 공간기억 기능을 해마의 뒷부분에 국한시켰고, 연령 및 교육 수준이 동일한 대조군과 비교하여 택시 운전사 집단의 해마 뒷부분이 앞부분보다 더 클 것이라고 예측했다. 그리고 이 예상은 연구 결과와 정확히 일치했다.

매과이어를 비롯한 여러 과학자가 전문가(음악가, 댄서, 특정 정당의 사람들)의 뇌를 비전문가와 비교했고, 이러한 연구들은 인간의 뇌가소성을 설명하는 예로 사용되어 왔다. 그 데이터에서 해석해낼 수 있는 한 가지 가능성이 가소성이다. 또 다른 가능성은 런던의 택시 운전사들이 선천적으로 큰 후위 해마를 가지고 있는 경우다. 즉 선천적으로 큰 후위 해마로 인해 우수한 공간 탐색 능력을 갖춘 사람들만이 런던의 택시 운전사로 활동할 수 있다는 것이다. 만약 이 가설이 사실이었다면, 뇌가소성의 논거로는 부적절했을 것이다.

그렇다면 두 가능성을 어떻게 구분할 수 있을까? 택시 운전 교육을 받은 경험이 뇌를 변화시킨다는 가정을 확인하려면 지식 습득하기를 시작한 집단을 선정한 후 그중에서 합격자와 불합격자의 뇌를 비교하는 연구가 필요했을 것이다. 매과이어와 그녀의 연구팀이 했던 연구가 정확히 그런 것이었다. 택시 운전 교육에서 요구하는 기능을 통해 모든 뇌의 변화를 명확하게 구분할 수 있으므로 이러한 종류의 연구는 훨씬 더 강력하다. 교육이 시작되기 전, 연구자들은 열정 가득한 예비 택시 운전사들의 해마 크기가 모두 동일하다는 것을 확인했다. 교육이 끝나고 합격자와 불합격자가 가려진 후에 연구자들은 택시 운전사들을 다시 검사했다. 그리고 시험에 합격한 예비 운전사들의 후위 해마가 교육을 시작하기 전보다 현저히 커졌다는 사실을 발견했다. 짜잔! 뇌가소성이 드디어 실체를 드러냈다! 이 집단의 후위 해마는 불합격자들보다도 컸다. 다시 말해 이 실험은 어피어런스를 통과할 만큼의 성공적인 교육이 실제로 해마의 크기를 증가시켰고,

교육 내용을 충분히 숙지하지 못한 훈련생들의 해마 크기는 아주 미미하게 증가했음을 보여주었다.

이것은 일상적으로 일어나는 아름다운 뇌가소성의 한 가지 예일 뿐이다. 우리가 하는 모든 일, 그리고 그것의 기간과 강도가 뇌에 영향을 준다. 탐조 전문가가 되면 뇌의 시각 체계가 변하여 아주 작은 새들까지 구분할 수 있게 된다. 탱고를 매일 추면 정확한 발놀림을 수용할 수 있도록 운동 체계가 변한다. 몇 년간 다이아몬드 교수의 강의실에서 배운 인생의 교훈은 내가 매일 뇌의 형태를 빚고 있으며 당신도 그렇다는 것이었다.

⇨ 도어맨 실험

런던에서 일하는 사람들만 특별한 기술을 가지고 있는 것이 아니다. 뉴욕에서는 도어맨이 그렇다. 30~40층짜리 건물의 도어맨들이 얼마나 많은 얼굴을 알아보고 구분해야 할지 생각해보라! 아직 기회가 없어 실행하지 못한 사고 실험이 하나 있다. 도어맨과 얼굴을 많이 기억할 필요가 없는 다른 직업군(지하철 차장이라고 해보자)의 뇌에서 안면 인식에 중요하다고 알려진 영역의 크기를 비교하는 것이다. 안면 인식에 관여하는 영역은 정확히 어디일까? 측두엽 바닥에 안면 인식을 돕는 일에 특화된 방추형 얼굴영역이라는 특별한 영역이 있다. 이 영역이 손상된 사람들은 얼굴의 특징을 구분하지 못하는 안면

실인증을 겪는다. 배우 브래드 피트, 초상화와 초상사진으로 유명한 작가 척 클로스, 하버드 교수이자 《다중지능》의 저자인 하워드 가드너 등이 안면실인증을 앓고 있는 것으로 유명하다. 그들은 얼굴 대신 목소리나 머리카락, 걸음걸이, 복장 등으로 사람을 구별한다. 그러나 도어맨은 최대 수백 명의 얼굴을 순식간에 알아보는 기술을 발달시키고 연마하기 때문에 그들의 방추형 얼굴영역이 지하철 차장보다 훨씬 더 클 것으로 예상된다.

나만의 풍족한 환경: 보르도에서의 모험

1, 2학년 때에는 몇몇 남자애들과 데이트를 하기도 했지만, 대학 생활에서 가장 중요한 것은 학업이었다. 사실 나는 수줍음을 많이 타면서도 모험심 강한 영혼이어서 여행을 하며 넓은 세상을 보고 싶었다. 그래서 3학년이 되던 해에 해외 연수 프로그램을 신청했다. 외국 캠퍼스에 가더라도 전공인 생리학과 해부학에 관련된 과학 수업을 들으며 학점을 채울 수 있었다. 당시 내가 고려했던 나라는 프랑스뿐이었다. 중학교 때부터 배운 프랑스어에 푹 빠져 있었기 때문이다. 보르도나 마르세유에 있는 대학 중에 선택할 생각이었다. 다시 말해 와인이냐 생선 수프냐였다. 나는 망설임 없이 와인을 선택했다! 해외 연수를 신청했을 때에는 프랑스에 대해 아는 바가 거의 없었다. 앞으로 12개

월 동안 독특한 문화, 아름다운 언어, 강한 전통, 기막힌 음식과 와인, 스타일리시한 옷, 놀라운 박물관, 훌륭한 교육 시스템, 멋진 사람들이 내게 풍족한 환경을 제공해줄 예정이었다.

⇨ 언어 학습에 결정적 시기가 있을까?

출생 후 6개월을 결정적 시기_{critical period}라고 부르며, 이 특별한 시기에 아이들의 뇌는 언어 학습에 두드러진 재능을 보인다. 워싱턴 대학교의 퍼트리샤 쿨 교수는 탁월한 실험을 통해 이 시기에 유아의 뇌가 두 가지 이상의 언어를 흡수 및 학습할 수 있음을 증명했다.

그렇다면 조금 늦은 시기에 새로운 언어를 배우는 것은 어떨까? 나는 또래들과 마찬가지로 중학교에 입학하면서 12세라는 꽤 늦은 나이에 제2외국어를 배우기 시작했다. 제2외국어 학습을 도와준 뇌 영역은 무엇이었을까? 밝혀진 바에 따르면 그것은 모국어 학습에 사용되는 영역들과 많은 부분 일치한다. 그러나 뒤늦게 제2외국어를 배울 때 추가적으로 사용하는 영역도 있는 것으로 보인다. 이 추가적인 영역들은 좌측 전두엽 바닥의 하전두회에 있다. 좌측 두정엽도 사용한다. 또 다른 연구는 뒤늦게 새로운 언어를 배운 사람들의 좌측 하전두회의 피질이 평균보다 더 두껍고 우측 하전두회의 피질은 더 얇다는 사실을 보여주었다.

12세 이후에 제2외국어를 배우는 것은 뇌가소성의 또 다른 예다. 신경연결을 재촉하면 뇌는 정말 그렇게 할 것이다. 더 오래 걸리고 더 어렵겠지만, 어쨌든 가능하다!

　나는 프랑스에서 지낸 1년을 사랑했다. 1985년에는 맥도날드, 코스트코, 〈프렌즈〉 재방송 등 미국 문화 아이콘의 침투가 지금보다 훨씬 덜했기 때문에 완전히 다른 이국적인 문화에 푹 빠져들 수 있었다. 또한 외국에서 보낸 그해에 나는 일생에서 가장 로맨틱한 경험을 했다.

　그 경험은 피아노가 있는 보르도의 한 가정에서 지내고 싶다는 내 요청에서 시작되었다. 나는 일곱 살 때부터 고등학교 3학년 때까지 피아노를 쳤고, 클래식 곡을 완전히 잊어버리지 않도록 대학교 때에도 이따금 연주를 했다.

　보빌 부부는 사랑스러운 커플이었다. 두 사람의 집 2층에는 사용하지 않는 침실이 몇 개 있었고, 그중 한 곳에 피아노가 있었다. 보빌은 내게 피아노 조율사를 불러도 괜찮은지 물었다. 나는 기꺼이 동의했고, 머리가 하얗게 샌 조그마한 할아버지 조율사가 오기를 기다렸다. 그러나 계단을 거쳐 내 침실로 들어온 사람은 놀랍게도 할아버지가 아니라 프랑수아라는 멋진 프랑스 청년이었다. 그날 나는 새로운 소질을 발견했다. 잠깐 사이에 완벽하게 조율된 피아노를 갖게 되었을 뿐 아니라 프랑수아가 파트타임으로 일하는 악보 가게 주소가 적힌 명함과 언제든 들르라는 초대를 받은 것이다. 그렇다. 나는 프랑스어로 남자를 꼬실 수 있었다!

　나는 **빡빡한** 수업 일정 때문에 커피와 크루아상으로 끼니를 때우면서도 어렵게 짬을 내어 프랑수아의 가게를 찾아갔고, 그는 나를 저녁 식사에 초대했다. 우리는 프랑수아의 교대 시간에 맞추어 몇 차례 데이트를 하다가 사귀기 시작했고, 어느 날 문득 다정다감하고 음악을 좋아하는 프랑스 남자를 만나고 있는 나를 발견했다.

　나는 어떻게 껍질을 깨고 그렇게 멀리까지 나갈 수 있었을까? 그해 뇌가소성에 엄청난 변화가 있었음을 이제 와서야 알게 되었다. 디즈니 월드보다 훨씬 좋았다. 모든 것이 너무나 달랐다. 일상적인 대화를 하거나 수업을 들을 때 늘 프랑스어를 사용했고, 프랑스어를 할 때에는 정말 다른 사람이 된 것 같은 기분이 들었다. 나는 더 이상 데이트 한번 못 해본 괴짜 외톨이가 아니었다. 나는 일본어 대신 영어를 유창하게 구사하는 캘리포니아 출신의 아시아계 여성이었기 때문에 프랑스 사람들에게 굉장히 이국적으로 여겨졌다. 캘리포니아에서 자랄 때는 흔하디흔한 아시아계 미국인 여성이었지만 프랑스에서는 생애 처음으로 이국적인 존재가 되었던 것이다. 내게는 엄청난 일이었다. 그뿐만 아니라 프랑스에서는 늘 프렌치 키스를 했다. 그것은 하나의 규칙이었다. 키스를 하지 않으면 못마땅하게 여겨졌다. 포옹이나 키스를 전혀 하지 않는 가정에서 자란 소녀가 모두에게 키스를 하고 다닐 좋은 핑곗거리였다. 그곳은 천국이었다.

알면 알수록 더 많이 행복해졌다.

프랑스에서의 키스는 나를 안전지대에서 끄집어내 더 자유롭고 다정한 사람으로 만들었다. 이러한 변화는 말 그대로 내 존재를 확장했고, 내 뇌는 달라진 행동과 처음 경험하는 감각들에서 얻은 새로운 정보와 자극에 적응했다.

또 프랑스에서의 경험은 기대하지 않았던 일생의 선물을 주었다. 내가 뇌가소성의 또 다른 형태인 기억에 관한 연구에 매료된 것도 프랑스에서였다. 운 좋게도 나는 보르도 대학교에서 '기억의 신경심리학'La Neuropsychology de la Memoire이라는 과정을 들을 수 있었다. 이 수업을 가르쳤던 로베르 자파르는 존경받는 신경과학자였고 활발히 연구 중인 실험실을 운영하는 무척 명료하고 매력적인 교수였다. 보르도 대학교를 선택할 당시에는 거기에 그렇게 유능한 신경과학자 집단이 있는 줄 몰랐다니, 얼마나 운 좋은 우연인가. 자파르는 기억에 관한 연구의 역사와 샌디에이고 캘리포니아 대학교(이하 U.C. 샌디에이고)의 연구원 스튜어트 졸라 모건과 래리 스콰이어Larrt Squire, 국립보건원National Institutes of Health, NIH의 모트 미슈킨Mort Mishkin의 격렬했던 토론에 대해 가르쳐주었다. 그 후 10년 동안 U.C. 샌디에이고의 대학원생으로, 또 국립보건원의 박사후연구원post-doc으로 이 세 사람과 함께 일하게 될줄은 꿈에도 예상치 못했다. 가장 중요한 점은 자파르의 실험실에서 학생 지원자로 일하며 남는 시간에 쥐를 대상으로 기억 연구를 시작했고, 그 과정에서 처음으로 실험실 연구의 즐거움을 느꼈다는 것이다. 실험실 연구를 무척 좋아했던 데다 다이아몬드 교수에게 신경해부학을 배웠던 경험 때문에 나는 학사를 마치자마자 대학원에 지원하기로 결심했다.

학업과 실험실 업무 외의 일과는 모두 프랑수아와 함께했다. 우리가 함께 즐겼던 일 중에 하나는 피아노 이중주였다. 내가 클래식 연주를 좋아했기 때문에 우리는 클래식 이중주, 더 정확히 말하면 바흐의 곡을 연주했다.

특히 밤늦게 문 닫은 피아노 가게에 갈 때가 정말 재미있었다. 우리는 빈 가게에서 지역 공연장에서 사용했던 2미터 50센티미터 길이의 연주회용 그랜드 피아노를 연주했다. 나는 뵈젠도르퍼를(나는 이 피아노의 저음을 사랑했다), 그는 스타인웨이를 연주했다. 우리는 원하는 만큼 큰 소리로 오랫동안 연주했고, 아름다운 선율이 실수도 듣기 좋게 덮어주었다. 이렇게 피아노 가게에서 보낸 밤들이 프랑수아와 함께했던 가장 아름다운 순간이었다.

우리는 클래식 곡을 자주 연주했고, 많이 들었다. 내가 가장 좋아했던 곡은 바흐의 무반주 첼로곡이었다. 나는 프랑수아의 요요마 음반을 끊임없이 반복해서 들었다. 프랑수아는 내가 바흐의 첼로곡을 무척 좋아한다는 것을 알고 그해 크리스마스에 평생 잊지 못할 가장 귀한 선물을 주었다. 첼로였다.

정말 깜짝 놀랐다.

나는 대학 1, 2학년 내내 변변한 데이트 몇 번 해보지 못하다 프랑수아를 만나 끝내고 싶지 않은 속성 연애를 했다. 그리고 사람들의 얘기가 정말 사실이라고 결론 내렸다. 프랑스 사람들은 세상에서 가장 로맨틱하다!

⇨ 이것이 음악을 듣는 당신의 뇌다!

한 곡을 끊임없이 반복해서 들을 때 당신의 뇌에서 어떤 일이 벌어지는지 궁금했던 적이 있는가? 듣는 것만으로 편안해지는 음악을 듣는다면? 몬트리올신경연구소의 로버트 자토르와 그의 동료들의 연구에 따르면, 강렬한 감정적·생리적 반응을 불러일으키는 음악을 들을 때 보상과 동기, 감정, 각성에 관여하는 뇌 영역에 엄청난 변화가 일어나면서 편도체, 안와전두피질(전전두피질의 아랫부분), 복내측 전전두피질, 복측 선조체, 중뇌가 모두 활성화되었다. 그래서 프랑수아와 내가 음악을 연주하거나 감상하는 행위에 빠져들었을 때, 뇌의 보상 및 동기 중추도 활성화되었을 것이다(제8장을 보라). 내가 프랑스를 그토록 사랑했던 것은 너무 당연한 일이었다!

프랑스의 풍족한 환경은 새로운 언어와 인격, 로맨스, 모험, 거기

에 훌륭한 음식과 와인까지 제공했다. 프랑스 요리에 대한 사랑이 깊어진 것도 이때였다. 사실 우리 가족 모두가 음식을 사랑했고 무엇이든 기념하기를 좋아해서 늘 멋진 레스토랑에서 파티를 열었다. 그러나 프랑스 음식에 대한 경험은 완전히 새로운, 더 세련된 차원이었다. 특히 프랑수아라는 토박이를 가이드로 두어 훨씬 더 유리했다. 그렇다. 나는 일하고 공부할 때는 과학에 미친 괴짜였지만, 먹고 마시고 피아노를 치며 여가를 즐길 때는 섹시하고 이국적인 매력의 소유자이자 사랑에 빠진 프랑스 여인이었다. 나를 보라! 서니베일에서 온 세계최고의 외톨이가 환상적인 프랑스 남자 친구와 풍부한 사교 활동, 음식, 문화생활을 누렸다. 그처럼 풍족하고 자극적인 환경에서는 쉬운일이었다.

⇒ 음식, 와인 그리고 새로운 뇌세포 만들기

프랑스에 살면서 맛과 풍미가 뛰어난 음식과 매력적인 와인을 어렵지 않게 자주 접할 수 있었다. 실제로 나는 부르고뉴, 프로방스, 보르도 등 프랑스 전역에서 온 모든 종류의 와인을 맛보고 즐겼다. 화이트와인, 레드와인, 로제와인, 샴페인까지. 새로운 맛들이 말 그대로 뇌를 깨우고 있었다. 설치류 실험에서도 풍족한 후각적·미각적 환경이 뇌에 상당한 영향을 미치는 것으로 나타났다.

일단 성인이 되면 신경발생, 즉 새 뉴런의 탄생이 가능한 뇌 영역은 두 곳뿐이다. 하나는 장기기억과 기분에 매우 중요한 해마이고(두 기능은 나중에 더 자세히 다룰 것이다), 다른 하나는 후각을 담당하면서 미각에도 기여하는 후각신경구다. 쥐에게 좋은 냄새를 다양하게 제공함으로써 후각 환경을 풍족하게 해주면 후각신경구의 신경발생을 증가시킬 수 있고 새로운 뉴런의 생성으로 인해 실제로 뇌의 크기도 커진다는 사실이 여러 연구를 통해 밝혀졌다. 따라서 프랑스에서의 모험은 와인과 음식의 진가를 가르쳐주었을 뿐 아니라 후각신경구의 크기도 증가시켰을 것이다. 후각적 경험의 증가에 따른 후각신경구의 크기 변화는 확실하게 연구된 적이 없기 때문에 이러한 관점에서 뇌가소성을 검토해보는 것도 매우 흥미로울 것이다. 새로운 뇌가소성 실험에 소믈리에들이 함께할지도 모른다!

나는 프랑스를 사랑했다. 그리고 프랑수아와 함께한 시간을 사랑했다. 그러나 시간은 흘러 현실을 직면해야 할 때가 되었다. 얼마 후면 캘리포니아로 돌아가 무척 중요한 대학교 4학년 과정과 인생의 다음 단계를 시작해야 했다. 아주 어릴 때부터 내려놓는 것을 항상 어려워했기 때문에 정말 힘든 시간이었다.

사실 프랑스에서 대학을 마치고 대학원 과정을 이어가는 것에 대해 진지하게 고민했다. 가능한 일이지 않은가? 하지만 나는 돌아가야 한다는 것을 알고 있었다. 현실적으로 계속 프랑스에 머물 가능성은 없었다. 그러면 프랑수아와 함께 돌아가면 되지 않을까? 미국에서 함께 지내며 다음 일은 차차 결정하면 된다. 캘리포니아로 돌아가 복학한 후에도 몇 달 동안 프랑수아와 함께할 미래를 꿈꿨다. 매일 프랑수아에게 프랑스어로 장문의 편지를 쓰며 낯설게 느껴지는 미국 생활과 그리운 보르도에서의 삶에 대해 이야기했다. 나는 매력적인 프랑스 음악가와, 프랑수아는 과학을 사랑하는 이국적인 아시아계 미국인 소녀와 관계를 계속 이어나가길 원했다.

그러한 꿈이 몇 달째 지속되던 어느 날 현실이 방문을 두드리더니 방 안으로 곧장 걸어 들어왔다. 더 정확히 말하면, 대학원 지원과 진학이라는 현실이었다. 나는 문득 영어도 못하는 프랑수아가 미국에서 피아노 조율로 먹고살 수 없다는 것을 깨달았다. 가장 인정하기 어려웠던 것은 프랑수아와 함께했던 시간들은 무척 즐거웠지만 그를 평생의 반려자로 생각하지는 않았다는 사실이다. 고작 스물한 살짜리가 뭘 알았겠는가? 게다가 그는 처음으로 진지하게 사귄 남자 친구였다.

지금까지도 프랑수아와의 마지막 통화 내용은 아주 세세한 부분까지 선명히 떠오른다. 어떤 자세로 앉아 있었고 어떤 식으로 전화를 쥐고 있었는지도 기억난다. 대화를 나누며 느꼈던 고통, 죄책감이 마치 어제 일처럼 생생하다. 선택의 여지가 없었던 나는 잔인하게 이별을 선고했다. 나는 더 많은 애정과 이해심을 보여주고 당시의 상황과 내 생각을 더 분명하게 설명했어야 했다. 그러나 내 인생을 살아내야 한다는 압박감 때문에 무례하고 퉁명스럽게 그를 대했다. 나는 그때의 통화 내용을 이렇게 자세히 기억하는 이유를 알고 있다. 아주 부정적이거나 또는 긍정적인 감정은 기억을 강화하는 데 도움을 준다. 특히 측두엽의 해마 바로 앞에 있는 편도체라는 뇌 구조물은 강렬한 감정으로부터 선명한 기억을 형성하는 데 매우 중요한 역할을 한다. 내 편도체는 그날 초과 근무를 서고 있었다(감정적 사건을 더 잘 기억하는 이유는 다음 장에서 설명할 것이다).

그날 나는 프랑수아 대신 과학을 선택했다. 어려운 결정이었고, 회복하는 데 몇 개월이 걸렸다. 그러나 그것이 남은 삶의 모습을 결정하는 선택이었음을 이제는 안다.

⇗ 진화하는 뇌의 스타

이마 바로 뒤에 있는 전전두엽피질prefrontal cortex, PFC은 가장 늦게 발달하는 영역이며, 과학자들은 그것이 인간과 동물을 구분 짓는 영역이라는 것에 동의한다. 전전두엽피질은 작업기억(정보를 일시적으로 보유하는 데 사용하는 기억, 스크래치패드 메모리라고도 부른다), 의사 결정과 계획, 유연한 사고를 포함한 몇 가지 인지 기능에 필수적이다. 이것은 모든 실행 기능을 아우르는 중앙 사령부로서 인간의 수많은 행동과 생각에 관여한다. 여러분은 전전두엽피질이 다양한 학습 상황에 새로운 사고방식을 적용하고 스트레스 반응을 관리하며 보상 체

계를 지휘할 때 어떤 역할을 하는지 보게 될 것이다. 강력한 전전두
엽피질을 눈여겨보자!

🧠 기억할 사항: 뇌가소성

- 뇌는 뉴런(뇌세포)과 교세포(지지세포), 이 두 가지로만 이루어진다.
- 뇌가소성은 뇌가 환경에 따라 변화하는 능력이다. 풍족한 환경에서 자란 쥐에게는 두꺼운 피질, 더 많은 혈관, 특정 신경전달물질과 성장인자의 높은 분비량이 나타난다.
- 런던의 택시 운전 교육은 뇌가소성에 의한 변화를 야기한다. 어려운 자격 시험을 통과한 신입 운전사들의 경우, 공간기억에 관여하는 것으로 알려진 후위 해마가 불합격자들보다 더 컸다.
- 제2외국어를 학습할 때 좌측 하전두회와 두정엽 일부의 활성이 증가한다. 언어는 일반적으로 좌뇌에 의해 통제된다.
- 음악은 보상, 동기부여, 감정, 각성에 관여하는 편도체, 안와전두피질, 복내측 전전두피질, 복측 선조체, 중뇌 등의 영역을 활성화한다.
- 전전두엽피질은 진화한 인간 뇌의 중앙사령부로서 모든 실행 기능을 지휘한다.
- 다양한 냄새로 후각 환경을 풍족하게 하는 것은 후각 처리의 핵심 영역인 후각신경구의 뇌세포 생성을 촉진한다.

브레인 핵스: 뇌를 자극하는 여섯 가지 방법

몇 개월 동안 디즈니 월드나 프랑스에서 살아볼 여유가 없는 사람도 하루에 4분씩 브레인 핵스를 활용하면 뇌를 비옥하게 만들 수 있다.

- **운동피질 브레인 핵스**: 유캔댄스So You Think You Can Dance의 웹페이지를 방문하여 새로운 안무를 배운 후, 제일 좋아하는 음악에 맞춰 4분만 춤을 춰보자.
- **미각피질 브레인 핵스**: 라오스, 아프리카, 크로아티아, 터키 등 한 번도 해본 적 없는 외국 요리를 생각나는 대로 시도해보라. 모험을 즐겨라! 여기에 하나 더 추가하자면, 암흑 속에서 식사를 해보고 시각 정보의 부재가 미각에 어떤 영향을 미치는지 확인해보라. 새로운 식사 경험이 순수한 미각을 회복시켜줄 것이다.
- **인지적 브레인 핵스**: 생소한 주제의 테드 강연을 보라. 광범위한 주제를 다루는 스토리텔링 프로그램 모스 라디오 아워Moth Radio Hour에서 이야기를 들어라. 한 번도 들어본 적 없는 인기 팟캐스트를 들어라. 신문에서 읽어본 적 없는 분야의 기사를 읽어라.
- **시각피질 브레인 핵스**: 전시관에 가면 익숙하지 않은 작품 하나를 선택한 후, 적어도 4분 동안 가만히 앉아 감상하면서 시각적인 무아지경에 빠져보라. 새로운 작품을 제대로 탐색하려면 몇 시간이 걸릴 수도 있지만 단 4분 만으로 위대한 시작을 할 수 있다. 인터넷에서 새로운 예술 작품을 찾아 시각적으로 탐색해도 좋다.
- **청각피질 브레인 핵스**: 아이튠즈, 유튜브, 판도라, 스포티파이 등 좋아

하는 음악 사이트에 가서 한 번도 들어본 적 없는 장르의 음악이나 외국 노래를 들어보라. 그리고 그 음악이 정상에 오른 이유를 생각해보라.

• **후각 브레인 핵스**: 몇 분 동안 가만히 앉아 그날 가장 향이 강한 음식의 냄새를 맡아보자. 커피의 풍부한 향이나 깊은 편안함을 주는 토스트 냄새, 또는 인도 식당의 치킨 티카 마살라 냄새일 수도 있다. 본격적으로 먹기 전에 몇 분 동안만 음식 냄새를 맡아보고 각각의 향을 구분하고 설명해보라. 자신의 후각을 더 잘 이해할 수 있을 것이다.

제2장

기억의 미스터리 풀기

기억은 어떻게 형성되고 유지되는가

Healthy
Brain
Happy
Life

보르도에 있는 자파르의 실험실에서 보냈던 시간이 기억에 관한 나의 흥미를 증폭시켰다. 사실 기억은 뇌가소성의 가장 흔한 카테고리였다. 우리는 새로운 것을 배울 때마다 뇌의 무언가가 변한다는 것을 알고 있다. 그러나 대학원 생활을 막 시작한 나는 뇌가 어떻게 변하는지 궁금했다. 그리고 궁금한 것이 하나 더 있었다. 무언가를 학습하는 순간 뇌에서 일어나는 일을 시각화할 방법은 없을까?

나는 기억의 여러 측면에 강한 호기심을 느꼈다. 그리고 무언가 새로운 것을 배울 때 뇌에서 반드시 변화가 일어난다는 것을 직감적으로 이해했다. 그렇다면 이 변화는 어디에서 일어나는가? 새로운 것을 학습할 때 필요한 변화는 무엇인가? 학습은 기억과 어떤 관계인가? 나는 이 모든 질문이 기억의 구조화 및 형성 과정에 연관되어 있을 것이라고 추측했다. U.C. 샌디에이고 신경과학대학원 과정에 합격했을 때 나는 기억에 관한 모든 것을 알아내고 싶었다. 그때는 몰랐지만, 나는 곧 신경과학 연구에 가장 극적이고 지대한 영향을 미칠 연구에 참여하게 될 예정이었다.

기억과 뇌에 관한 이해의 지각 변동

U.C. 샌디에이고에는 자파르의 수업에서 처음 알게 된 신경과학자 래리 스콰이어와 스튜어트 졸라 모건을 비롯하여 신경과학계 최고의 교수진이 포진해 있었다. 제안을 수락할 때는 몰랐지만 자파르 교수의 말처럼 나는 곧 기억 기능 연구의 불기둥 한가운데로 들어갈 운명이었다.

1980년대 말은 열광적으로 기억을 연구하던 시기였다. 기억 연구의 핵심 분야에 거대한 미스터리가 출현했기 때문이다. 사실 이 미스터리는 그보다 30년 전에 나타난, 역사상 가장 유명한 기억상실증 환자 H.M.과 함께 시작되었다.

1950년대 이 획기적인 발견의 중심에 영국 출신의 신경과학자 브렌다 밀너Brenda Milner가 있었다. 그녀는 케임브리지 대학교에서 학위를 취득한 후 캐나다 몬트리올의 맥길 대학교에서 일했다. 당시 밀너는 약물로 치료할 수 없는 심각한 뇌전증 환자를 전문적으로 수술하던 저명한 신경외과의 와일더 펜필드Wilder Penfield의 조교수로 일하고 있었다. 그의 치료법은 전문가들이 발작의 시발점으로 여겼던 뇌 측면의 해마와 편도체를 제거하는 외과적 개입이었다. 밀너는 환자들의 수술 전후를 검사하여 해마 및 편도체 제거가 뇌 기능에 부작용을 일으키는지 여부를 확인했다. 우측 해마가 제거된 환자에게는 공간 정보에 대한 가벼운 기억장애가 발견되었고, 좌측 해마가 제거된 환자에게는 가벼운 언어기억장애가 발견되었지만, 몇 년간 환자들을 고통 속에 밀어 넣었던 위험천만한 뇌전증 발작이 수술 후에 크게 감소하거나 사라지는 효과를 감안하면 그 정도의 장애는 수용 가능한 수준이었다.

그러던 중 새로운 환자 두 명을 이전과 동일한 방식으로 수술했음에도 불구하고 전혀 다른 결과가 나타났고, 그로 인해 펜필드와 그의 동료들은 큰 충격을 받았다. 수술 후 환자들에게 극심한 기억장애가 나타난 것이다. 그동안 비슷한 수술을 백여 차례나 진행했지만 후유증은 늘 가벼운 기억장애뿐이었다. 그들은 즉시 논문 초록을 작성했고, 1954년 시카고에서 열린 미국신경학회에서 이 이례적이고 충격적인 결과를 발표했다.

그렇다면 당시에는 기억에 관한 기초적인 뇌과학에 대해 어떤 것들이 알려져 있었을까? 사실 하버드의 저명한 심리학자 칼 래실리Karl

Lashley가 당시의 주요 이론을 지지하며 기억의 구조화를 이해하기 위해 일련의 쥐 실험을 진행했다. 그는 먼저 쥐들에게 미로를 학습시키고 뇌를 싸고 있는 외피, 즉 피질의 여러 부위를 체계적으로 손상시킨 후, 미로 탈출에 필요한 기억 기능과 관련된 영역 중 어디에서 가장 심각한 장애가 일어났는지 확인했다. 확인 결과, 손상 위치는 별다른 차이를 만들지 않았다. 대신 피질을 충분히 손상시켰을 때에만 기억장애가 나타나는 것으로 밝혀졌다. 그는 이 연구 결과를 바탕으로 기억이 뇌의 어느 특정 영역에 국한되지 않는다고 결론지었다. 대신 기억이 너무 복잡하므로 커다란 피질 신경망이 관여하며, 아주 광범위한 신경망을 손상시켰을 때만 기억장애가 발생한다고 믿었다. 당시 래실리의 이 탁월한 관점은 밀너와 펜필드가 목격한 놀라운 기억 결함을 더욱 미스터리하게 만들었다. 그들이 관찰한 기억 문제들이 특정 뇌 영역의 제거 또는 손상과 관련된 것으로 보였기 때문이다.

신경외과 전문의 윌리엄 스코빌William Scoville이 펜필드와 밀너의 논문 초록을 읽고 곧장 펜필드에게 연락했다. 스코빌은 심각한 뇌전증을 앓고 있던 청년을 치료하던 중에 환자 가족의 동의를 받아 '실험적인 수술'을 하기로 했다. 그리고 환자의 뇌 양쪽에 있는 해마와 편도체를 모두 제거했다. 뇌전증 발작의 빈도가 감소할 것이라는 예측은 맞아떨어졌지만, 펜필드와 밀너의 환자들처럼 그의 환자 역시 깨어나자마자 심각한 기억장애 증상을 보였다. 당시 펜필드는 스코빌의 환자 H.M.이 신경 연구 역사상 가장 유명한 환자가 될 것임을 알지 못했다.

당시는 신경외과 전문의들이 조현병, 조울증 같은 정신 질환을 치료하기 위해 전두엽 절제술 등 뇌 수술을 가장 활발히 이용한 시기였다. 이 치료법은 정신 수술psychosurgery이라고 불린다. 아무리 유익하더라도 사람의 뇌 일부를 적출하는 실험을 해도 괜찮다고 믿었던 당시의 사고방식은 상상조차 하기 힘들다.

1954년 스코빌은 미국신경학회 연례 회의에 참석해 환자 H.M.에 관한 논문을 발표했다. 그리고 H.M. 연구를 위해 밀너를 코네티컷으로 초대했다. 그녀는 그 기회를 놓치지 않았다.

자신을 '발견자'로 소개한 밀너의 관찰력과 환자 H.M.에 대한 실험, 스코빌의 환자 아홉 명의 도움 덕분에 기억의 작동 기제에 관한 아주 급진적인 사실이 밝혀졌다. 스코빌의 환자 대부분이 조현병과 조울증을 포함한 다양한 정신 질환을 앓고 있었기 때문에 H.M.은 실험과 평가가 가장 용이한 대상이었다. 밀너는 H.M.이 상당히 높은 지능(심지어 수술 후 소폭 향상되었다)을 가지고 있음에도 자신에게 일어난 일을 전혀 기억하지 못하는 심각한 기억장애를 보인다는 사실에 주목했다. 그는 병원에서 개인적으로 접촉한 직원과 의사들을 전혀 기억하지 못했고 샤워실을 찾아가지 못했으며 수술 후에 가족이 이사한 새집의 위치나 주소도 기억하지 못했다. 새로운 것은 전혀 기억하지 못하면서도 어렸을 때 부모님과 함께 살았던 집의 구조 및 위치 그리고 유년 시절은 정상적으로 기억했다. 이러한 결과는 뇌 수술로 인해 새로운 기억을 저장하는 능력은 손상되었지만 일반적인 지능과 수술 전 사건들에 대한 기억은 멀쩡하다는 것을 의미했다.

이 연구는 래실리의 이론이 틀렸음을 증명했다. 뇌에는 새로운 기억의 형성에 관여하는 특정 영역이 있다. 그렇다면 그것은 어떤 영역일까? 스코빌과 밀너는 이 질문에 매우 신중하게 접근했다. H.M.은 뇌 수술로 인해 뇌 양쪽의 해마와 편도체가 손상되었다. 해마와 편도체가 위치한 이 영역은 일반적으로 내측두엽이라고 불린다. 스코빌과 밀너는 내측두엽에 광범위한 손상을 입은 아홉 명의 정신 질환자를 조사했고, 양쪽 해마의 손상 정도가 심할수록 더 심각한 기억장애가 발생한다는 것을 밝혀냈다. 두 사람은 양쪽 해마의 광범위한 손상이 H.M.에게 심각한 기억장애를 유발한 것으로 가정했다. 그러나 편도체와 해마의 동시적 손상이 기억상실의 원인일 가능성을 완전히 배제하지는 못했다.

⇨ 환자 H.M.에 관한 매우 흥미로운 이야기

H.M.은 신경학의 학습 및 기억 분야에서 가장 크게 주목을 받았으며 가장 광범위하게 연구된 환자 중 한 사람이다. 브렌다 밀너의 연

구가 끝난 후 당시 그녀의 대학원생 제자였던, 현재는 MIT 명예 교수인 수잰 코킨이 2008년에 H.M.이 사망할 때까지 47년간 그를 연구했다. 환자 H.M.과 그의 이야기에 대해 더 알고 싶다면 코킨의 저서 《영원한 현재 HM》을 읽어볼 것을 추천한다. PRX의 팟캐스트 방송 트랜지스터Transistor에서 내가 H.M.에 관해 수잰을 인터뷰한 내용을 들을 수도 있다.

밀너가 발견한 사실은 이것뿐만이 아니었다. 일단 H.M.의 일상적인 기억상실의 심각성을 확인한 그녀는 H.M.이 정상적으로 학습하거나 기억할 수 있는 것이 전혀 없는지 연구하기 시작했다. 밀너와 연구자들은 H.M.이 일반적으로 서술기억이라고 부르는—의식적으로 기억할 수 있는—사실에 관한 기억(의미기억) 또는 사건에 관한 기억(일화기억)을 새롭게 형성하지 못한다는 것을 보여주었다. 그리고 H.M.이 일부 영역에서 정상적인 기억력을 발휘한다는 사실도 밝혀냈다. 다시 말해, 뇌 수술을 받지 않은 사람들과 비슷한 양상으로 새로운 운동 기능과 지각 기능을 학습하는 능력이 그에게 남아 있음을 확인했다. 밀너는 H.M.에게 거울을 보며 도형을 정확히 따라 그리도록 했다. 그는 그 과제를 했었다는 사실은 기억하지 못했지만 정말 놀랍게도 매일 조금씩 나아졌다. 또 지각에 관련된 과제도 학습할 수 있

었다. 어떤 그림의 흐릿한 윤곽을 주고 미완성된 도형을 한동안 지켜보게 하면 해당 그림을 점점 더 빠르게 찾아냈다. 그는 일반인과 동일한 속도로 그림을 구분해내는 법을 배웠다. 기억 분야의 새로운 발견이었다. 이 연구 결과는 해마 이외의 영역들이 운동 및 지각 기억의 형성에 필요하다는 것을 시사했다.

스코빌과 밀너의 공동 연구는 기억을 이해하는 방식에 대변혁을 일으켰다. 그들의 연구는 해마를 포함한 내측두엽이 사실 및 사건에 대한 새로운 기억을 형성하는 능력에 필수적이라는 해석으로 이어졌다. 또 연구자들은 H.M.이 유년 시절의 기억을 정상적으로 유지한 것으로 보아 기억은 해마에 저장되지 않으며, 지각 및 운동기억을 비롯한 다른 유형의 기억도 내측두엽 외부의 영역에서 관여한다는 것을 확인했다.

여기에 스코빌과 밀너의 독창적인 논문이 추가적으로 기여한 부분도 간과할 수 없다. 그들의 연구 결과는 신경외과학계에 두 번 다시 양쪽 해마를 제거해서는 안 된다는 중대한 경고를 보냈다. H.M.은 새로운 기억을 형성하는 능력을 잃어버렸고 남은 생을 가족의 보살핌에 의지하며 살아가야 했다. 뇌 수술은 그에게서 자신에게 일어난 일들과 세상에서 일어나고 있는 일들에 대한 새로운 기억을 저장할 수 있는 능력을 앗아갔다. 뇌전증 발작의 완화라는 성과에 비해 너무 가혹한 대가였고, 스코빌과 밀너는 신경외과학계에 중요한 교훈을 남겨주었다.

⟡ 기억의 여러 유형

H.M.이 뇌 손상으로 잃어버린 기억은 서술기억이며, 이러한 유형의 기억은 의식적으로 회상할 수 있다. 내측두엽의 구조물들에 의존하는 서술기억에는 두 가지 주요 카테고리가 있다.

- 일화기억 혹은 일상에서 발생한 사건에 대한 기억은 가장 즐거웠던 크리스마스 기념행사 또는 여름휴가에 대한 기억들이며, 이러한 '일화'는 개인의 역사를 특별하게 만든다.
- 의미기억은 주州 이름이나 구구단, 전화번호처럼 살면서 배우는 모든 사실적인 정보를 포함한다.

내측두엽에 의존하지 않는 기억의 유형도 많다. 예를 들면,

- **기술 또는 습관**: 테니스 치는 방법, 야구공을 타격하는 방법, 운전, 또는 현관문에 자동적으로 열쇠를 꽂는 방법 등을 학습하게 하는 운동 기반 기억이다. 이들은 선조체라는 뇌 구조에 의존한다.
- **프라이밍**Priming: 어떤 자극에 대한 노출이 다른 자극에 대한 반응에 영향을 미치는 현상을 설명한다. 예를 들어, 당신이 누군가에게 식별할 수 없는 미완성 스케치를 먼저 보여주고 나서 더 완성된 스케치를 보여주면, 다음 단계에서 더 적은 정보가 주어지더라도 상대는 그 그림을 알아볼 수 있을 것이다. 다양한 뇌 영역이 프라

이밍에 관여한다.

- **작업기억**: 이것은 정신적 스크래치패드라고 불려왔으며, 관련 정
  보를 조작할 수 있도록 머릿속에 보관하는 일을 돕는다. 예를 들
  어, 재정 고문에게 여러 가지 주택 담보대출 금리에 대한 설명을
  들으면서 당신의 상황에서 어느 것이 최선인지 결정해야 한다고
  하자. 이때 숫자를 머릿속에 잠시 기억해두고 그것을 조작하는 능
  력이 작업기억이다.

기억의 미스터리에서 내 자리 찾기

1957년 스코빌과 밀너가 발표한 획기적인 논문이 기억에 관한 기존
의 연구를 무너뜨리며 닫혔던 문이 활짝 열리자, 신경과학자들이 연
구해야 할 새로운 질문들이 눈사태처럼 몰려오기 시작했다. 가장 선
두에 두 가지 질문이 있었다. 첫 번째 질문은 정확히 내측두엽의 어떤
구조물들이 서술기억에 중요한지 알아내는 것이었다. 그것은 단지 해
마였을까, 아니면 해마와 편도체였을까? 두 번째 질문은 새로운 서술
기억이 형성될 때 정상적인 뇌에서 일어나는 변화를 어떻게 구체적으
로 시각화할 것인가였다.

내가 1987년에 U.C. 샌디에이고 대학원에 들어갈 때쯤에는 해마
가 기억에 기여하는 부분들이 더 많이 알려졌지만, 당시 과학자들은

스코빌과 밀너의 가설처럼 H.M.의 장애가 해마의 손상 때문이었는지, 아니면 배제할 수 없는 또 다른 가능성인 해마와 편도체의 동시적 손상 때문이었는지에 대해 격렬한 논쟁을 벌이고 있었다. 바로 그해 모트 미슈킨이 동물 연구를 통해 해마와 편도체의 동시적 손상이 가장 심각한 기억장애 증상을 야기한다는 강력한 증거를 제시했다. 그러나 그와 동시에 U.C. 샌디에이고의 스콰이어와 졸라 모건은 편도체가 기억장애와 전혀 관련이 없다는 증거를 찾고 있었다. 두 사람은 동물 연구를 통해 양측 해마의 손상이 기억의 결함을 유발한다는 것을 입증했지만 양측 편도체의 손상에 따른 결함은 발견하지 못했다. 그리고 두 사람은 매우 중요한 실험을 시작했다. 양측 해마가 제거된 동물의 편도체에 매우 정밀한 손상을 추가적으로 가한 것이다. 그들은 편도체에 선택적인 손상을 추가해도 기억장애가 악화되지 않는다는 것을 확인했다. 만약 편도체 손상이 추가적인 기억장애를 유발하지 않았다면, 기억장애의 원인은 무엇일까? 이 미스터리의 단서는 뇌 영역의 해부학적 구조에 대한 면밀한 연구를 통해 발견되었다. 신경해부학자 데이비드 애머럴David Amaral 은 동물의 뇌 손상 부위에 있는 조직의 가느다란 부위들을 살펴보다가 신경해부학자의 눈에만 보이는 무언가를 발견했다. 해마와 편도체뿐 아니라 훨씬 더 광범위한 영역에서 손상이 확인되었다. 다시 말해, 뇌 영역을 둘러싼 피질도 매우 다양하고 광범위한 손상을 입은 상태였다. 그가 연구에 사용한 외과적 접근법을 고려해보면 환자 H.M.에게도 동일한 손상이 나타났을 가능성이 높았다. 과거에는 아무도 중요하게 여기지 않았던, 그저 시각 체계의 일부로만 여겨졌던 해마와 편도체 주변의 정체 모를 피질 영역이 미스터리를 풀 열쇠였다.

내가 대학원 생활을 시작한 것이 바로 이때쯤이다. 내측두엽의 해부학적 조직에 대한 연구를 선도하던 애머럴이 U.C. 샌디에이고 맞은편에 있는 소크연구소에서 신경해부학 실험실을 운영하고 있었다. 나는 그 영역의 기본 구조를 더 자세히 이해할 필요가 있다고 생각했고, 그들이 도전 과제를 제안했을 때 그 기회를 재빨리 낚아챘다. 사람의 발길이 거의 닿지 않은 어딘가를 탐험하듯 뇌의 가장 깊고 어두운 영역에 다가서는 내 모습이 오지 탐험가 데이비드 리빙스턴의 신경과학자 버전처럼 느껴졌다.

1987년에는 그동안 뇌의 모든 영역이 철저히 검토되어 지도로 만들어져 있을 거라고 믿었지만, 정작 내가 주목했던 영역들은 등한시되고 있었다는 사실을 처음 알게 되었다. 나는 그러한 영역들을 자세히 연구하기 시작한 선두주자 중 한 사람이었다. 나는 1900년대 초부터 신경해부학자들에 의해 사용된 기본적인 기술들을 똑같이 적용했다. 내측두엽의 주요 영역에서 얻은 얇은 뇌 절편을 검사하고, 해당 조직의 뉴런과 교세포를 염색하여 세포체의 크기와 구조를 확인했다. 그리고 나란히 붙어 있는 두 영역을 구분할 수 있는 특징을 찾아내기 위해 절편들을 살펴보았다. 또한 다른 연구를 통해 이 영역들의 입력 및 출력 장소를 추적했다.

나는 자그마치 6년 동안 캄캄한 방 안에 홀로 앉아 고성능 현미경으로 뇌 조직을 들여다보며 확실한 패턴을 포착하려고 애썼다. 세포들을 현미경으로 몇 시간씩 들여다보고 있으면 그 모습이 아름다운 추상화처럼 눈앞에 아른거리기도 했다. 무척 고되고 세밀한 작업이었다. 나는 종종 침묵을 클래식 음악으로 채웠다. 라디오를 들으며 보낸 시간들을 생각하면 클래식 음악으로 박사 학위라도 땄어야 했다.

이러한 연구들을 통해 나는 무엇을 알게 되었을까? 일단 내측두엽의 피질 영역인 주변후피질과 해마곁피질이 내후각피질을 통해 해마에 대량의 신경 신호를 입력한다는 것을 확인했다. 이러한 피질 영역은 모든 감각 기능에 관여하는 광범위한 뇌 영역과 그 밖의 보상, 주의 집중, 인지와 같은 중요한 기능에 관여하는 높은 수준의 뇌 영역들로부터 신호를 전달받는 주요 두뇌 인터페이스, 혹은 게이트웨이이다. 과학자들의 생각처럼 단순히 시각에 관여하는 영역들이 아니라 뇌의 고급 정보가 모여드는 곳이었다. 상대적으로 구식인 접근법을 사용했지만, 나는 이러한 영역들이 기억에 매우 중요할 수 있는 이유에 대한 새로운 정보를 밝혀냈다. 이 영역들 사이의 연결이 핵심이었다.

그러나 이 영역들의 연결에 대해 특징짓는 것만으로는 그것의 기능이 무엇인지 정확히 파악할 수 없었다. 나는 동물 연구를 통해 이

미스터리한 피질 영역들에 국한된 손상이 H.M. 수준의 심각한 기억 장애를 야기한다는 것을 계속해서 보여주었다. 이것은 굉장히 충격적인 결과였다. 그때까지 기억에 관한 연구는 오로지 해마와 편도체에만 초점을 맞췄었다. 이 새로운 연구들은 신경과학이 게임을 하는 내내 핵심 플레이어인 해마와 편도체를 둘러싼 피질 영역을 놓치고 있었음을 입증했다. 선택적인 피질 영역이 기억에 중요하다는 점을 지적했다고 해서 래실리의 주장이 유효함을 입증한 것은 아니었다. 래실리는 기억이 광범위한 피질 영역들의 복잡한 상호작용으로 인해 형성되며, 단독으로 기억 기능의 근간이 될 수 있는 영역은 없다고 주장했다. 실제로 나는 새로운 장기기억 형성에 필수적이며 고도의 상호작용을 하는 특정 영역들, 즉 해마와 그것을 둘러싼 피질 영역들을 식별해냈다. 새로운 기억을 형성하는 데 중요한 영역이 어디인지는 제대로 밝히지 못했지만, 뇌 영역들 사이의 거대한 연결망의 중요성에 대한 래실리의 발상은 장기기억이 입력 정보를 우선적으로 처리하는 거대한 피질 연결망에 저장될 수 있다는 연구 결과로 이어졌다.

내가 대학원에서 수행한 연구들은 새로운 뇌 영역을 식별할 수 있도록 도왔고, 그것이 장기기억 기능에 얼마나 중요한지를 정확히 보여주었다. 또한 주변후피질과 해마곁피질, 해마 사이에 있는 내후각피질의 중요성을 시사했다. 내 연구는 이 영역이 서술기억에 중요한 뇌 영역들 사이에서 중대한 역할을 담당한다는 것을 보여준다. 실제로 최근에 공간 정보의 처리 과정에서 내후각피질의 주요 기능을 확인한 노르웨이 출신의 두 과학자가 노벨과학상과 노벨의학상을 수상했다.

나는 U.C. 샌디에이고 연구팀과 함께 환자 H.M.의 심각한 기억장애가 해마와 그 주변에 있는 피질 영역들의 손상 때문이라는 가설을 세웠다. 내가 연구를 끝내고 논문을 완성하자마자 때마침 H.M.의 뇌 스캔 결과가 확인되어 H.M.이 입은 뇌 손상의 실제 범위를 최초로 시각화할 수 있었다. 이 역사적인 MRI 스캔으로 우리는 H.M.이 해마와 편도체뿐 아니라 주변의 피질 영역들에도 손상을 입었음을 확인할 수 있었다. 이렇게 해서 논문을 위한 내 실험의 타당성이 입증되었고, 나는 박사학위를 취득했다. 그뿐 아니라 행동신경과학계 최고의 박사학위 논문으로 선정되어 신경과학회로부터 린슬리상 Lindsely Prize 을 받았다.

환자 H.M.을 한 번도 만나지 못했지만 그의 뇌와 기억에 대해 너무 많이 생각하다 보니 마치 잘 아는 사람처럼 느껴졌다. 나는 2008년 12월 4일 아침, 〈뉴욕타임스〉 1면에서 그의 부고 기사를 보았을 때를 평생 잊지 못할 것이다. 첫 번째로 충격적이었던 사실은 H.M.을 연구한 지 20년 만에 처음으로 그의 이름을 알게 되었다는 것이다. 헨리 몰레이슨 Henry Molaison. 신경과학계가 철저히 숨겨온 그 비밀은 사후에야 밝혀졌다. 친구가 세상을 떠나고 나서야 그에 대해 아주 중요하고 개인적인 사실을 알게 된 기분이었다. 헨리 몰레이슨, 환자

H.M.은 기억에 관한 우리의 이해를 위해 인생에서 너무 많은 것들을 포기했다. 뇌 수술 이후 그는 크리스마스나 생일 파티, 휴가를 전혀 기억하지 못했고 다른 사람과 깊은 관계를 맺거나 미래를 계획하지도 못했다. 뇌수술을 받던 그날, 그는 소중한 무언가를 잃어버렸지만 그의 불행은 기억과 뇌에 관한 지식을 매우 깊고 풍요롭게 만들어주었다. 나는 언제나 그의 희생을 존경할 것이다.

⇨ MRI

MRI, 즉 '자기 공명 영상'magnetic resonance imaging은 일반적이며 매우 효과적인 영상화 도구로써 강한 자기장과 라디오파를 사용하여 뇌를 포함한 신체 이미지를 시각화한다. 이 일반적인 영상화 방법은 구조 영상화라고도 불리며 뇌의 전체 구조, 그리고 회백질(세포체)과 백질(축삭돌기의 경로) 사이의 경계를 확인하기 위해 널리 사용된다.

진전: 나만의 실험을 시작하기

나는 U.C. 샌디에이고에서 6년간 신경해부학과 행동접근법으로 박사 과정을 밟으며 내측두엽에 있는 핵심 영역들의 손상에 의한 영향과 그들 사이의 연결에 대해 연구했다. 이 영역들은 내 연구에 매우 중요했지만 새로운 기억이 형성되는 동안 뇌에서 벌어지는 일을 직접 확인할 수는 없었다. 이것이 내가 다음에 하고 싶었던 연구였다. 나는 동물들이 다양한 기억 과제를 수행하는 동안 뇌세포에 발생하는 전기적 활성의 패턴을 확인할 새로운 접근법을 찾고 싶었다. 새로운 것을 학습할 때 동물의 해마세포와 그 활동을 직접 보고 싶었다. 나는 단지 그 일을 위해 국립보건원에 있는 로버트 드시몬Robert Desimone 연구실의 박사후연구원 자리를 어렵게 구했다.

드시몬의 실험실은 해마와 편도체 손상의 영향에 관한 동물 연구로 중대한 논문을 발표한 모트 미슈킨의 신경심리학연구소에 소속되어 있었다. 나는 국립보건원에서 4년 반을 지내며 동물들이 기억에 관한 다양한 과제를 수행할 때 각 개체나 소규모 그룹의 뇌세포 활동을 기록하는 방법을 배웠다. 이 일반적인 접근법은 행동신경생리학이라 불리며, 뇌의 전기적 활성의 패턴이 실제 활동과 어떻게 연관되는지 확인하게 해주는 강력한 도구다. 그뿐만 아니라 특정 뇌세포들이 주어진 행동 과제에 정확히 어떻게 반응하는지 이해할 수 있는 직접적인 창구를 제공한다. 이것은 H.M.의 경우처럼 뇌 손상의 영향에 관한 연구들과 대조를 이룬다. 기억에 대한 이해는 쉽게 변형되는 반면 손상 연구는 특성상 간접적이다. 우리는 손상 이전에 정상이었던 기능의 결함을 연구하고 있다. 이는 행동신경생리학과 대조적으로 기억과제를 수행하는 동안 정상적인 뇌가 전형적으로 어떻게 반응하는

지를 이해하도록 돕는다.

뇌에는 통각 수용기가 없기 때문에 기록에 사용되는 미소 전극이 어떠한 불편감도 일으키지 않을 수 있었고, 그 덕분에 동물이 새로운 뭔가를 학습하거나 기억하는 동안 발생하는 폭발적인 전기적 활성을 기록할 수 있었다. 나는 일단 동물들에게 학습 및 기억과 관련된 비디오 게임을 훈련시켰고, 과제의 다양한 양상에 따라 뇌가 어떻게 신호를 보내는지, 또 무언가를 기억 또는 망각할 때 뇌 활동의 패턴에 어떤 변화가 일어나는지 알아보기 위해 각 세포의 활동을 기록했다. 특히 내측두엽의 내후각피질이라는 피질 영역에 주목했고, 기억 과제를 수행하는 동안 이 영역에서 나타나는 신경 활동의 패턴들을 정리했다. 내후각피질에 대한 연구는 이것이 유일했다. 그러나 내측두엽 핵심 영역들의 생리적 반응에 대해 연구해야 할 내용이 여전히 많이 남아 있었다. 그리고 이것이 나만의 실험실에서 중점적으로 연구하고 싶은 주제였다.

국립보건원에서 치열하게 보낸 4년은 무척 가치 있는 시간이었다. 그때 행동신경생리학의 매우 효과적인 접근법을 자세히 배운 덕에 1998년에 내 실험실을 시작하며 그 접근법을 활용할 수 있었다. 바로 이때가 내 경력이 정말 흥미로워지기 시작한 시점이다. 기억을 연구한지 10년째였다. 나는 새로운 기억이 형성될 때 해마에서 벌어지는 일들을 이해하고 싶었다. 이제 그 과학적 강박을 해소할 수 있는 나만의 연구 프로그램을 설계할 생각에 극도로 흥분한 상태였다. 이 강렬한 욕구는 환자 H.M.에 관한 초기 기록에 직접적인 영향을 받았다. 그는 현재 주변에서 일어나는 일들은 인지하면서도 그 정보에 주의를 집중할 수 있을 만큼 그것을 충분히 오래 유지하지 못했다. 우리는 정보를 유지하는 능력이 해마와 그 주변 피질 영역들의 영향을 받는다는 것을 알고 있었지만, 이 세포들이 새로운 기억의 형성에 어떤 역할을 하는지는 알지 못했다. 이 주제를 내 실험실에서 연구하고 싶었다.

나는 실험실의 수장으로서 일단 동물들에게 어떤 종류의 정보를 가르칠 것인가를 결정해야 했다. 그 과제는 쉽고 간단하면서도 해마와 주변 구조에 손상을 입으면 정상적으로 수행할 수 없는 것이어야 했다. 고민 끝에 그림으로 된 시각 단서들을 컴퓨터 모니터상의 특정한 보상성 표적과 연결하는 과제를 선택했다. 우리는 이 연합 학습이라는 기억 유형이 의식적으로 학습 및 상기할 수 있는 서술기억의 하위 범주라는 것을 알고 있었고, 해마 또는 주변 뇌 구조의 손상이 연합 학습에 심각한 장애를 야기할 수 있음을 증명할 타당한 증거도 가지고 있었다.

나는 매일 동물들에게 몇 가지 새로운 연합을 가르쳤고, 그들이 과제에 능숙해지면 뇌에 가느다란 전극을 삽입한 뒤 학습하는 동안의 전기적 활성 패턴을 기록했다. 그리고 마침내 새로운 것을 학습할 때 해마에서 일어나는 일을 확인할 수 있게 되었다.

연구자들이 과거에 이러한 실험을 하지 않았던 이유는 동물에게 새로운 연합을 가르치기 어려웠기 때문이다. 다행히 내가 선택한 과제가 적합했고, 동물들은 주어진 회기 동안 새로운 연합을 몇 가지씩 배울 수 있었다. 이제 우리는 새로운 연합들이 해마에서 신호화되는 과정을 정확히 살펴봐야 했다.

개별 뇌세포의 활동을 기록하는 일은 낚시와 얼추 비슷하다. 먼저 크고 질 좋은 물고기가 있을 것 같은 좋은 장소(뇌)를 선정하고 기다려야 한다. 나는 해마에 닿기 전까지 수백, 수천 개의 세포를 통과하는 아주 가느다란 전극으로 뇌세포 활성을 기록했다. 전기적 활성의 짧은 폭발이 일어나면 음향 모니터에서 작게 '펑' 하고 소리가 났다. 내 목표는 세포의 활성화 패턴이 새로운 연합에 대한 학습과 연관되어 있는지 확인하는 것이었다. 그러나 연관성 있는지 장담할 수 없었다. 전극으로 수많은 세포의 활동에 귀를 기울이며 수많은 날을 보냈지만 별다른 성과를 거두지 못했다. 활성화 패턴은 무의미하게 뒤섞인 라디오 소음처럼 들렸다. 그러던 어느 날, 운 좋게도 세포의 흥미로운 활동이라는 크고 질 좋은 물고기를 낚았다. 특정 사진이 제시될 때만 활성화되는 것으로 보이는 세포들 또는 제시된 그림을 본 동물이 표적 중 하나에 반응할 때 수차례 활성화되는 세포들이 여기에 해당된다.

나는 흥미로운 무언가를 찾을 것이라는 기대로 해마 낚시를 계속했고, 기록을 시작한 지 몇 달 만에 정말 무언가가 나타나기 시작했다. 피실험 동물이 연합을 학습하지 못한 실험 초기에는 과제에 따른 활성화가 특정 세포에 거의 혹은 전혀 나타나지 않았다. 그러나 얼마간 더 많은 연합을 학습하자 그 세포의 활성화 비율이 증가하는 듯 보였다. 나중에 관련 데이터를 분석하고 나서야 그 패턴을 완전히 확인할 수 있었다. 그리고 그것은 명백한 사실이었다.

실험을 하는 동안 세포들의 소리를 들으며 내가 알아차렸던 것처럼, 연합을 형성하지 못한 학습 초기에는 과제에 따른 활성화가 거의 혹은 전혀 나타나지 않았다. 그러나 피실험 동물이 새로운 연합을 학습하자 특정 세포들의 활성화 비율이 초기보다 두세 배 정도 급증했다. 활성의 증가는 특정 연합에서만 일어났다. 이것은 해마세포에 활성화 비율을 변화시켜 새로운 연합을 학습하는 데 신호를 보내는 특정 집단이 있음을 시사했다. 나는 이러한 뉴런들의 활성화를 통해 새로운 기억의 탄생을 듣고 있었던 것이다! 어느 누구도 해마에서의 학습을 이런 식으로 특징짓지 않았다. 우리는 해마세포들이 새롭게 학습한 연합을 암호화하는 과정을 목격하고 있었다. 즉, 해당 영역의 손상이 연합의 생성을 해친다는 것은 이러한 뇌 활동의 패턴이 새로운 연합 학습 과정의 핵심임을 의미했다.

이것은 나와 동료들뿐 아니라 신경과학계에도 기쁜 소식이었다. 우리의 연구는 행동 변화와 직접적으로 관계된 뇌가소성에 대한 수많은 증거 중 하나였다. 게다가 새로운 연합 학습이다! 다이아몬드 교수는 풍족한 환경에서 자란 쥐가 빈곤한 환경에서 자란 쥐보다 더 많은 시냅스를 가진다는 것을 보여주었지만, 학습을 하거나 기억이 형성되는 동안의 행동은 고려하지 않았다. 뇌 크기의 증가는 일반적으로 행동과 수행 능력에 좋은 영향을 끼친다고 추측되었다. 만약 이 기능을 이해한다면 다양한 신경 질환에 의한 장애가 나타날 때 그것을 복제할 수 있을 것이다. 즉, 이 연구들은 새로운 기억이 형성될 때 정상적인 해마의 세포들이 어떻게 활동하는지 보여준다. 이 영역들이 없었기 때문에 H.M.은 새로운 기억을 형성할 수 없었다. 무엇보다 이 결과들은 알츠하이머병, 외상성 뇌 손상, 정상적인 노화에서 일어나는 연합적 혹은 일화적 기억장애의 치료법을 개발하는 데 매우 중요하다. 이러한 신경학적 문제를 해결하려면 정상적인 뇌가 새로운 기억을 형성하는 과정을 이해해야 한다.

기억할 사항: 새로운 기억의 형성

- 해마, 내후각피질, 주변후피질, 해마곁피질(양측의 하나씩)을 포함하는 측두엽의 일부는 서술기억이라 불리는 일반적인 기억 유형에 매우 중요하다.

- 서술기억은 의식적으로 기술할 수 있다는 의미이며, 사실에 대한 기억 (의미기억)과 경험에 대한 기억(일화기억)을 포함한다.
- 새로운 서술기억을 기록하려면 내측두엽 핵심 영역들이 반드시 작동해야 한다. 또한 이 영역들은 새로운 기억을 반복적으로 회상하거나 장기기억으로 변환할 때 다른 정보와 연합될 수 있다.
- 내측두엽 핵심 영역들은 일단 장기기억을 형성하고 나면 더는 필요하지 않다. 저장된 기억들은 피질 세포들의 복잡한 신경망에 머무는 것으로 보인다.
- 성인의 해마는 손상되더라도 다른 영역으로 대체할 수 없다. 따라서 이 영역을 잃어버리면 뇌가소성도 존재할 수 없다.
- 이제 우리는 해마세포들이 학습된 특정 연합에 반응하여 활성화 비율을 변화시킴으로써 새로운 연합기억의 형성에 신호를 보낼 수 있다는 것을 안다. 누군가의 이름을 외우면 해마의 특정 세포 집단이 새롭게 학습한 이름과 얼굴 연상에 활성화될 것이다.

Healthy
Brain,
Happy
Life

제3장

치매에 걸리면
새로운 기억은 무의미할까?

기억은 뉴런 그 이상을 의미한다

맑고 아름다운 뉴욕의 수요일 아침이었다. 나는 수요일마다 〈뉴욕타임스〉에 실리는 음식 관련 기사를 열심히 찾아 읽는다. 일주일 중에 가장 좋아하는 기사다. 마침 세계적으로 유명한 셰프 토머스 켈러에 관한 기사가 실려 무척 신이 났다. 예전에 부모님과 함께 켈러의 별 다섯 개짜리 레스토랑 두 곳에 간 적이 있었다. 캘리포니아 나파 밸리에 있는 욘빌의 더 프렌치 런드리와, 센트럴 파크가 내려다보이는 퍼 세였다. 나는 기사에서 특산품 버터나 희귀한 야생 버섯에 관한 재밌는 내용이 있기를 기대하고 있었는데 뜻밖에도 켈러가 다섯 살 때 가족을 떠난 아버지와 뒤늦게 관계를 회복하는 과정을 다루고 있었다.

그 후로 켈러는 아버지와 아주 가끔 만났다. 그러다 사십 대가 되어서야 진실된 부자 관계를 맺을 수 있었다. 아들과 함께하는 시간이 너무 즐거웠던 나머지 켈러의 아버지는 아들의 곁에 살기 위해 욘빌로 이사했다. 두 사람 모두 새로 정립된 관계를 사랑했고, 삶을 최대한 음미하고 즐겼다. 훌륭한 음식과 나파 밸리의 아름다운 환경이 재회의 기쁨을 더했다. 그러나 켈러의 아버지는 비극적인 교통사고로 인해 하반신을 쓸 수 없게 되었고, 지속적인 보살핌과 관찰이 필요했다. 켈러는 아버지가 건강을 회복하여 휠체어에서 새로운 삶을 시작할 수 있도록 최선을 다해 도왔다. 아들의 지극한 보살핌 속에서 켈러의 아버지는 열정적인 삶을 더 이어가다 1년 후 세상을 떠났다.

감동적인 기사였다. 뒤늦게 가까워진 아버지를 잃고 켈러가 얼마나 고통스러웠을지 느낄 수 있을 것 같았다.

결정타는 그 모든 경험을 요약한 켈러의 말이었다. "생각해보니 마지막 날 우리에게 남은 건 기억뿐이었어요." 나는 울먹이기 시작했다.

그 이야기가 감동적이어서 운 것만은 아니었다. 나 자신에 대해 중요한 무언가를 깨달았기 때문이다. 나는 지난 16년 동안 기억의 메커니즘을 연구하면서도 기억의 의미를 진지하게 생각해보지 않았다. 그렇다, 나는 환자 H.M.과 내측두엽 손상으로 그가 잃어버린 것들에 대해 생각했다. 그러나 기억이 내게 얼마나 소중한지에 대해서는 생각하지 않았다. 내게 기억은 무엇인가? 잠깐 사이에 떠오른 기억들은 공부하기, 실험실에서 연구하기, 학위와 상, 보조금 따내기 같은 것들이었다. 내 최근 기억들이 모두 과학에 관한 것임을 깨달았다.

그러나 내게는 가족과 함께 캘리포니아에 살았던 유년 시절의 기억들도 있었다. 만약 거기에 집중을 했더라면 기억의 순간들이 슬라이드 쇼처럼 머릿속에서 펼쳐졌을 것이다. 켈러의 말이 옳지 않은가? 우리의 가장 소중한 재산은 기억이 아닐까?

가족의 기억상실

기억상실로 이어지는 명백한 뇌 손상은 상대적으로 드물기는 하지만, 이러한 환자들의 특정 뇌 영역의 손상은 치매와 알츠하이머병 환자들에게서도 발견된다. 켈러의 기사를 읽고 몇 달이 지난 어느 1월, 나는 어머니의 전화를 받았다. 어머니는 아버지의 건강이 좋지 않으며, 아버지가 30년 동안 커피를 사러 다녔던 편의점 가는 길을 기억하지 못한다고 말했다. 너무나 갑작스럽게 아버지의 기억이 증발해버렸다.

나는 신경학자는 아니었지만 아버지의 증상이 노화에 따른 단순한 건망증이 아니라는 것을 알아차렸다. 곧장 부모님을 모시고 최고의 신경과 전문의가 진료하는 병원을 찾았다. 아버지가 치매 진단을 받던 순간 나도 거기에 있었다.

그때 느꼈던 무력감은 말로 표현할 수 없다. 나는 기억 연구의 전문가였지만 완전히, 그리고 철저하게 무력했고 아버지를 도울 수 있는 방법이 하나도 없었다. 내 부모도 도울 수 없는데 그동안 받아온 교육이 다 무슨 소용인가? 참담한 심정이었다.

설령 기억장애를 치료할 수 없더라도 일단 아버지를 도울 방법을 찾기로 결심했다. 그 과정에서 나는 어머니와 나 자신도 도울 수 있었다.

운명의 1월이 오기 전, 나는 부모님과의 관계를 개선하고 풍요롭게 하는 임무(토머스 켈러와 비슷하게)를 이미 수행하고 있었다. 우리의 관계는 딱히 소원하지도, 그렇게 가깝지도 않았다. 수년 동안 부모님과 나는 몇 달에 한 번 정도 대화를 나누었다. 그래서 자주 대화하지 않는 패턴에 익숙했다. 게다가 나는 신경과학과의 종신 교수라는 꿈을 이루느라 너무 바빴다. 또 부모님은 기대했던 대로 딸이 뛰어난 학술적 성과를 이룬 만큼 연락이 뜸해진 것을 당연하게 받아들였던 것 같다.

그러나 사십 대에 접어들면서 나는 부모님과의 거리를 좁혀보기로 결심했다. 일단 매주 전화를 하기 시작했고, 두 분 모두 이 변화를 받아들였다. 치매 진단을 받은 후에도 아버지는 여전히 다정하고 유머러스했다. 좋은 브로드웨이 쇼를 봤는지 묻거나 뉴욕의 새 레스토랑에 대해 듣는 것을 좋아했다. 그저 그날 점심으로 뭘 먹었는지, 지난주 가족 모임에 누가 왔었는지 기억하지 못할 뿐이었다.

아버지가 치매 진단을 받은 후 나는 집안의 또 다른 전통을 바꿔보기로 결심했다. 일본계 미국인인 우리 가족은 항상 정중하고 친절했지만 애정 표현에 서툴렀다. 부모님은 분명히 우리 남매를 사랑했지만 현실에서는 한 번도 말로 표현하지 않았다. 집안 문화와 맞지 않기 때문이다. 아버지가 치매에 걸렸다는 사실을 알고 나서 나는 부모님께 그 세 단어를 말하고 싶었다. 내가 부모님을 사랑한다는 것을 두 분 모두 알기를 바랐던 것 같다.

하지만 한 가지 문제가 있었다. 어떤 설명도 없이 그냥 사랑한다는 말을 시작할 수는 없었다. 그것은 마치 아무 이유도 없이 갑자기 영어 대신 러시아어를 말하는 것과 다름없었다.

나는 먼저 허락을 구하기로 했다.

잠깐만! 다 큰 여성이 사랑한다는 말을 하기 위해 부모님께 허락을 구해야 한다고? 우습고 어색하고 불편한 일이었다. 그러나 정말 신경이 쓰였던 것은 허락을 구할 때의 어색함이 아니라, 거절당할지도 모른다는 두려움이었다. 거절당하면 너무 처참한 기분이 들 것 같았다.

확인할 방법은 직접 물어보는 것뿐이었다. 어느 일요일 밤, 나는 없던 용기까지 모두 짜내어 전화를 걸었다. 그날은 분명 평범한 일요일 밤이 아니었다. '중대한 질문'의 밤이 될 예정이었다. 먼저 엄마와 대화를 나누며 그 주에 있었던 일들을 공유했다. 나는 밀려오는 두려움에 섣불리 물어보지 못하고 대화 주제를 가볍게 유지하기로 결정했다. 그리고 대수롭지 않게 말했다. "있잖아요, 엄마. 일요일 밤 말고 월요일 밤에 통화하면 어때요?" 그것은 의도적인 전략이었다. 그래도 이렇게 묻는 것보다는 나을 것 같았다. "있잖아요, 엄마. 수천 년간 깊게 뿌리내린 금욕적인 일본 문화를 단번에 바꿔서 이제부터 서로 사랑한다고 말하는 게 어때요?"

그날 이후에도 우리의 통화는 여느 일요일과 다름없었다. 나는 엄마에게 한 주 동안 어떻게 지냈는지 물은 뒤, 내 일상에 대해 얘기했다. 유난히 낙관적이고 활기차게 느껴지던 어느 밤, 나는 대화 중간에 작전을 개시했다.

"있잖아요, 엄마. 생각해보니 통화하면서 사랑한다는 말을 한 적이 없는 것 같더라고요. 이제부터 그런 말을 해보면 어떨까요?"

대화가 중단되었다. 정말 긴 침묵이었다.

나는 호흡을 멈추고 있었던 것 같다. 마침내 엄마가 이렇게 대답했다. "정말 좋은 생각이구나!"

나는 조용히 숨을 크게 들이마셨다가 내뱉으며 안도의 한숨을 쉬었다.

나는 분위기를 가볍게 유지하며 말했다. "잘됐네!"

우리의 목소리에서 높아진 긴장감을 느낄 수 있었다. 마치 서로 경계하느라 원을 그리며 도는 야생 퓨마 같았다. 긴장감이 돌았던 이유는 무엇일까? 사랑한다고 말하기로 합의한 것과 실제로 그렇게 말하는 것이 너무 다르다는 사실을 둘 다 잘 알았기 때문인 것 같다.

일단 나는 그 상황을 정면 돌파하기로 했다. "그러어엄," (난 준비됐

어요, 엄마!) "사랑해요." 나는 불편함을 감추기 위해 디즈니 만화처럼 한껏 과장된 목소리로 말했다.

"나도 사랑한다." 엄마 역시 과장된 목소리로 대답했다.

거짓말하지 않겠다. 그 질문을 던지는 일은 정말 어렵고 어색했다. 하지만 해냈다! 끝나서 너무 다행이었다!

일단 엄마가 동의하면 아빠도 동의할 것이 분명했다. 그날 밤 아빠와 대화하며 아까처럼 허락을 구했고 아빠도 동의했다. 우리는 서로 어색하게 사랑한다고 말했다. 그렇게 역사적인 '중대한 질문'의 밤이 저물었다.

통화를 마치고 나니 무척 뿌듯하고 행복했다. 그런데 뜻밖에도 울음이 터져 나왔다. 사실 그날 일어난 일들은 결코 가볍지 않았다. 그날 밤 나는 태어나 처음으로 부모님에게 사랑한다고 말했고, 두 분도 내게 사랑한다고 말해주었다. 그렇게 우리는 집안 문화를 완전히 바꿔놓았다. 감격스러워 기쁨의 눈물이 흘렀다.

그다음 주에도 나는 어머니에게 사랑한다고 말했고 어색함이 전보다 훨씬 덜하다는 사실에 무척 행복해졌다.

다음은 아버지 차례였다. 나는 아버지가 그전에 나눈 대화를 기억하지 못할 수 있음을 깨달았고 우리가 합의했던 내용을 다시 알려주려고 했다.

그러나 그날 밤, 아버지는 나를 깜짝 놀라게 했다.

그날 밤부터 매주 일요일 밤마다 아버지는 내게 먼저 사랑한다고 말했다. 그 일을 기억하고 있었던 것이다.

아버지는 내가 추수감사절이나 크리스마스에 방문했는지 여부는 종종 잊어버리지만 매번 통화 끝에 사랑한다고 말하는 것은 한 번도 잊은 적이 없다.

나는 신경과학자이기 때문에 그 이유를 금세 알아차렸다. 이것은 기억을 강화하는 감정의 힘을 보여주는 아름다운 예다. 사랑한다고 말하고 싶다는 내 말에 아버지는 사랑과 자부심을 느꼈을 테고, 그 감정이 치매를 이겨내고 새로운 장기기억을 형성하게 했던 것이다. 어떤 사건이나 정보가 감정을 불러일으키면 감정 처리에 매우 중요한 편도체가 활성화되면서 해마에 의해 처리된 기억을 강화시킨다. 이것은 감정과 인지, 또는 감각과 학습이 얼마나 상호 의존적인지 보여준다.

그날 밤, 아버지는 치매에도 불구하고 새로운 장기기억을 형성했다. 그날의 기억은 남은 삶 동안 내 뇌에도 깊이 새겨져 있을 것이다.

무엇이 기억을 쉽게 만드는가

아버지가 통화 끝에 잊지 않고 늘 사랑한다고 말한 것은 감정의 울림이 기억을 강화하는 예다. 그러나 편도체를 깨우는 감정의 울림만이 기억력을 증진할 수 있는 것은 아니다. 예를 들어, 내 갑작스러운 요청은 지난 40년간 나를 지켜보며 함께 대화해온 아버지에게 무척 색

다른 일이었을 것이다. 새로움은 기억력을 증진하는 또 다른 핵심 요소다. 우리의 뇌는 자연스럽게 새로운 것에 주목한다. 그것은 사실 주변 환경에서 위험 요인이 될 만한 새로운 것들을 경계하기 위한 행동이며, 안전에 관한 문제이기도 하다. 우리의 뇌는 새로운 자극에 가장 강하게 반응하기 때문에 매일 보는 사무실 직원보다 완전히 새로운 사람을 볼 때 더 크게 반응한다. 또 새로운 정보는 더 기억하기 쉬운 것으로 밝혀졌다.

기억력을 향상하는 핵심 요소가 몇 가지 더 있다. 미식축구와 야구 시즌에 매주 아버지를 보며 그것을 확인할 수 있었다. 아버지는 자신이 본 미식축구나 야구, 특히 재미있었던 경기에 대해 자주 설명했다. 며칠 전에는 2014년 월드 시리즈에서 샌프란시스코 자이언츠가 캔자스 시티를 상대로 승리한 경기가 무척 재미있었고, 특히 자이언츠가 7차전에서 이겼기 때문에 더 흥미로웠다고 말했다. 치매를 앓는 사람치고 제법 훌륭한 기억력이지 않은가! 그 비밀은 바로 이것이다. 아버지는 야구, 특히 자이언츠를 사랑했고 자이언츠에 관해 쌓아온 평생의 기억이 월드 시리즈의 세부 사항을 더 쉽게 기억할 수 있게 했던 것이다. 자이언츠와 연관된 모든 정보가 어떤 틀을 제공하여 그와 관련된 새로운 정보의 조각, 즉 자이언츠가 2014년에 다시 월드 시리즈에서 우승했다는 사실도 기억할 수 있게 했다. 해마의 주요 기능 중 하나가 원래 관계없던 정보를 기억에서 연결하거나 연관 짓도록 돕는 일이다. 커다란 연합 신경망은 피질에 저장되지만, 해마가 새로운 정보 (자이언츠의 월드 시리즈 우승처럼)를 자이언츠 관련 정보들로 이루어진 훨씬 더 큰 신경망에 연결할 수 있으면 그 정보를 학습하고 기억하는 것이 더 쉬워진다. 이런 이유 때문에 새로운 기억을 형성하는 기능이 약해졌음에도 불구하고 아버지가 여전히 내 아버지로 존재할 수 있는 것이다. 아버지는 일생에 걸쳐 자신이 사랑하고 관심을 가져온 것들로 축적한 강력한 기억의 신경망을 가지고 있다. 몇 가지를 예로 들면 가족, 음식, 브로드웨이, 야구, 미식축구 같은 것들이다. 나는 아버지가 가장 좋아했던 것들을 기억하게 해주는 기억의 이런 측면을 정말 고맙게 생각한다.

⇨ 치매와 알츠하이머병의 정의

치매와 알츠하이머병은 어떤 관계가 있을까? 치매는 한 사람의 일상에 영향을 미칠 정도로 충분히 심각한 증상들을 설명하는 일반적인 용어다. 이러한 증상에는 흔히 기억 기능, 계획 능력, 의사 결정, 기타 여러 사고 기능의 감퇴가 포함된다. 치매라는 용어는 어느 특정 질환을 설명하지 않는다. 알츠하이머병은 치매의 가장 흔한 형태다. 치매 증상을 보이는 사람들의 60~80퍼센트가 알츠하이머병을 앓는 것으로 추산된다. 알츠하이머병에서 가장 많이 나타나는 증상은 이름과 최근 일을 잘 기억하지 못하는 것이다. 그것은 베타 아밀로이드라는 단백질 조각들의 침전물(또는 응집체plaque), 그리고 타우 단백질의 뒤얽힌 가닥들(또는 엉킴tangles)과 관련이 있다. 이러한 응집과 엉킴은 알츠하이머 후기의 뇌 전체에서 발견된다.

과학과 결혼하다

가족과의 관계를 견고히 하기 위해 애쓰고 있었지만 내 삶의 중심은 여전히 일이었다. 나는 기억이 얼마나 소중한지 처음으로 인식하면서 개인적으로 소중한 기억이 너무 적다는 것을 깨달았다. 그렇다고 오해는 마시라. 내게는 훌륭한 동료들이 있었고, 그들과 수년간 견고하고 생산적인 공동 작업을 해왔다. 그러나 많은 사람이 나를 에너지 넘치고 생산적인 동료로 여길 뿐 소중한 친구로 여기지는 않았다. 나는 과학과 결혼한 것으로 충분했던 걸까?

일과 과학자로서의 성공에 초점을 맞춘 삶은 새로운 것이 아니었다. 학부생 시절 다이아몬드 교수와 같은 신경과학자 겸 교수가 되겠다고 결심하면서부터 시작된 목표였다. 여기서 역설적인 점은 다이아몬드 교수가 과학자로서의 롤 모델 이상이었다는 것이다. 그녀는 활발히 실험실을 운영하며 교수로서 화려한 명성을 쌓았을 뿐 아니라 남편과 자녀들도 있었고, 매주 학부생들과 테니스를 치는 등 적극적인 사회생활까지 영위하며 과학자로서 균형 잡힌 삶을 유지했다는 점에서 아주 멋진 롤 모델이었다. 그러나 그녀의 모든 면을 따라 할 필요는 없다고 느꼈다. 내가 주목한 것은 오직 연구에 대한 열정과 직업적 성공이었다.

나는 나 자신에 관한 이론을 만들어 삶의 방식을 정의하기 시작했다. 얼마나 많은 논문을 발표했는지, 얼마나 많은 상과 지원금을 받았는지에 의해서만 내 가치가 평가된다는 이론이었다. 그것은 분명 내가 삶에서 가장 주목하고 인정한 영역이었기 때문에 당시에는 정말 그럴듯했다. 따라 하기 쉬운 공식이기도 했다. 늘 일만 하는 것이 오히려 더 쉬웠다. 지저분한 애착 문제를 다룰 필요 없이 최대치의 능력을 발휘하여 일하면 그만이었다. 그렇다, 나는 그렇게 할 수 있었고 심지어 정말 잘했다.

그러나 거기에는 몇 가지 필연적인 결과들도 따랐다. 그중 한 가지는 과학과 전혀 관계없는 사회적 상황에 능숙하지 않다는 것이었다. 나는 과학과 관련된 사회적 상황들을 다루는 일에 자신감을 느꼈다. 만약 일에 대한 열정을 말하는 자리에 간다면 나는 물 만난 고기였을 것이다. 그러나 그 외의 주제에 대해 말하는 법을 잘 몰랐던 탓에 타인과의 대화가 어색하고 지루했다. 또 이 시기에 나는 남자들이 내게 관심을 느끼지 못한다고 결론지었다. 이 이론을 증명할 훌륭한 증거도 여러 개 가지고 있었다. 대학원 시절만 생각해봐도 그랬다. 6년이라는 긴 시간 동안 진짜 데이트는 단 한 번뿐이었다. 어떤 남자가 데이트 신청을 했지만 첫 데이트를 완전히 망쳤고, 나는 바쁘다는 핑계를 대며 더 이상의 만남을 거부했다. 괜히 일터와 멀어진 기분이 들었고 데이트에 관한 관심도 줄었다.

뉴욕 대학교에 들어간 첫해에는 놀랍게도 애니 레보비츠(〈보그〉, 〈롤링〉〈스톤〉 등에서 활동한 미국의 유명 사진작가—옮긴이)로부터 촬영 제의를 받았다. 여성을 주제로 한 《우먼》이라는 포토 에세이를 위한 것이었다. 다 교수라는 직업 덕분이었다. 학교 측의 요청으로 13세 영재들을 위한 뇌 해부학 특별 강의를 진행했는데 그 모습이 학보에 실렸고, 사진을 본 수전 손택(그녀는 뉴욕 대학교의 부교수였다)이 지적인 여성의 아주 좋은 예라고 생각하여 레보비츠에게 추천했던 것이다!

나는 레보비츠의 제안을 단번에 허락했고, 나에 관한 두 페이지 분량의 포토에세이가 프랜시스 맥도먼드, 귀네스 팰트로와 블라이드 대너 사이에 실렸다. 정말 멋진 경험이지 않은가?

누군가가 그 사진을 보고 실험실 밖까지 남자들이 줄을 서겠다고 말했다.

"하!" 기분 좋은 칭찬이었지만 내 반응은 그다지 정중하지 않았다.

내가 애니 레보비츠의 모델이었던 것은 사실이지만, 남자들이 실험실 밖에 줄을 서는 일은 전혀 없었고 집 앞도 늘 조용했다. 알겠는가? 남자들은 그냥 내게 관심이 없었다.

나는 일에 집착하며 사교 활동을 완전히 배제하면서도 한 가지 즐거움만은 허락했다. 바로 좋은 음식이었다. 보르도에서 프랑수아와 보낸 시간들, 그리고 부모님에게 받은 유전적인 영향으로 나는 음식을 사랑했다. 게다가 뉴욕의 레스토랑은 경이로울 정도로 매력적이었다. 나는 레스토랑에 관한 리뷰를 모조리 읽었고 흥미로운 레스토랑에 관한 이런저런 소식들에 귀를 기울였다.

뉴욕 대학교에서 신임 부교수로 일을 시작했을 때 나는 한 동료와 그해의 학과별 강연 시리즈를 준비하게 되었다. 우리는 교수진의 추천을 받아 강연자를 선정하고 초대장을 만들고 방문한 손님들을 대접했다. 내가 그 일을 좋아했던 진짜 이유는 강연 후에 강연자들을 데리고 갈 레스토랑을 직접 고를 수 있었기 때문이다. 나는 각 강연자에게 어울릴 만한 레스토랑을 조사하고 선정함으로써 그 기회를 최대한 활용했다. 그것이 사실상 유일한 사회생활의 수단이었기 때문에 나는 온 힘을 다해 레스토랑 찾기에 매진했다.

나는 뉴욕에서 찾을 수 있는 가장 매력적인 레스토랑에서 혼자 식사를 했다. 새로운 레스토랑에 가보는 것을 좋아했지만 인근에 단골집도 몇 군데 있었다. 종업원들이 음식을 공짜로 챙겨주면 진짜 단골이 되는 것이었다. 음식이 중심인 '탐색 활동'은 한 가지 결과로 이어졌다. 바로 두툼한 살집 그리고 외로움이었다.

나는 뉴욕 대학교에서 종신 교수 재직권을 얻자마자 미국국립과학원에서 수여하는 트롤랜드 리서치 어워드Troland Research Award의 수상자로 선정되었다는 소식을 들었다. 이 상은 매년 미 전역에서 실험심리학을 연구하는 40세 이하의 과학자 중 가장 탁월한 사람에게 수여된다. 수상자로 선정된 것은 놀랍고도 황홀한 영광이었다. 2004년 4월 워싱턴 D.C.의 국립과학원에서 열린 시상식에 참석하기 위해 캘리포니아에서 부모님도 찾아오셨다. U.C. 샌디에이고에서 내 논문을 지도했으며 국립과학원의 회원이기도 한 래리 스콰이어 교수도 참석했고, 시상식 후에 우리 네 사람은 그날을 기념하기 위해 멋진 저녁 식사를 했다.

그날 밤 정말 행복했다. 그러나 그날의 미소 뒤에는 무언가를 깨닫기 시작한 39세 여성이 있었다. 그녀는 수년간 오직 자신의 경력과 신경과학 연구만을 생각하고 살았다. 한참을 머뭇거리다 실험실 밖으로 고개를 내밀어 뉴욕을 둘러본 나는 내가 철저히 혼자라는 사실을 깨달았다. 마치 두 개의 삶을 사는 것 같았다. 과학자로서의 삶은 대화를 나눌 수 있는 동료와 새롭고 재미있는 연구 주제로 가득해 한시도 떠나기 싫은 거대한 파티장 같았다. 반면 한 인간으로서의 삶은 먼지 쌓인 도로 위로 회전초 뭉치가 굴러다니는 클린트 이스트우드의 서부영화 속 황량한 유령도시 같았다. 과학의 경계를 넓히고 모두가 탐내는 뉴욕 대학교 종신 교수 자리를 차지하는 사이, 나는 나를 너무 많이 잃어버렸다.

트롤랜드 리서치 어워드 시상식에서 부모님과 함께 찍은 사진을 보면 알 수 있다. 나는 거대해지고 있었다. 그러나 변한 것은 허리둘레만이 아니었다. 더 큰 무언가가 나를 바꾸고 있었다. 나는 마침내 목표에 다다랐다. 뉴욕 대학교의 종신 교수가 되었고 연구 활동이 활발한 실험실을 가지고 있었다. 그렇다, 나는 기뻤지만 갈 곳을 잃었다. 종신직을 얻었으니 이제 뭘 해야 하지? 부교수가 되었으니 정교수 자격을 얻을 수도 있었다. 또 뭐가 있지? 일단 종신 교수 재직권만 얻으면 모든 걸 가질 수 있을 거라고 생각했다. 실제로 나는 직함과 사랑했던 연구 프로그램을 갖게 되었지만, 그 외에는 별다른 것이 없었다.

어쩌면 토머스 켈러의 이야기에 더 주목하여 내게 정말 중요한 기억들을 만들었어야 했는지 모른다.

어떻게 하면 나 자신에 대해 더 좋은 감정을 가질 수 있을까? 어떻게 하면 브로드웨이 스타를 꿈꿨던 소녀와 다시 만날 수 있을까? 프랑스 음악가와 사랑에 빠졌던 로맨틱한 사람과 다시 만날 수 있을까? 그 여자는 어디로 사라진 걸까?

나는 뇌를 이용해 이 질문들에 대한 답을 찾아보기로 했다.

기억할 사항: 무엇이 기억을 쉽게 만드는가

기억하고 싶거나 기억해야 하는 것을 정확히 기억하게 해줄 마법의 알약을 계속 기다리는 동안, 기억력을 강화할 몇 가지 실용적인 방법을 소개한다.

- 기억은 자주 상기할수록 강력해진다. 뻔한 이야기지만 사실이다. 신경 수준에서 반복은 기억의 근간인 시냅스 연결을 강화하여 다른 기억의 방해와 일반적인 기억력 약화에 저항할 수 있다. 또 반복은 주의력 시스템과 관련된 신경망과 관계를 맺으므로 주의를 기울일수록 기억하기 쉽다.

- 뭔가 새로운 것을 기억하고 싶다면 그것을 이미 잘 알고 있는 것과 연결해보자. 기억력은 연관성이 많을수록 강해진다. 기억이 가장 폭넓고 다양한 방식으로 상기되기 때문이다. 한 가지 단서로 기억나지 않을 때는 또 다른 단서가 기억을 되살릴 수 있게 도와줄 것이다.

- 감정의 울림이 있는 기억이 그렇지 않은 기억보다 더 강하고 오래간다. 감정 처리에 매우 중요한 편도체가 해마의 도움을 받아 장기기억을 형성할 수 있기 때문이다. 진화의 한 관점에서 보면 아주 오래전부터 편도체(인간 뇌에서 가장 오래된 영역 중 하나)는 주변에 있는 것이 안전한지, 아니면 위험한지에 대한 신호를 우리에게 자동으로 보냈다. 그러다 인간의 뇌가 더 복잡한 구조물로 진화하면서 편도체는 중요한 감정적 경험을 얻을 때마다 해마에 다음과 같은 기억 강화용 신호를 보내기 시작했다. 이 순간을 기억하라. 이것은 나를 웃게, 울게, 두려

움으로 비명을 지르게 만들었다! 따라서 강력한 감정적 기억들은 뇌에 각인되어 오랫동안 지속된다.

· 뇌는 새로운 것에 주의를 집중하도록 설계되어 있다. 따라서 캘리포니아에서 눈 내리는 모습을 처음 보았거나 유성우를 처음 보았던 일처럼 새로운 사건을 더 쉽게 기억할 수 있다.

브레인 핵스: 기억력 챔피언에게 배우는 암기법

베이 에어리어에 TEDx 강연을 하러 갔다가 2008년 미국 기억력 대회 챔피언 체스터 산토스를 만났다. 그는 그날 잠깐 만난 청중 9명의 이름을 암송하여 모두를 놀라게 했다. 그리고 더 놀라운 일이 벌어졌다. 그는 매우 빠른 속도로 다음의 13개 단어를 열거했다.

원숭이, 철, 밧줄, 연, 집, 종이, 신발, 벌레, 연필, 봉투, 강, 바위, 나무, 치즈, 25센트

그리고 이 단어 목록을 3분 안에 기억하도록 해주겠다고 말했다. 모두 숨죽인 채 기다렸다. 그는 참신함, 감정의 울림, 연상 등 기억을 쉽게 만드는 몇 가지 핵심 요소를 사용했다. 그리고 관련 없는 항목들로 이루어진 긴 목록을 기억할 수 있는 방법은 이야기를 만드는 것뿐이며, 기상천외하거나 재밌는 이야기일수록 기억하기 쉽다고 말했다. 그러고 나서 한 가지 이야기를 예로 들었다. 그는 먼저 역기를 드는 원숭이의 모습(새롭고 재

있는 이미지)을 떠올려보라고 말했다. 그다음에는 커다란 밧줄이 하늘에서 내려온다. 밧줄의 촉감을 상상해본다. 고개를 들어 하늘을 보니 밧줄에 연이 매달려 있다. 그러나 강력한 바람이 불어와 연을 어느 집으로 날려 보낸다. 그 집은 종잇조각들로 뒤덮여 있다. 수백 장의 노란색 포스트잇으로 뒤덮인 집을 상상해본다. 곧이어 거대한 신발 한 짝이 나타나 종이로 뒤덮인 집 주변을 걸어 다니며 사방에 발자국을 만든다. 신발에서 지독한 악취가 풍기더니 작은 벌레가 밑창을 뚫고 나온다. 그 벌레가 갑자기 연필로 변신해 지붕에 나타난 봉투에 글자를 적기 시작한다. 다시 강한 바람이 불어오고, 연필과 봉투가 거세게 흐르고 있는 강으로 날아간다. 강물의 거센 파도가 커다란 바위에 부딪히기 시작한다. 바위가 아름다운 나무로 변하고, 그 비범한 나무에 치즈가 열린다. 그리고 가장 놀라운 일이 벌어진다. 갑자기 치즈 나무 열매에서 25센트짜리 동전이 발사되기 시작한다.

청중은 기상천외한 이야기였다는 것에 모두 동의했다. 그렇다면 이 이야기는 얼마나 기억에 남을까? 산토스는 이야기를 다시 암송하기 시작했다. 그가 이야기의 일부를 말하면 관중 전체가 큰 소리로 핵심 단어를 외쳤다. 산토스의 기상천외한 이야기는 정말 효과적이었다! 산토스는 청중에게 목록을 암송해보라고 요청했고, 그곳에 있던 300명이 긴 목록을 처음부터 끝까지 한 번에 암송해냈다. 정말 놀라웠다! 그는 우리에게 기억하기 쉬운 이야기를 들려주었다. 긴 목록의 단어들을 기억하기 위해 기상천외한 이야기를 지어내려면 분명 연습이 필요할 것이다. 그러나 정말 멋진 부분은 산토스 역시 기억력을 증진하는 방법으로 알려진 연상, 감정의 울림(유머), 새로움을 사용하여 더 빠르고 효율적으로 학습했다는 점이다.

Healthy
Brain,
Happy
Life

제4장

새로운 자극이
잠든 뇌를 깨운다

두뇌를 신체와 영혼에 다시 연결하기

살다 보면 종종 습관이나 일상을 바꿔 건강해지기로 결심하게 되는 결정적 순간이 찾아온다. 건강염려증, 동창회, 적나라한 사진 같은 것들이면 충분할 것이다. 나는 과체중으로 사는 것이 지긋지긋했지만, 정적인 미식가 생활을 바꾸려고 무성의한 시도를 딱 한 번 해본 것이 전부였다. 건강한 몸에 대한 깨달음을 얻은 것은 남아메리카에서 급류 래프팅을 즐기고 있을 때였다.

경종을 울린 래프팅

2002년 7월, 우리는 페루 중부의 웅장한 코타와시강에서 아주 멋진 하루를 마무리하고 있었다. 겁 없는 가이드 마크가 보트를 몰았다. 캘리포니아 북부에서 온 철인 3종 경기 선수들, 아버지와 딸, 강을 사랑하는 부부 그리고 멋진 서퍼이자 두 아이의 엄마였던 래프팅 파트너 세아 히긴스까지, 재미를 찾아다니는 모험가들이 나와 함께했다. 나는 고되고 단조로운 연구에서 벗어나 작은 모험을 찾아보고자 여행을 떠났다. 우리는 잿빛의 험준한 바위와 절벽으로 둘러싸인 세계에서 가장 깊은 협곡의 고난도 급류를 빠르게 내려가고 있었다. 지난 몇 년간 모험을 찾아 여행을 다녔고, 바로 전해에는 크레타섬에서 카약을 탔고 짐바브웨의 잠베지강에서 래프팅을 했다. 늘 세상과 격리된 실험실에서 살았지만 1년에 한 번 뉴욕의 북적거림에서 최대한 벗어나 내면의 여행자 기질을 마음껏 충족시키며 편안히 즐기기로 했다. 내게는 이국적인 장소에서 급류 래프팅을 하거나 카약을 타는 것이 그 방법이었다.

긴 래프팅을 끝내고 저녁이 되면 가이드들은 강둑 어딘가에 캠핑장 부지를 마련했다. 첫 번째 임무는 짐을 실어놓은 뗏목에서 캠핑용품과 각자의 가방을 꺼내오는 것이었다. 우리는 인간 띠처럼 나란히 서서 옆 사람에게 전달하는 방식으로 모든 짐을 캠핑장까지 옮겨놓았다.

래프팅 첫날, 나는 띠의 중간쯤에서 건강에 관해 반박할 수 없는 크고 명확한 경종을 들었다. 띠에서 가장 약한 연결고리가 바로 나였다. 나는 아빠와 함께 온 열여섯 살짜리 소녀보다 허약했을 뿐 아니라

65세 이상의 어르신들에게도 힘에서 한참 밀렸다. 내 상체 근력이 얼마나 형편없는지 깨달았다. 물론 래프팅 동료들은 내가 커다란 짐에 벌레처럼 짓눌리도록 두지 않았다. 무거운 짐이 오면 양옆에 선 두 사람이 대신 들어주었고, 그러면서도 내가 거드는 것처럼 보이게 해서 체면까지 살려주었다.

부끄러웠다. 몸도 제대로 가누지 못했기 때문이다.

수치심에 얼굴이 화끈거렸다. 나는 젊고 건강하고 사지 멀쩡한 사람이었다. 그런데 왜 동료 모험가들에게 뒤처져야 했을까?

그날 밤 결심했다. 뉴욕으로 돌아가면 곧장 탄탄하고 건강한 몸을 만들기로.

건강, 비만 그리고 걱정

그날의 다짐에 충실하기 위해 나는 뉴욕에 도착한 지 이틀 만에 무거운 몸을 이끌고 실험실 근처에 개업한 피트니스 클럽으로 향했다. 이 아름다운 체육관은 요가와 필라테스 강습실부터 헬스클럽, 개인 트레이너, 고급스러운 로커룸, 사우나, 수영장까지 모든 것을 갖추고 있었다. 게다가 직장에서 도보로 15분 거리였다. 그야말로 완벽했다! 나는 곧장 회원 등록을 했다. 담당 직원이 새로운 회원에게 제공되는 무료 트레이닝을 이용해보라고 권했다. 나는 개인 지도를 받아보기로 결정했고, 개인 트레이너들의 프로필을 살펴보며 몸매를 가장 빨리

다듬어줄 것 같은 사람을 신중히 골랐다. 그리고 5일 후, 트레이너 캐리 뉴포트와 첫 번째 강습을 시작했다.

그녀는 내게 딱 맞는 트레이너였다. 그녀에게는 늘 세미나에서 얻은 최신 정보가 흘러넘쳤고, 덕분에 창의적이고 체계적으로 운동 계획을 짤 수 있었다. 일주일에 두세 번씩 그녀와 함께 정말 즐겁게 운동했다. 제일 좋았던 점은 효과가 빠르게 나타났다는 것이다. 몸매가 좋아졌을 뿐 아니라 근력 운동의 강도와 횟수가 매번 증가했다. 정기적으로 운동하면서 자신을 강하게 밀어붙이면 근육량은 증가할 수밖에 없다. 나는 캐리와의 트레이닝을 보충하기 위해 체육관에서 진행하는 다양한 피트니스 수업을 듣기 시작했다. 뉴욕에는 정말 괜찮은 댄서들이 많았고 그들을 체육관에서 선생님으로 만날 수 있었다. 덕분에 심장 강화 운동인 카디오, 근력 운동, 스텝 에어로빅도 즐겨 했다. 나는 그 모든 것을 시도해보았다!

그때를 돌이켜보면 페루 여행에서 돌아와 짧은 시간 동안 오래된 습관을 얼마나 많이 버렸는지, 또 새로운 습관을 얼마나 많이 만들었는지 알 수 있다. 습관에 대해 다룬 책들은 하나같이 습관을 바꾸는 일이 무척 어렵다고 말한다. 습관적인 행동은 몸에 깊게 밴 데다 무의식중에 나오는 것이어서 쉽게 바뀌지 않기 때문이다. 그러나 운동과는 담을 쌓고 살았던 내가 갑자기 규칙적으로 운동을 하기 시작했고, 그다지 어려움을 겪지 않았다. 왜? 첫 번째 핵심 요인은 그날 밤 코타

와시 강변에서 깊은 성찰을 했다는 것이다. 그 깨달음 덕분에 처음으로 내 건강 상태를 제대로 직시했고, 다음 여행부터는 최약체에서 벗어나야겠다고 결심할 수 있었다. 그것은 운동을 시작하게 한 강력한 계기였다. 두 번째 핵심 요인은 비싼 체육관 등록비였다. 나는 개인 트레이너를 고용하여 주 1~3회 운동을 했다. 본전 뽑기를 좋아하는 성향이 매 회기마다 최선을 다하도록 추가적인 동기를 부여했다. 그리고 무엇보다 유혹을 이기고 꼬박꼬박 체육관에 나가는 습관을 들일 수 있었던 것은 다 트레이너 덕분이었다. 긍정적인 피드백과 격려, 쾌활한 성격만큼 다양한 운동 방식이 결합된 그녀의 수업은 운동을 정말 즐겁게 만들었다. 마지막 핵심 요인은 페루에 다녀온 후 1년에서 1년 반 동안 근력 증가와 몸매 변화가 확연히 나타나면서 노력의 결실을 빠르게 맛보았다는 것이다. 이것은 운동을 지속할 만큼 충분히 강력한 동기를 부여했다.

18개월간 웨이트 트레이닝과 카디오를 병행한 끝에 나는 첫 번째 목표에 도달할 수 있었다. 나는 훨씬 더 강해졌고 인간 띠 어디에 서더라도 거대한 짐을 받아넘길 자신이 있었다. 유산소 운동 능력이 훨씬 더 좋아졌고, 어떤 카디오 테스트를 던져주어도 해낼 준비가 되어 있었다. 나는 더 규칙적이고 열정적으로 체육관에 나갔고 내 방문 시간으로 시계를 맞출 정도로 운동 시간을 칼같이 지켰다. 진정한 체육관 쥐가 되어가는 중이었다.

그러나 이러한 긍정적인 변화들이 완벽한 건강을 의미하지는 않았다. 2년 전과 비교하면 상당히 강해진 것이 사실이었지만, 여전히 과체중이었고 심지어 더 무거워지고 있었다. 체중 증가에는 두 가지 이유가 있었다. 첫 번째는 식습관이었다. 여전히 뉴욕의 유명 레스토랑과 테이크아웃 전문점을 수시로 드나들었다. 그리고 운동을 가기 전에 실험실 건물 1층에 있는 자판기를 찾아 가장 좋아하는 트윅스 바를 마음껏 뽑아먹었다. 쫀득한 캐러멜과 초콜릿으로 덮인 바삭바삭한 쿠키의 조합은 저항하기 힘든 유혹이었고, 곧 다가올 캐리와의 강습에 대비해 힘과 에너지를 모으는 과정처럼 느껴졌다. 그래서 전보다 훨씬 강하고 탄탄해졌지만 여전히 163센티미터의 키에 너무 많은 몸무게를 지고 있었다.

건강, 비만 그리고 두려움. 2004년의 웬디 스즈키를 가장 잘 설명하는 세 단어다. '두려움'은 당시 내 삶에 영향을 주었던 또 다른 요인에 의한 것이었다. 나는 종신 교수 재직권 획득이라는 불가피한 시험대의 한가운데에 놓여 있었다. 관련 경험이 없는 사람들을 위해 요약본을 준비했다. 첫째, 당신은 운 좋게도 크고 화려한 대학 연구소에 취직하여 반짝거리는 새 실험실과 획기적인 신경과학 연구를 최대 2년간 진행할 수 있는 비용을 지원받는다. 1998년에 실제로 내게 일어났던 일이다. 당신은 새 실험실을 정비하고, 2년 후에 지원금이 바닥나더라도 실험실 운영이 중단되지 않도록 연구 지원금 신청서를 미친

듯이 작성한다. 그리고 강의를 나가고 대학생들을 지도하고 실험실 테크니션을 고용해야 한다. 종신 교수 재직권을 얻는 데 필요한 실험을 하느라 너무 바빴을 때에는 거의 하지 않았던 일들이다.

일반적으로 종신 교수로 고용된 후 6년간은 상호 심사 저널에 연구 논문을 발표하고 학부생들을 가르치고 대학원생들을 지도하면서 자신의 능력을 증명해야 한다. 주류 연구 기관의 선배들(당신에게 종신 교수 재직권을 부여하는 사안에 투표한)이 정말 흥미를 보이는 것은 세간의 이목을 끌 정도의 생산성이다. 당신은 6년 안에 실험실 연구비를 충당하고 개인적인 실험도 잘 진행하면서 세상을 떠들썩하게 할 만한 발견으로 찬사를 받아야 한다. 어떤 종류의 실험을 계획했느냐에 따라 실험실 준비에만 몇 년이 걸리기도 한다.

이렇게 설명해도 압박감이 충분히 느껴지지 않는다면 최악의 고통에 대해 들어보라. 이 과정에서 제아무리 수많은 논문을 발표하고 훌륭한 강의를 하더라도 종신 교수라는 고결한 지위를 얻을 만큼 충분히 노력했는지는 100퍼센트 확신할 수 없다. 아니나 다를까 주변에서 예외적인 사례들이 들려오기 시작한다. 한 신경과학자는 명문 대학 출신의 슈퍼스타이면서도 이상하게 종신 교수 재직권을 얻지 못했고, 그 이유는 아무도 모른다. 이런 이야기도 들려올 것이다. "그 사람은 아주 예외적인 경우였어. 넌 괜찮을 거야." 곧바로 이런 생각이 든다. "나도 그런 예외 중 하나라면?"

2004년의 나는 종신 교수 재직권을 얻으려고 동분서주하느라 불안과 괴로움, 스트레스에 짓눌려 있던 부교수였다. 나는 몇 년이 걸리는 만만치 않은 실험을 수행하며 극적인 결과를 얻을 것이라고 기대하고 있었다. 결국 좋은 결과를 얻었지만 실험이 늦어지지는 않을지, 동료들이 얼마나 관심을 보일지 걱정하느라 수많은 밤을 뒤척여야 했다.

　힘겨운 기다림 끝에 종신 교수 재직권에 대해 긍정적인 답을 받았고, 그 후 나는 식이요법과 극단적인 탄수화물 제한을 통해 정상 체중에서 초과된 9킬로그램과 씨름했다. 건강해지기로 한 결심은 페루의 래프팅 모험 때문이었고, 체중을 줄이기로 한 결심은 워싱턴에서 열린 트롤랜드 리서치 어워드 시상식에서 부모님과 찍은 사진 때문이었다. 충분히 건강했지만 내면의 강인함이 외형으로 드러나지 않았던 탓에 마음이 편치 않았다. 나는 근력 운동과 카디오의 즉각적인 효과에 무척 놀랐고, 식이 문제를 혼자 다뤄보기로 결심했다. 까짓것, 얼마나 어렵겠는가?

　나는 모든 식단을 미리 계획하고 섭취한 분량을 상세히 기록하기 시작했다. 아주 특별한 경우가 아니면 외식을 하지 않았고, 새로운 식단을 유지하기 위해 쉽고 재밌는 요리법을 찾아보았다. 요리는 재밌었지만 배고픔을 익숙하게 받아들이는 것이 어려웠다. 성격이 괴팍해졌고 쉽게 짜증을 냈다. 또 잘 집중하지 못했고 업무 효율을 극대화해야 하는 상황이었기 때문에 달달한 간식은 괜찮을 거라고 혼잣말을 하기도 했다. 그러나 나는 식사 규칙을 정한 뒤 무작정 밀어붙였다.

근력 강화보다 체중 감소 속도가 훨씬 느린 것 같아 더욱 힘들었다. 몇 주가 지나고 나서야 효과가 나타나기 시작했다. 느리지만 꾸준히 결실을 거두었다. 처음 1킬로그램 정도가 줄어든 것을 확인했을 때 새로운 의욕을 느꼈다. 그때서야 그토록 싫어했던 배고픔이 사실은 좋은 것이고 서서히 변화를 만든다는 사실을 깨달았다. 또 배고픔은 음식 섭취에 대한 목푯값이 보다 나은 방향으로 바뀌도록 도와주었다. 이것은 무엇을 의미할까? 과식하지 않고도 포만감을 느낄 수 있는 수준에 도달하려면 몇 년이 걸린다. 나는 그때까지 탄수화물 비율은 높고 채소와 과일의 비율은 낮은 고열량 식단을 유지해왔다는 사실을 깨달았다. 그래서 매일 먹던 음식의 구성을 점차적으로 바꾸기 시작했고, 이 과정에도 시간과 의지가 필요하다는 것을 알게 되었다. 나는 요리에 창의력을 발휘했고 건강한 저탄수화물 요리와 영양가 높은 요리에 관심을 갖기 시작했다. 그래서인지 건강하지 않았던 과거의 테이크아웃 음식은 생각나지도 않았다. 먹는 법을 새로 배워나갔고 운동처럼 식단도 느리고 꾸준하고 영리하게 바꾸면서 체중을 회복하기 시작했다.

재즈댄스 수업에 갔던 날을 기억한다. 1년 동안 함께 수업을 듣다가 몇 달간 보이지 않았던 남자가 뒤늦게 나를 알아보고 굉장히 놀라워했다. 살이 빠져 못 알아볼 뻔했다고 했다. 그 즉각적인 칭찬 한마디에 배고픔을 견뎌야 했던 몇 달의 시간을 완전히 보상받는 것 같았다. 그 순간의 만족감이란, 정말 황홀했다! 약 1년 동안 규칙적인 운동과 식이 조절로 결국 10킬로그램 이상을 감량했다. 와우!

그 정도면 충분하지 않은가? 충분하고도 남았다. 하지만 그보다 더한 무언가가 저 앞에서 나를 기다리고 있었다.

메시지와 함께하는 운동을 발견하다

체중 감량 목표를 달성하고 여느 때처럼 오후 운동을 하던 나는 새로운 수업 목록에 시선을 빼앗겼다. 그날 저녁 나는 처음 들어보는 인텐사티 수업에 참여하게 되었다. 이 강습이 훗날 촉매제로써 내 운동 수준을 끌어올리고 기분과 인생관에도 유익한 영향을 미쳐 결국 신경과학 연구의 방향까지 바꾸어놓을 것이라고는 꿈에도 생각하지 못했다.

이 수업을 만든 강사 퍼트리샤 모레노는 인텐사티intenSati라는 단어가 두 단어를 조합해 만든 것이라고 설명했다. 인텐은 인텐션(의도intention)에서 따온 것이며, 사티는 알아차림awareness 또는 마음 챙김mindfulness을 의미하는 고대 인도어다. 퍼트리샤는 알아차림 또는 마음 챙김을 자신의 의도로 가져가는 것이 인텐사티의 목적이라고 말했다. 그리고 앞으로 킥복싱, 댄스, 요가, 여러 무술에서 차용한 다양한 동작을 할 것이며, 동작을 할 때마다 긍정적인 확언을 외칠 것이라고 설명했다. 확언을 외쳐야 한다는 부분이 마음에 들지 않았지만 퍼트리샤가 무척 매력적인 강사였기 때문에 한번 해보기로 했다.

첫날 수업은 온갖 동작들의 폭발처럼 느껴졌다. 퍼트리샤는 양쪽 주먹을 번갈아 뻗는 것처럼 간단하면서 에너지 넘치는 동작들을 보여주기 시작했다. 동작을 숙지하고 나면 그 동작과 함께 외칠 확언을 알려주었다. 예를 들어, 주먹을 뻗을 때마다 "나는 이제 강하다!"라고 외쳤다. 이 동작은 강함strong이라고 불렀다. 동작마다 각각 이름이 있었다. 한 가지 동작을 잠시 반복하고 나서 동작과 확언의 조합을 추가하는 식으로 총 15~20가지를 배웠다. 동작과 확언의 조합은 구체적인 메시지를 상징했다. 메시지는 정신적인 힘, 긍정적인 행동의 힘, 신체의 힘, 부정적 사고를 넘어선 긍정적 사고의 힘을 부여하는 수단이었다. 그것은 메시지가 있는 운동이었다.

퍼트리샤는 자신의 목소리로 확언하는 행위가 무척 강력하다고 말했다. 이 강력한 확언을 사고와 결합하기 시작하면, 즉 확언을 생각하고 믿기 시작하면 더욱 강력해질 것이라고 단언했다.

우리는 손바닥과 손가락을 활짝 편 채 두 팔을 번갈아 공중으로 뻗으며 소리쳤다. "예스! 예스! 예스! 예스!"

위아래로 주먹을 뻗으며 소리쳤다. "나는 성공할 거라고 믿는다!"

어퍼컷을 번갈아 날리며 소리쳤다. "나는 지금 탁월하다!"

그것은 내 몸과 뇌를 위한 운동이었다. 확언을 외치며 손발의 움직임이 결합된 동작을 기억하려면 뇌가 운동을 할 수밖에 없다. 게다가 퍼트리샤가 말해주는 단어들을 기억했다가 그녀보다 먼저 외쳐야 한다. 인텐사티 수업을 듣는 동안 당신의 기억력은 시험대에 오른다.

물론 한 번의 수업만으로 인텐사티에 의한 두뇌와 신체의 연결을 전부 알 수는 없다. 수업 내용을 따라가며 동작을 기억하는 것만으로도 벅차서 확언을 외울 생각은 하지도 못했다! 인텐사티는 상당히 어려웠다. 동작을 하면서 확언을 함께 외치다 보니 숨도 많이 차고 운동의 난이도도 상당히 높아졌다. 처음에는 확언을 외치는 것이 조금 쑥스러웠다. 그러나 일단 동작을 익히고 나니 너무 재미있어서 어느새 소리를 지르기 시작했다.

사람들이 당신의 말보다 당신의 말에 대한 자신의 감정을 더 잘 기억한다는 이야기를 들어본 적 있는가? 그날 밤 수업에서 내가 했던 말이 정확히 무엇인지는 기억할 수 없지만 그때의 감정은 기억난다. 완전히 새로운 방식으로 힘과 에너지, 생기가 흘러넘쳤다. 다음 수업이 너무나 기다려졌다.

두뇌와 신체의 연결에서 나오는 힘 활용하기

인텐사티가 기존의 운동과 아주 색다르게 다가온 이유는 무엇일까? 나는 그때 아주 훌륭하지는 않지만 괜찮은 몸으로 그 수업에 들어갔다. 체중을 줄인 후 외형의 변화뿐 아니라 전반적인 심혈관 기능과 근력에 대해서도 큰 만족감을 느끼고 있었다. 체육관에 나가는 것이 좋았고, 운동은 이미 내 삶의 일부였다. 나는 무척 행복했고 활력이 넘쳤으며, 몇 년간 종신 교수 재직권에 매달리며 받았던 스트레스를 운동으로 극복할 수 있을 것이라고 확신했다. 그러나 인텐사티는 전혀 새로운 것을 내 삶에 가져왔다. 처음에는 그것이 무엇인지 정확히 표현할 수 없었지만 이제는 말할 수 있다. 인텐사티는 두뇌와 신체의 연결을 통해 그 어느 때보다 강력한 힘을 내 삶에 불어넣었다.

처음 주목한 인텐사티의 장점은 다른 어떤 수업에서보다 나 자신을 더 잘 밀어붙일 수 있다는 것이었다. 왜? 바로 긍정적인 확언이 가진 힘이었다. 실제로 그 확언들을 크게 외치면 내면의 스위치가 탁 하고 켜졌던 것 같다. 일반적인 운동과 다르게 땀을 흘리면서 즐겁게 운동을 하고 나면 정말 강인함이 느껴졌다. 강하다, 힘이 있다, 자신 있다 등 수많은 긍정적 확언들을 외쳤기 때문이다. 내가 정말 강하다고 믿었기 때문에 나 자신을 더 강하게 밀어붙였다. 그러면 그 힘이 실제로 느껴졌고, 그 효과는 수업을 마치고 현실 세계로 돌아가서도 꽤 오랫동안 지속되었다.

현실 세계는 두뇌와 신체의 연결에서 나오는 힘이 작동하기 시작하는 곳이다. 이러한 연결은 신체가 두뇌 기능에, 반대로 두뇌는 신체의 감각과 작동, 치유에 강력한 영향을 미친다는 발상과 관련이 있다. 꽤 오랫동안 체육관을 다녔지만 이 수업을 들으면서 이전보다 훨씬 더 건강하고 에너지 넘치고 행복하게 느껴졌고, 두뇌와 신체의 연결에서 나오는 힘을 진심으로 인정하기 시작했다. 나는 이 운동(신체)이 얼마나 강하게 기분(두뇌)을 끌어올리는지 궁금했다.

신경생물학적 관점에서 보면 기분이 변하는 상황, 즉 우울 상태의 기분에 관한 기초적인 뇌과학에 대해서는 많이 알려져 있다. 기분장애 연구에 따르면 잘 알려져 있는 신경전달물질과 성장인자들의 상호 연결 수준 그리고 광범위하게 연결된 뇌 구조들에 의해 기분이 결정된다. 우리는 앞서 기억과 관련된 해마의 역할에 대해 다루었다. 최근에는 해마의 정상적인 기능이 기분에도 관여한다는 것이 밝혀졌다. 감정적 자극에 대한 처리 및 반응에 중요한 편도체와 전전두엽피질도 기분 조절에 관여한다. 나중에 다시 자세히 설명하겠지만, 시상하부(제7장)와 보상회로(제8장)를 포함하는 자율신경계의 두 가지 시스템도 기분 조절에 관여한다. 우리는 이미 특정 신경전달물질의 적절한 분비가 기분 조절에 중요하다는 것을 알고 있다. 널리 인정받고 있는 이론에 따르면, 우울증은 모노아민 계열의 신경전달물질이 부족하여 발생한다. 모노아민 계열의 신경전달물질인 세로토닌의 낮은 분비량이 우울증에 영향을 주며, 우울증 환자의 뇌에서는 신경전달물질인 도파민과 노르에피네프린의 감소가 나타난다. 따라서 이러한 신경전달물질들의 분비량을 증가시키면 기분이 나아질 수 있다.

인텐사티 운동을 하면서 나도 모르게 기분을 고양시키는 세 가지 마법을 경험했다. 첫 번째 마법인 유산소 운동은 우울증 유무와 상관

없이 기분을 고양시키며, 기분 조절에 매우 중요한 역할을 하는 세 가지 모노아민인 세로토닌, 노르에피네프린, 도파민의 분비량을 증가시킨다. 운동은 기분 조절에 관여하는 신경전달물질뿐 아니라 엔도르핀의 분비도 증가시킨다. 엔도르핀은 말 그대로 '내생성 모르핀'을 의미한다. 이것은 통증을 완화하고 행복감을 주는 모르핀과 유사하다. 엔도르핀은 뇌하수체에서 혈액으로 분비되어 뇌 곳곳에서 특정 수용체를 가진 세포에 영향을 줄 수 있다. 엔도르핀은 혈류로 분비되기 때문에 호르몬으로 분류되며, 신경전달물질은 세포의 축삭돌기에서 합성되어 시냅스로 분비된다.

일반적으로 엔도르핀은 몇 가지 운동 유형과 관련된 황홀감high의 원인으로 여겨지지만, 아직 명확히 밝혀지지는 않았다. 사실 수년간 신경과학계는 엔도르핀과 소위 러너스 하이runner's high라는 현상의 연관성에 대해 격렬한 논쟁을 벌여왔다. 실제로 말초혈관(전신에 흐르는 혈류)에서 엔도르핀 분비가 증가했다는 증거를 찾기는 했지만 운동이 러너스 하이를 유발할 수 있는 엔도르핀의 분비를 변화시키는지는 확실하지 않다. 최근 들어서야 독일의 한 연구팀에 의해 달리기가 인간의 뇌에서 엔도르핀 시스템을 활성화하며 러너스 하이의 강도가 높을수록 활성화도 활발해진다는 증거가 발견되었다. 그러므로 신경과학은 운동이 기분 또는 황홀감과 관계된 다양한 신경전달물질의 분비를 증가시키며 파티 기분을 야기한다는 것을 보여준다.

기분을 고양시키는 두 번째 마법은 인텐사티의 매우 중요한 부분인 확언에서 비롯된다. 한 심리학 실험에 따르면 우리가 인텐사티 수업에서 천장을 향해 외쳤던 자기 확언self-affirmation이 또래에 의한 교실 스트레스, 부정적인 피드백에 대한 반추, 사회적 평가와 관련된 스트레스 등 매우 다양한 스트레스 요인을 완충하는 데 도움을 준다. 최근 한 연구에 따르면 긍정적인 자기 확언은 자존감이 높은 사람들의 기분을 굉장히 좋아지게 한다. 뇌의 신경화학적 변화들이 자기 확언과 관계되어 있는지는 모르지만, 긍정적인 확언이 기분을 좋아지게 한다는 행동 증거는 제법 확실하다.

기분을 고양시키는 세 번째 마법은 수업 내내 우리의 움직임이 매우 힘차고 강력하다는 사실에서 비롯된다. 우리는 강력한 자세를 연속적으로 취한다. 테드 강연으로 센세이션을 일으킨 하버드의 사회심리학자 에이미 커디는 한 연구에서 일부 사람들에게 1분 동안 두 팔을 머리 뒤로 하고 발을 책상에 얹거나(오바마 자세) 두 팔로 테이블을 짚는 식의 강력한 자세를 취하게 했고, 나머지 사람들에게는 두 팔과 다리를 오므리고 앉는 것처럼 무력한 자세를 취하게 했다. 그 결과, 강력한 자세를 취한 사람들의 테스토스테론 수치가 증가하고 스트레스 호르몬인 코르티솔 수치가 감소했으며 권력 의지와 위험 감내 수준도 높아졌다. 최근 설치류 실험들도 운동이 혈중 테스토스테론 농도를 증가시킬 수 있음을 증명했지만, 그 외의 연구에서는 고강도 유산소 운동이 전신을 순환하는 코르티솔 농도를 증가시키는 것으로 나타났다. 이러한 연구들은 운동 후 기분을 조절하는 신경전달물질과 호르몬의 강력한 칵테일에 대한 이해를 돕는다.

나는 운동만 해도 좋지만 유산소 운동과 두뇌 활동을 병행하면—최선을 다해 동작을 따라 하면서 추가적으로 열정을 느끼는 것을 의미한다—매우 강력한 수준의 두뇌와 신체의 연결이 촉발된다는 것을 확인하기 시작했다. 핵심 포인트는 이것이다. 긍정적인 의도나 확언 또는 만트라를 운동에 접목하여 집중하기만 하면 언제든 '의식적인 운동'을 할 수 있다. 다음번 줌바 강습에 "나는 섹시하다." 또는 "나는 우아하다."와 같은 긍정적인 확언을 접목해보자. 웨이트 트레이닝이나 달리기를 할 때 "나는 힘이 세다." 또는 "나는 강인하다."와 같은 만트라를 써먹어 보자. 자신만의 확언이나 만트라를 좋아하는 운동에 추가하면 내가 인텐사티 수업에서 경험한 것과 같은 효과를 얻을 수 있을 것이다. 확언과 운동의 긍정적 피드백이 순환하는 회로가 만들어지면 기분이 좋아지고 동기부여가 되어 더 높은 강도로 운동할 수 있을 것이다. 그 효과를 극대화하려면 운동 유형을 신중히 선택해야 한다. 일단 즐길 수 있는 운동이어야 한다. 그러면 확언에 몰입하여 운동에 더 매진할 수 있을 것이다. 한번 시도해보고 그 효과를 확인해보자!

⇨ 강력한 확언과 만트라

자신만의 확언이 잘 떠오르지 않는 경우가 있다. 긍정적인 의도를 격려해줄 몇 가지 확언을 소개한다.

나는 탁월하다.
나는 감사하다.
나는 섹시하다.
나는 자신 있다.
나는 원더우먼처럼 강하다.
나는 슈퍼맨처럼 강하다.
내 몸은 건강하다.
내 뇌는 아름답다.
나는 오래된 것을 던져버리고 새로운 것을 받아들인다.
나는 매일 내 안전지대를 확장한다.

　나는 건강하고 강인하고 행복하고 의욕적이었다. 그리고 강력한 변화를 만들고 있었다. 이러한 변화가 내면의 깊숙한 곳에 있는 것들을 바꾸기 시작했다. 원래 일적인 부분에서의 자존감은 높은 편이었지만 옷장 뒤에 오랫동안 묻혀 있었던 자존감의 일부, 특히 사회적인

상황에 취약했던 부분들도 운동을 통해 바뀌고 있었다. 나는 더 나은 외모와 체형을 갖게 되었고, 자존감의 부정적인 부분도 의식적인 운동에 의해 아주 멋진 방식으로 개선되기 시작했다.

당시 나는 수년째 규칙적으로 운동을 다니며 대부분의 시간을 체육관에서 보내고 있었다. 그리고 인텐사티 수업의 긍정적인 영향에 힘입어 체육관에서 친구를 만들기 시작했다. 내게는 엄청난 발전이었다. 과학자가 아닌 다양한 친구들을 사귀기 시작한 것은 처음이었기 때문이다. 체육관에는 몇 년 동안 수업을 같이 들었던 사람들로 이루어진 하나의 세계가 존재했다. 나는 계획적인 운동의 영향만으로 껍데기를 깨고 나와 그들에게 말을 걸기 시작했다. 스타일리스트부터 배우, 사업가, 홍보업자까지 온갖 종류의 사람들을 만났다. 그뿐만 아니라 다른 모든 수업에서도 새로운 연결망을 찾았다. 이러한 새로운 삶의 변화는 건강한 몸과 체중 감량에서 시작되었고, 더 큰 변화들이 예정되어 있었다.

개인적인 삶에 일어난 모든 변화는 교수법에도 비슷하게 긍정적인 영향을 주었다.

당시 나는 댄스 수업을 듣고 있었고, 다른 수강생들만큼 안무를 숙지하지 못해 자주 좌절했다. 그도 그럴 것이 수강생 대부분이 댄서였거나 댄서 지망생이었다. 나 자신에게 너무 엄격한 잣대를 적용할 필요는 없었지만 여전히 절망적이었다. 그러다가 문제점을 깨달았다.

나는 가장 좋아하는 뇌 구조물인 해마를 이용하여 강사가 보여주는 동작들을 선명하게 기억하려고 애썼다. 그러나 운동 학습에는 비서술적이거나 무의식적인 뇌 영역이 사용된다. 생각해보자. 우리는 골프 스윙을 할 때 근육의 모든 세부 사항을 의식적으로 인지하지 않는다. 연습을 통해 무의식적인 방식으로 배우는 것이다.

바로 그거였다! 그게 정답이었다! 나는 그동안 춤과 상관없는 뇌 영역을 사용하고 있었던 것이다! 이제 해마 대신 기저핵을 어떻게 사용할지 알아내기만 하면 되었다. 앨빈 에일리(미국의 무용수이자 안무가—옮긴이), 이 몸이 왔도다! 동작을 외우는 대신 선생님이 보여주는 방식대로 흐름에 맞추어 몸을 움직이는 데 집중하자 안무가 눈에 띌 정도로 향상되었다. 기억의 작동 방식을 이해하는 과정에서 찾은 진정한 돌파구였다. 두 기억 체계의 이론적인 차이는 진즉부터 알고 있었지만 이것은 실제의 삶이었고, 그 깨달음은 실제로 춤 실력을 나아지게 했다. 나는 그다지 훌륭하지 않은 서술기억 능력을 남용하려는 시도를 멈추고, 우뇌의 시스템에 집중했다.

이 돌파구는 새 학기의 '기억의 신경생리학' 수업에 영향을 주었다. 나는 사실 및 사건에 대한 서술기억을 운동 체계를 기반으로 한 무의식적인 학습, 예를 들어 피아노나 테니스를 치면서 몸 동작 학습하기와 비교하면서 두 가지 학습 체계에 대해 가르칠 생각이었다. 학생들도 나처럼 두 가지 기억의 차이점을 발견할 수 있기를 바라며 수업 시간에 안무를 가르치기로 했다. 그것은 내가 수많은 댄스 수업을 들으며 얻어낸 중요한 깨달음의 요약 버전이었고, 충분히 가능할 것이라고 생각했다.

학생들에게는 별다른 설명 없이 그저 움직이기 편한 옷을 입고 오라고 일러두었다. 그리고 강의실의 의자를 모두 치워놓았다. 학생들은 강의실 앞에 있는 댄스 강사를 발견했다. 나는 수업 내용을 간략히 설명했고, 학생들은 힙합 춤을 배운다는 얘기에 들떠 보이기도 하고 조금 두려워 보이기도 했다. 그날 수업은 대성공이었다. 학생들은 해마를 통한 학습 체계와 기저핵을 통한 학습 체계의 차이점과 구분법에 대해 치열한 논의를 벌였다.

실험실 밖의 세상에서 흥미로운 무언가를 찾아본 덕에 그런 강의도 가능했다. 나 자신이 더 대담하고 창의적이고 활기차게 느껴졌다. 이것 또한 삶에 필요한 무언가를 위해 자기 인식을 향상시키는 연습이었다. 그러나 나는 더 만만찮은 과제를 목전에 두고 있었다.

또 다른 도전 과제: 뉴욕에서 데이트하기

내 삶에 변화가 몰려들기 시작했다. 근력, 건강, 체중 심지어 새로운 친구들까지! 그러나 나는 궁금했다. 그 모든 긍정적인 확언들이 나를 데이트로 이끌어내기에 충분했는가? 누군가와 데이트를 해본 것이 너무 오래전이어서 어떻게 했는지도 잊어버릴 지경이었다! 아니면 애

초부터 제대로 해본 적이 없었는지도 몰랐다. 그리고 남자들이 내게 매력을 느끼지 않는다는 이론이 여전히 귓가에 생생히 울렸다. 내게 정말 필요했던 것은 "나는 이제 데이트를 할 것이다!"라는 확언이었다. 그러한 확언을 실제로 해본 적은 없지만, 체육관 친구들의 격려에 힘입어 나는 뉴욕에서 데이트를 시작하는 대담한 도약을 이루었다.

첫 번째 데이트 상대는 금융권에서 일하다 잠시 쉬고 있는 남자였다. 그의 제안에 따라 우리는 브라이언트 공원에 있는 바에서 만나 무척 즐거운 대화를 나누었다. 나는 그가 읽었다는 책들과 그 바에서 만나 어울렸던 사람들(예를 들면, 《블링크》의 저자 말콤 글래드웰)에 대한 이야기에 무척 깊은 인상을 받았다. 시작이 좋은 것 같았다. 두 번째 데이트 상대는 느낌이 더 좋았다. 1년에 한 번 링컨센터에서 열리는 미드서머 나이트 스윙 페스티벌에 함께 가자고 제안했기 때문이다. 한 시간 일찍 가서 많은 사람과 댄스 강습을 들은 후 스윙, 린디 합, 살사 등 밴드의 연주 음악을 들을 것이었다. 나는 몹시 흥분했다! 수년 동안 가고 싶었지만 같이 갈 사람이 없었기 때문이다. 데이트 날이 몹시 기다려졌다.

그러나 그 역시 완벽한 왕자님은 아니었다. 그는 자신의 차가 뉴욕의 혼잡함을 벗어나기에 얼마나 편리한지, 그리고 차가 있어 얼마나 행운인지에 대해 끊임없이 이야기했다. 그래서 나는 그에게 별명을 하나 지어주었다. 카 보이_{Car Boy}.

어느 날, 카 보이가 필라델피아의 반스 미술관에 가자고 제안했다. 미술관 가는 것을 좋아했던 나는 그의 제안을 받아들였다. 우리는 화창한 토요일 아침에 만나기로 했다. 그의 집에 도착하자 카 보이가 나를 차고로 안내했다. 그의 차는 무척 아름다웠다. 커다란 지프 혹은 레인지로버 모델이었다. 뉴욕에서 혼자 몰기에 너무 커 보이기는 했지만, 정말 멋졌다. 나는 어깨를 살짝 으쓱하고 커다란 고급 자동차에 올라탔다.

무난한 여정이었고 미술관도 훌륭했다. 하지만 시간이 지날수록 데리러 오라고 말하지 못하고 멀리 있는 그의 집까지 찾아가겠다고 한 나 자신에게 짜증이 났다. 그 실수에 대해 자꾸만 생각하다 보니 차에서 뛰쳐나가 그에게서 멀어지고 싶어졌다. 참을 수 없을 만큼 긴 여정 내내 나는 이야깃거리를 떠올릴 수도, 카 보이에게서 벗어날 수도 없이 그저 고급스러운 자동차 보조석에 앉아 있기만 했다. 내려주겠느냐고 묻자 그가 약간 마지못해 하며 차를 세웠고, 그제야 나는 지하철을 타고 집으로 돌아갈 수 있었다. 만약 내가 먼저 물어보지 않았다면 그는 나를 자신의 집까지 데려가서 또다시 도시를 가로지르는 긴 여정을 겪게 했을 것이다.

다음 상대는 캐빈 보이Cabin Boy였다.

캐빈 보이는 첨단 기술 분야에 종사하는 남자였다. 첫 데이트는 무척 즐거웠다. 레스토랑에서 그가 선택한 음식은 특별할 것이 없었지만 개발에 참여 중인 첨단기술 장치에 대한 이야기들이 흥미로웠다. 그는 자신의 소중한 통나무집에 대해 이야기했고, 그것을 '다차'(러시아식 별장—옮긴이)라고 부르기를 좋아했다. 스트레스로 가득한 도시에서 완벽히 벗어날 수 있으면서 뉴욕과의 접근성도 좋은 데다 때 묻지 않은 조용하고 한적한 곳이었다. 즉, 완벽히 감춰진 보물이었다.

나는 강한 호기심을 느꼈다.

우리는 사심이 담긴 이메일을 수차례 주고받았고 저녁 식사를 몇 차례 더 했다. 그는 재미있고 똑똑한 사람이었고, 약간의 거리감만 제외하면 데이트도 즐거웠다.

어느 오후, 캐빈 보이가 이메일을 보내 이튿날 통나무집에 가서 한잔하지 않겠느냐고 물었다. 이튿날? 한잔? 무슨 초대가 그렇게 이상하고 갑작스러운 걸까? 그는 통나무집까지 가는 데 얼마나 걸리는지, 술을 마시고 식사를 할 가능성도 있는지, 혹은 술자리가 얼마나 오래 이어질지에 대해서는 전혀 언급하지 않았다. 결국 그의 제안을 거절했지만, 마법 같은 숲속의 통나무집을 보지 못해 정말 아쉬웠다.

통나무집 방문은 결국 이루어지지 않았다. 일주일쯤 후, 나는 콜로라도에서 열린 콘퍼런스에서 캐빈 보이의 전화를 받았다. 그는 다른 사람을 만나고 있고 "올바른 행동을 하기"로 결심했다며 그만 끝내자고 말했다.

그 사건 이후, 나는 데이트 세계의 카 보이들과 캐빈 보이들을 잠시 떠나 체육관으로 돌아갔다. 희망의 끈을 놓은 것은 아니었다. 그저 전열을 가다듬고 전략을 다시 살펴볼 시간이 필요했다. 그것은 바깥 세상을 향한 첫 나들이였다. 내게는 연습이나 행운, 아니면 둘 다 필요했던 것 같다. 그러나 중요한 것은 어찌 되었든 해냈다는 것이었다! 나는 활기 없던 사회생활을 서서히 소생시키고 있었다. 완벽하지는 않았지만 재미있는 무언가에 다가가고 있었다. 상황이 나아지고 있었다. 이전에 경험해보지 못한 많은 것들이 궁금해지기 시작했다. 당시 데이트는 내게 일종의 취미 혹은 호기심이었다. 그러나 나는 남자들이 내게 매력을 느끼지 않을 것이라는 케케묵은 이론을 맹신하고 있었다. 나는 그 호기심을 다른 곳으로 돌리기로 했다. 하늘을 찌를 듯한 기분과 샘솟는 에너지의 근원이 정확히 무엇인지, 즉 운동이 내 뇌에 정확히 어떤 영향을 미치고 있는지 궁금해 미칠 것 같았다.

⇢ 운동을 의식적으로 만드는 방법

인텐사티의 특별한 점은 긍정적인 확언을 유산소 운동의 동작과 결합한다는 것이다. 확언은 심폐 기능을 강화할 뿐 아니라 운동에 의식적인 요소를 추가한다. 따라서 어떤 운동이든 의식적일 수 있다. 강력하거나 희망적이거나 재미있는 만트라 혹은 확언을 좋아하는 운동에 적용하기만 하면 된다. 예를 들어, 조깅을 하는 동안 걸음에 맞추어 "나는 이제 강하다!"라는 구호를 외치면 된다. 자전거를 타면서

"오늘, 나는 탁월하다!"라고 외쳐도 된다.

확언을 크게 외치는 행위는 공표한 말을 강화하기 때문에 무척 효과적이다. 그러나 수강생이 많은 대규모 수업처럼 확언을 외칠 수 없는 경우도 있다. 그런 경우에는 가장 좋아하는 만트라나 확언을 선택하여 마음속으로 외치거나 혼잣말로 하면 된다. 예를 들어, 킥복싱이나 스피닝은 운동 중에 "나는 강인하다." 혹은 "나는 실수를 두려워하지 않는다."와 같은 확언을 할 수 있다. 또 다른 좋은 예는 자연 속에서 홀로 확언을 생각하며 하이킹이나 자전거 타기를 하는 것이다. 다른 누군가와 같은 경험을 공유한 뒤 함께 확언을 외쳐도 의식적인 운동의 강력한 효과를 느낄 수 있을 것이다.

기억할 사항: 두뇌와 신체의 연결

- 두뇌와 신체의 연결은 사고를 비롯한 두뇌 활동이 신체에 영향을 줄 수 있다는 개념이다. 예를 들어, 부상이나 독감에서 회복하는 과정에 대해 긍정적인 생각을 하는 것만으로 회복 속도를 당길 수 있다. 반대로 신체의 변화, 예를 들어 움직임의 증가 또는 감소는 두뇌에 영향을 줄 수 있다.
- 의식적인 운동은 유산소 운동(움직임)과 정신적 활동(확언이나 만트라)을 병행할 때 일어난다. 움직임에 완전히 몰두하면 두뇌와 신체의 연결에 대한 의식화가 고조된다.

- 의식적인 운동은 운동만 할 때보다 기분을 훨씬 더 많이 고양시킬 수 있다.
- 운동에 확언이나 만트라를 추가하면 누구든 의식적인 운동을 할 수 있다.
- 기분 조절에 관여하는 그 밖의 영역은 해마, 편도체, 자율신경계, 시상하부 그리고 보상 체계다.
- 운동은 신경전달물질인 세로토닌, 노르에피네프린, 도파민과 신경호르몬인 엔도르핀의 분비량을 증가시켜 기분을 좋게 한다.
- 긍정적인 확언은 기분을 고양시키는 것으로 나타났지만, 이러한 행동 변화의 기저에 깔린 신경생물학은 여전히 미스터리다.
- 1분 동안 강력한 자세를 취하면 스트레스 호르몬인 코르티솔이 감소하고 테스토스테론이 증가하여 면접 상황에서 더 좋은 결과를 얻을 수 있다. 따라서 강력한 자세는 중요한 대화, 프레젠테이션, 면접을 위한 준비에 유용할 것이다.

브레인 핵스: 나에게 적합한 운동은 무엇일까?

당신을 소파에서 일으켜 규칙적으로 몸을 움직이게 할 운동을 찾고 있는가? 인텐사티를 통해 나는 운동에 더욱 전념하고 즐기게 되었다. 비결은 자신이 가장 좋아하는 운동을 찾는 것이다. 정말 즐겁게 할 수 있는 운동을 하나만 찾아라. 여기에 몇 가지 탐색 방법을 소개한다.

- 만약 야외나 자연에서의 감각적인 체험을 좋아한다면 실외에서 할 수 있는 하이킹, 걷기 또는 자전거 타기를 선택해야 한다.
- 어깨를 들썩이게 하는 음악으로 운동 효과를 높일 수 있다. 음악 사이트, 라디오 앱, 유튜브의 뮤직비디오 채널에서 자신을 위한 음악을 찾아라. 좋은 음악은 일과를 마친 후에도 나를 움직이게 한다.
- 다른 사람들과 함께 운동하는 것을 좋아한다면 함께 운동할 친구나 체육관의 운동 파트너를 찾아보자.
- 훌륭한 강사를 만나면 혼자 할 때보다 운동을 더 열심히, 훨씬 재미있게 할 수 있다.
- 댄스나 스키나 하이킹 같은 것을 좋아한다면 그러한 운동을 규칙적인 운동 일정에 포함시켜라.

마지막으로 이 말을 마음에 새겨라. 새로운 운동을 배우고 있다면 처음부터 고농도의 엔도르핀이 분비될 거라고 기대하지 마라. 어느 정도 경지에 올라야만 느낄 수 있다. 그러므로 황홀감을 느끼지 못하더라도 운동을 꾸준히 즐기면서 운동 능력이 향상되기를 기다려라. 머지않아 황홀감을 느낄 수 있을 것이다. 당신의 직감을 믿어라.

제5장

아이디어의 탄생

운동은 뇌에 정말 어떤 영향을 미칠까?

국립보건원의 연구 지원금 신청 마감일이 다가오던 무렵, 나는 평소보다 글이 잘 써진다는 것을 깨달았다. 글 쓰는 시간이 훨씬 더 생산적으로 바뀌었고 스트레스로 가득했던 과거에 비하면 즐겁기까지 했다. 원래는 지원금 신청서의 일부를 쓰는 데에만 일주일이 걸렸지만, 그즈음에는 초고를 더 효율적으로 쓰고 더 빠르게 다듬었으며 전 과정을 더 많이 즐겼다. 더 많은 주의를 기울였고 더 명확하게 사고했다. 아이디어 간에 더 깊고 실질적인 연관성을 만들었고, 그 과정을 평소보다 훨씬 빠르게 처리했다. 나는 규칙적인 운동과 매우 효율적인 신청서 작성 과정 사이에 상관관계가 있을 것이라고 추측했다. 게

으름을 피우느라 운동을 일주일에 한두 번만 갈 때보다 서너 번 갈 때 글쓰기가 더 순조로웠다.

무슨 일이 벌어지고 있었던 걸까? 나는 무의식중에 나 자신을 대상으로 실험을 하고 있었다! 나는 다양한 운동법을 활용했고(몇 주는 4~5회, 다음 몇 주는 1~2회 운동했다), 높은 빈도의 운동이 주의력과 사고의 '연결' 능력을 향상시킨다는 것을 확인했다. 주의력은 전전두엽 피질의 영향을 받는 반면, 새로운 연결이나 연상을 만드는 능력은 해마의 영향을 받는 것으로 알려져 있다.

대단히 흥미로운 발견이었다! 운동이 뇌 기능에 영향을 미치는 과정에 대한 이해에 많은 진전이 있었다는 것을 알고 있었지만, 종신 교수 재직권에 신경을 쓰느라 너무 바빠서 관련 연구를 계속하지 않았었다. 그러나 이러한 변화들을 발견한 후, 나는 새로운 사실을 확인하기 위해 신경과학 연구에 다시 뛰어들었다.

나는 유산소 운동이 뇌 기능에 영향을 미친다는 사실을 다양한 방식으로 심도 있게 연구하는 분야가 활발하게 성장 중이라는 것을 알게 되었다. 이 연구들은 유산소 운동과 관련된 다양한 해부학적·생리학적·신경화학적 행동상의 변화를 기록했다. 그러나 이 분야를 탐색하면서 가장 놀라웠던 것은 이와 관련된 연구를 처음 시작한 사람 중에 무척 낯익은 과학자가 있었다는 점이다. 그 사람은 바로 메리언 다이아몬드였다.

그것은 마치 계시처럼 느껴졌다.

운동과 뇌 기능 향상에 대한 이해는 풍족한 환경이 쥐의 뇌 기능에 미치는 영향과 뇌가소성을 연구했던 다이아몬드의 초기 연구들에서 시작되었다. 제1장에서 언급했듯 그러한 초기 연구들은 쥐가 풍족한 환경에서 길러질 때 나타나는 모든 종류의 뇌 변화를 보여주었다. 뇌유래 신경영양인자brain-derived neurotrophic factor, BDNF와 같은 성장인자들의 분비량 증가뿐 아니라 수상돌기의 대규모 가지 뻗기, 혈관 생성의 증가, 아세틸콜린과 같은 특정 신경전달물질들의 분비량 증가로 인해 두꺼운 피질이 발달했다. 아세틸콜린은 최초로 발견된 신경전달물질이며, 이것을 사용하는 뇌세포는 해마와 편도체를 비롯한 피질 곳곳에 신호를 보낸다. 아세틸콜린은 학습 및 기억의 중요한 조절자이며, 아세틸콜린의 활동을 방해하는 약물은 동물과 인간 모두에게 기억장애를 유발한다는 연구 결과가 있다.

BDNF는 뇌의 발달 과정에서 성인의 시냅스 가소성과 학습 그리고 뉴런의 생존과 성장을 돕는 성장인자다. 게다가 캘리포니아 연구자들이 1990년대에 발표한 무척 흥미로운 연구 결과에 따르면, 풍족한 환경에서 자란 쥐들이 대조군에 비해 새로운 뉴런을 더 많이 가지고 있다. 이러한 과정을 '신경발생'이라고 부른다. 초기 발생 과정(유아기부터 청소년기까지)에서는 수많은 뇌세포가 새롭게 발생하지만, 성인의 뇌에서 뇌세포가 새로 만들어지는 영역은 두 군데뿐이다. 하나는 냄새를 감지하고 처리하는 데 중요한 후각신경구이고(제1장을 보라), 또 다른 하나는 내 오랜 친구인 해마다. 그러나 그보다 더 중요한 것은 새로운 뇌세포가 성체 쥐의 해마에서 정기적으로 형성된다는 사실이다. 또한 풍족한 환경은 더 많은 해마세포와 연관성을 가지고 있었다. 그 외의 연구들에 따르면 풍족한 환경에서 더 많은 해마세포를 갖게 된 쥐들은 학습 및 기억에 관한 다양한 과제를 더 잘 수행하며, 이 결과는 새로운 뉴런이 학습 및 기억을 돕는다는 것을 의미했다.

그 후 신경과학자들은 풍족한 환경의 어떤 요소가 뇌에 두드러진 변화를 야기하는지 궁금해하기 시작했다. 장난감 때문이었을까? 아니면 함께 어울렸던 친구들 때문이었을까? 디즈니 월드 같은 환경에서 마음껏 뛰어다녔기 때문일 수도 있다. 과학자들은 위와 같은 요소들을 체계적으로 실험했고, 뇌의 주요 변화에 기여하는 한 가지 요소를 발견했다. 그것은 운동이었다. 쥐에게 쳇바퀴만 제공하면 풍족한 환경에서 자란 쥐들에게서 관찰한 대부분의 뇌 변화가 그대로 나타나는 것으로 밝혀졌다. 실제로 이러한 설치류 연구는 분자와 세포, 뇌 회로와 행동 수준에서 운동이 뇌에 영향을 미치는 과정을 보여주었다.

운동은 설치류의 해마에서 새로운 뉴런의 수를 증가시킴으로써 신경발생률을 두 배로 증가시키고, 성체 세포로 성장하는 속도와 생존율도 높인다(새로 발생한 세포 중 많은 수가 죽는다). 새로운 뉴런들은 치아이랑이라는 해마의 특정 영역에서 태어난다. 나는 이 내용을 읽고 더 격렬하게 운동하고 싶은 욕망에 휩싸였다! 운동은 설치류의 치아이랑 뉴런에 있는 수상돌기 가시의 수를 증가시키며, 수상돌기의 전체 길이와 복잡성, 가시의 밀도를 증가시킨다. 따라서 운동을 하면 치아이랑의 총 부피가 증가한다. 해마의 다른 영역들과 내후각피질에 있는 수상돌기 가시의 밀도도 크게 증가한다. 가시는 한 뉴런의 축삭돌기가 인접한 뉴런들의 수상돌기와 접촉하는 곳이므로 뉴런에 가시가 많을수록 더 많은 정보 교환이 일어난다. 운동에 의한 또 다른 강력한 변화는 뇌 전체에서 나타나는 새로운 혈관의 성장이며, 이를 혈관 형성이라고 부른다.

설치류 해마의 생리학적 특징도 운동에 의해 변한다. 이 생리학적 현상은 장기 강화long-term potentiation, LTP라고 부르며, 두 뉴런 사이의 전기적 반응에서 장기간 지속되는 변화를 뜻한다. 우리는 해마의 두 세포 집단 사이를 전류로 자극함으로써 이 변화를 연구한다. 만약 해마에서 전류를 빠르게 폭발시키며 여러 경로 중 하나를 자극하면, 더 약한 전기 자극에도 반응이 증폭되어 나타날 것이다. LTP는 학습 및 기억의 주요 메커니즘으로 널리 알려져 있다. LTP는 일정 기간 동안 운동에 노출된 쥐의 뇌에서 강화된다. 이러한 효과에 기여할 수 있는 한 가지 핵심 요인은 BDNF의 증가다. BDNF가 LTP를 강화할 수 있기 때문이다. 그러나 운동으로 증가하는 요소는 BDNF뿐만이 아니다. 제4장에서 언급한 것처럼 운동은 이 모든 해부학적·생리학적 변화와 더불어 세로토닌, 노르에피네프린, 도파민, 엔도르핀의 분비량 증가에 영향을 미친다.

운동이 새로운 뇌세포의 수와 해마세포의 크기를 증가시키고 BDNF와 LTP를 강화하며 뇌 곳곳을 떠다니는 신경전달물질과 성장인자들의 분비량을 높인다는 사실을 고려하면, 다음에 이어져야 할 논리적인 질문은 다음과 같다. 운동이 해마의 기능을 향상하는가? 운동하는 쥐들의 기억력이 더 좋은가? 실제로 풍족한 환경에서 자랐거나 운동을 한 쥐들이 해마에 의존하는 다양한 기억력 과제를 잘 수행한다는 사실은 여러 연구를 통해 증명되었다.

여기에는 미로를 이용한 공간기억 과제, 기억 지연 과제, 재인 기억 과제 그리고 다양한 기억 부호화 과제가 포함된다. 마지막 과제에서 쥐들은 기억 과제를 수행하며 비슷한 물건들을 구분짓도록 요구받는다. 신경과학자들은 해마의 일부이며 새로운 뉴런이 태어나는 장소인 치아이랑이 기억 부호화 기능을 담당한다고 믿는다. 환자 H.M.에 의해 처음 알게 된 것처럼, 해마는 학습과 정보 유지에 중요한 것으로 알려져 있다. 해마 없이는 정보를 학습하거나 장기기억으로 저장할 수 없지만, 손상 이전에 학습된 정보는 온전히 보관된다. 우리는 해마가 사실 및 사건에 대한 장기 서술기억 형성에 매우 중요하다는 것을 알고 있지만, 이 놀라운 업적을 정확히 어떻게 이루어내는지는 여전히 알지 못한다. 현재 신경과학계는 이 주제를 대규모로 연구하고 있다. 나는 LTP와 같은 현상이 그 과정에 관여하며 BDNF의 분비 수준도 그것을 돕는다고 믿는다. 여러 분자적 경로가 관여한다는 사실도 이미 알려져 있다. 그러나 우리는 일반적인 경우에는 해마가, 특수한 경우에는 치아이랑이 새로운 기억을 형성하기 위해 정확히 어떻게 작용하는지 이해하는 데 필요한 조각들을 여전히 채워가는 중이다.

그러나 나는 운동으로 인해 기억력이 향상된다는 사실을 제대로 이해하기 위해 그 정확한 작동 방식까지 알 필요는 없다. 만약 달리기를 한 쥐들의 기억력이 더 좋다면 운동을 한 사람들의 기억력도 더 좋아야 하지 않을까? 나는 운동에 의해 기억을 연결하거나 연상하는 능력이 향상된다는 것을 분명히 확인했고, 설치류 연구들을 통해 내가 올바른 방향으로 나아가고 있다고 확신했다.

나만의 브레인 핵스 만들기

얼마 후 한 가지 아이디어가 떠올랐다.

너무 신나는 아이디어가 떠오르면 그것이 저절로 이루어지기를 잠자코 기다리기 힘들지 않은가? 내 상황이 그랬다. 운동이 뇌 기능에 미치는 영향에 대해 새로운 신경과학 연구를 서둘러 진행하려다 그 아이디어를 떠올렸다. 특정 분야에 정통하고 그것을 이해하는 최선의 방법은 그것에 대해 새로운 과정을 가르치는 것이다. 나는 운동이 뇌 기능에 미치는 영향에 관한 선택 과목을 개설하기로 결심했다. 당시 나는 운동 덕분에 유난히 에너지 넘치고 창조적이었으며, 개인적인 경험을 가지고 새로운 수업을 개발할 생각에 한껏 고무되어 있었다. 수업에 운동을 접목해 학생들에게 운동과 뇌 기능에 대한 기초 신경과학을 가르쳐줄 뿐 아니라 그 영향을 직접 경험하게 한다면? 물론 활용하고 싶었던 운동은 당시에 한창 배우고 있었던 인텐사티였다. 수업에 운동을 접목하면 그 과정을 완전히 새로운 수준으로 격상시키고 학생들의 학습 동기도 고취할 수 있을 것이라고 생각했다.

그렇다, 나는 대학 강의실에 유산소 운동을 최초로 도입할 생각이었다. 이 아이디어에서 '운동이 뇌를 바꿀 수 있을까?'라는 수업이 탄생했다. 그것은 내게 가장 큰 즐거움이었던 두 가지, 가르치는 일과 운동을 독특한 방식으로 합친 결과물이었다. 나는 이미 수업 방식을 계획하고 있었다. 매 수업마다 처음 60분은 인텐사티를 가르치고, 이어지는 90분은 운동이 뇌 기능에 미치는 영향과 그 연구의 역사를 주제로 강의와 토론을 하는 것이었다. 그리고 운동이 인간의 인지 기능에 미치는 영향에 대한 연구들을 가르치며 학기를 마무리할 계획이었다.

도무지 흥분감을 주체할 수 없었다!

일단 인텐사티 강사를 매주 수업에 데려올 방법을 찾아야 했다. 그러나 강사를 고용할 돈이 없었다. 결국 인텐사티 강습법을 직접 배우기로 결심했다.

나는 인텐사티 강습법을 배울 생각에 몹시 들떴다. 그것이 내 안에 오랜 시간 잠들어 있던 브로드웨이 디바를 깨웠기 때문이다. 물론 〈위키드〉의 '디파잉 그래비티'나 〈겨울왕국〉의 '렛잇고'를 소리 높여 부르지는 않겠지만, 음악에 맞춰 확언을 외치고 간략한 안무를 가르칠 수 있었다. 어쩌면 그것은 아주 작은 브로드웨이를 개인적인 무대인 강의실로 가져올 기회였는지 모른다.

그러나 한편으로는 나를 막아서는 요인도 있었다. 일단 이 수업이 번지르르한 브로드웨이 스타일의 실패작이 될 것 같아 두려웠다. 인텐사티 수업에서 나는 훌륭한 학생이었고, 모든 지시 사항을 쉽게 따라 할 수 있었다. 하지만 강사로서도 잘할 수 있을까? 또 동료 교수들의 놀림감이 될까 봐 걱정스러웠다. 대부분은 나보다 보수적인 강의 스타일을 가지고 있었다. 우리 학과나 학교 전체에서 이와 비슷한 수업은 단 하나도 없었다. 그야말로 완전히 새로운 영역이었다.

쫄쫄이 운동복 차림으로 학생들과 동료 교수들 앞에서 나를 드러내야 했다. 사람들은 내가 미쳤다고 생각할 것이다. 나도 알고 있었다. 주 강의실에서 점프를 하며 주먹을 휘두르고 발차기를 하는 나와 수강생들의 모습을 누구든 훤히 들여다볼 수 있을 것이었다(심장을 뛰게 하는 배경 음악도 이목을 끌 것이 분명했다). 계획을 실현할 다양한 방식을 생각하는 것만으로 두려움과 흥분이 뒤섞인 채 가슴속에 차올랐다. 그러나 유치한 상상으로 끝낼 일이 아니었다. 반드시 실행해야 하는 일이었다. 그래서 마음이 바뀌기 전에 얼른 체육관의 인텐사티 강사 트레이닝 수업에 등록하고 강의 계획서를 작성하여 학교에 제출했다. 이제 돌아갈 길은 없었다.

나는 운동을 가르쳐본 경험도 없이 무작정 인텐사티 강사 트레이닝에 뛰어들었다. 수업은 5일 동안 하루 8시간씩 체육관에서 진행되었고, 수업과 관련된 신체의 움직임, 긍정심리학, 퍼스널 코칭 그리고 더 많은 사람에게 동기를 부여하는 방법을 배웠다.

운동 구성이 더 복잡해지다

나는 새로 구상한 수업이 새롭고 독특한 학부 경험 이상이라는 것을 깨달았다. 이 수업은 학생들을 대상으로 하는 인간 연구의 모든 요소를 갖추고 있었다.

운동이 설치류에 미치는 영향에 대한 흥미진진한 연구들을 고려하면, 운동이 인간에게 미치는 영향에 대한 논문도 수없이 많을 것이라고 기대할 수 있다. 그러나 그에 관한 연구는 상대적으로 적으며, 그중 대부분은 노년층이나 취학 연령의 아이들을 대상으로 하는 것들이다. 운동이 나와 같은 건강한 성인에게 미치는 영향에 대한 정보는 훨씬 더 적다. 다시 말해, 아직 해답을 찾지 못한 중요한 질문들이 굉장히 많다. 노년층 연구들에 따르면, 전 생애에 걸쳐 보고되는 신체 운동의 평균량은 연령이 높아질수록 뇌 건강에 더 많은 영향을 미치며 최고 수준의 운동량은 곧 최상의 뇌 건강으로 이어진다. 예를 들어,

한 대표적인 연구에서 인지장애가 없는 65세 이상 노인 1,740명을 대상으로 운동 빈도, 인지 기능, 신체 기능, 우울 수준에 대해 물었다. 그 후 과학자들은 설문 대상자들을 추적했고, 6년 후에 얼마나 많은 사람이 치매나 알츠하이머병에 걸렸는지 확인했다. 그리고 치매 혹은 알츠하이머의 발병 여부와 전 생애의 운동량을 비교했다. 주 3회 이상 운동을 하는 사람들에게는 치매 발병률이 32퍼센트 낮게 나타났다. 가족이나 친구 중에 치매 환자가 있는 사람이라면 32퍼센트가 얼마나 큰 수치인지 알 것이다. 이러한 연구들은 운동이 인지 기능에 미치는 영향과 그 영향이 극대화될 수 있는지 여부를 제대로 이해하기 위해 더 많은 연구를 시도하도록 과학자들을 끌어냈다. 이와 비슷하게 취학 연령의 아이들을 대상으로 하는 연구들에 따르면, 유산소 운동은 학업 성취도에 작지만 긍정적인 영향을 미치며, 체질량 지수body mass index, BMI는 학업 성취도에 부정적인 영향을 미친다(즉, 높은 BMI는 낮은 수준의 학업 성취도와 관련이 있다).

그러나 이러한 연구만으로 이 주제를 완벽하게 설명할 수는 없다. 절대 불가능하다. 자가 보고된 운동량(연구자들은 운동의 양 또는 질을 통제하거나 자가 보고의 정확도를 판단할 수 없다)을 피험자의 뇌 건강 상태와 비교하고 연관성을 분석함으로써 결론에 다다르기 때문에 이러한 연구를 상관 연구라고 부른다. 이러한 연구들은 전 생애의 신체 활동 수준이 노화에 따라 뇌 건강과 치매에 영향을 미칠 가능성을 제기하지만, 또 다른 가능성을 배제할 수 없다. 예를 들어, 운동을 더 많이 한 사람들이 모두 더 높은 사회경제적 지위에 있었을 수 있다. 아니면 더 튼튼한 심장을 가지고 있어 전반적으로 더 건강했을 수 있다. 이것은 운동량과 관계없이 사회경제적 지위 혹은 전반적인 건강 상태가 노년층의 뇌가 얼마나 건강한지 그리고 치매로부터 얼마나 자유로운지를 결정한다는 것을 의미한다. 이러한 이유로 상관 연구의 결론들은 유익하지만 최종적이지는 않다. 예를 들어, 앞서 언급한 연구들에 의하면 고강도 운동이 치매의 낮은 발병률로 이어지며, 더 직접적인 연구들도 고강도 운동이 학습 및 기억과 관련된 기능의 향상으로 이어진다고 설명한다. 다시 말해, 연구의 방향성은 훌륭하지만 확정적인 것은 아니다.

그렇다면 관찰 연구보다 더 강력한 것은 무엇일까? 최적 표준은 개입 연구라고 불리는 것이다. 이 같은 방식을 무작위 대조 연구라고도 한다. 이러한 유형의 연구는 한 무리의 피험자를 선정하고 그들을 무작위로 운동 집단과 운동을 하지 않는 통제 집단으로 나눈다. 이러한 방식을 통해 실험자는 조작 요인을 직접 통제한다. 그리고 실험자가 설정한 요인들을 근거로 운동 집단의 수행 능력을 통제 집단과 비교하여 운동이 상대적으로 운동 집단에 더 많이 유익한지 여부를 확인한다. 이러한 최적 표준 유형의 연구에서 노년층을 대상으로 하는 경우는 극히 드물지만 수개월에서 최대 1년까지 진행된 운동 개입이 주의력, 반응 시간, 시공간 인지 기능을 향상시킨다는 것을 보여주었다. 사실 노년층에게 나타난 가장 크고 일관적인 효과는 인지 가능한 다른 정보들은 무시하면서 정보의 개별적 측면에 주의를 집중하는 능력인 것 같다. 주의력 향상은 내가 운동량을 늘리면서 개인적으로 확인한 효과이기도 하다. 이와 비슷한 무작위 대조 연구는 1년간 운동을 한 노년층 피험자들의 해마 크기가 증가했음을 보여주었고, 그 결과는 설치류의 연구 결과와도 일치한다. 또 다른 연구는 3개월 동안 기억력 과제에 대한 수행 능력을 미세하게 개선하는 운동 요법을 시행하자 해마의 혈관이 유의미하게 증가했다고 보고했다.

⇨ 무작위 대조 연구 설계하기

집단을 대상으로 명상이나 운동과 같은 개입의 효과를 확인하기 위한 최적 표준은 무작위 대조 연구를 사용하는 것이다. 이러한 종류의 연구에서는 피험자로 적합한 사람들(적절한 연령과 배경, 건강 상태를 가진)이 무작위로 실험 집단과 통제 집단으로 나뉜다. 실험 집단은 운동과 같은 실험자의 관심 요인을 조작하는 임무를 맡는다. 그리고 통제 집단은 실험 집단에서 수행하는 것들 중 가장 큰 차이를 만드는 핵심 요소를 제외한 나머지 요소를 동일하게 갖춘 과제를 수행하도록 배정된다. 예를 들면, 운동에 대한 통제 집단의 적절한 임무는 천천히 걷기가 될 것이다. 또 다른 중요한 요소는 가설이다. 이러한 종류의 연구에서는 유산소 운동이 천천히 걷기보다 기억력을 더 많이 향상시킬 것이라는 가설을 실험할 수도 있다. 이 가설을 실험하기 위해 유산소 운동 혹은 걷기 전후 두 집단에 나타나는 기억 수행 능력을 확인할 것이다. 그리고 나서 유산소 운동 집단의 기억력 테스트 점수가 걷기 집단보다 현저히 높은지 질문할 수 있다. 만약 그렇다면 이 연구는 유산소 운동이 기억력을 향상시킨다는 가설을 강력하게 뒷받침할 것이다. 피험자들을 다수의 집단에 무작위로 배정하는 방식의 강점은 연구를 시작하기 전에 해당 집단들 사이에 중요한 차이점이 존재할 가능성을 배제할 수 있다는 것이다. 각각의 피험자를 무작위로 배정할 뿐 아니라 개입 전에 기억력 테스트에 차이점이 없음을 보여주는 테스트 점수를 얻을 수 있다. 이것은 실험 연구 설계의 최적 표준이다.

이처럼 무작위 대조 연구는 매우 유용하지만 상관 연구보다 수행하기가 훨씬 어렵고 일반적으로 더 비싸기 때문에 실현 가능성이 매우 낮다. 상관 연구가 아닌 무작위 대조 연구에서만 얻을 수 있는 것은 운동의 규범적인 측면들이다. 당신은 무작위 대조 연구를 통해 이렇게 말할 수 있다. "우리는 Y 유형의 운동량 X가 뇌 기능 Z를 향상시켰음을 입증했다." 이것은 인간 연구에서 우리에게 필요한 유형의 정보다. 어떤 운동이 가장 효과적인지, 최적의 지속 기간과 활동 수준

은 무엇인지, 최상의 뇌 건강을 위한 최적의 운동 요법이 성별에 따라 다른지는 알 수 없다. 그리고 우리가 답을 모르는 한 가지 질문이 더 있다. 운동은 노년층의 뇌에 정확히 어떤 영향을 주는가?

운동을 하면 머리가 더 좋아질까?

노년층 연구와 달리 운동이 건강한 청년에게 미치는 영향은 거의 알려져 있지 않다. 일반적으로 건강한 청년들의 두뇌 역량은 절정에 있으므로 더 향상될 여지가 거의 없다고 여겨지기 때문이다. 이와 대조적으로 노화에 따른 인지 기능 퇴화는 자연히 발생하기 때문에 개선 가능성도 청년층보다 노년층에서 더 크게 나타난다. 그러나 운동이 청년의 뇌 기능에 미치는 영향이 미미하거나 아예 없다면, 자율적으로 운동 요법을 수행한 후 지원금 신청서 작성이 그토록 수월해진 이유는 무엇일까? 중요한 것은 두드러지는 결과를 얻기 힘든 비노년층 인구, 즉 성인을 대상으로 하는 연구가 매우 드물다는 점이다. 나는 그런 측면을 바꾸고 싶었다.

비록 운동이 건강한 청년들에게 미치는 영향에 대한 연구는 많은 진전을 이루지 못했지만, 인간을 더 똑똑하게 만들어줄 마법의 알약은 오랫동안 우리를 매료시켰다. 《니임의 비밀》과 같은 고전과 《앨저넌에게 꽃을》과 같은 소설은 인간과 쥐들의 지능을 향상시킬 가능성에 대해 탐색했다. 영화 〈리미트리스〉에서 불운의 패배자 에디 모라

(브래들리 쿠퍼 분)는 인지 능력을 강력하게 향상시켜줄 불법 알약을 발견하기 전까지 머리도 나쁘고 패션 센스도 최악인 사람이었다. 그러나 알약을 먹은 후 주식시장에서 거액을 벌어들이고, 멋진 헤어스타일과 번지르르한 패션 감각을 뽐내며 화려한 인생을 살게 된다. 그러나 곧 알약의 부작용이 나타나기 시작한다. 그는 똑똑해진 머리로 마법의 알약을 제조하는 방법을 찾아내고, 부작용을 피하면서 인지적인 혜택은 모두 누릴 수 있게 된다. 나중에는 상원 의원 선거에 출마하고 중국어도 유창하게 한다. 정말 놀라운 일이다! 〈혹성탈출: 진화의 시작〉에서 윌 로드먼(제임스 프랭코 분)은 알츠하이머병에 의한 손상을 치료하여 환자들의 인지 기능을 향상시키는 가스 형태의 물질을 개발한다. 그런데 그가 키우던 원숭이 시저가 가스를 들이마시고 갑자기 말하는 법을 배우더니 나중에는 도시 전체를 장악해버린다! 머리 좋아지는 약이라는 소재는 인간의 호기심을 영원히 자극할 것이다.

그러나 이러한 이야기들은 모두 완벽한 허구다. 현실 세계에서 운동은 에디 모라의 알약이나 윌 로드먼의 가스처럼 엄청난 효력을 발휘하지는 않겠지만, 내가 직접 경험했던 것처럼 의식적인 운동은 매일 사용하는 다양한 뇌 기능에 명확하고 두드러진 효과를 제공할 수 있다. 확인해본 바에 따르면, 운동이 청년에게 미치는 영향에 대해 알려진 것은 거의 없었다. 나는 '운동이 뇌를 바꿀 수 있을까?' 수업을 통해 그것을 다뤄볼 완벽한 기회를 잡았다. 학생들은 학기가 끝날 때까지 14주 동안 매주 한 시간씩 운동을 할 예정이었다. 이 수업을 진짜 연구로 바꾸려면 두 가지 요소가 더 필요했다. 첫 번째는 학기 초와 학기 말에 학생들의 기억력과 주의력을 테스트할 수 있는 능력이었다. 두 번째는 동일한 시간 동안 수업을 받지만 운동은 하지 않는 통제 집단이었다. 통제 집단 역시 학기 초와 학기 말에 테스트해야 했다. 이 연구는 최적 표준 개입 연구의 많은 요소를 갖추었지만 완벽하지는 않았다. 진정한 최적 표준 연구라면 학생들을 동일한 강사가 진행하는 운동 혹은 운동을 하지 않는 수업에 무작위로 배정했을 것이다. 그 대신 나는 운동 수업을 신청한 학생들에게 관련 과정을 제공하고, 그들을 다른 수업의 학생들과 비교했다. 그래도 관찰 연구보다는 더 나았다. 마지막으로 고려해야 했던 것은 주 1회 수업이라는 점이었다. 이 연구를 강의실 밖에서 계획했다면 학생들이 일주일에 세 번씩 운동하기를 바랐을 것이다. 그러나 그것은 예비 단계의 강의실 실험일 뿐이었다. 그 수업은 학생들을 새로운 방식의 실험 과정에 참여시키기 위한 것이었고, 최적의 실험이 아닐 때 적용 가능한 모든 방식을 논의하며 교훈을 얻을 수도 있었다.

또한 나는 실험에 사용할 운동으로 의식적인 의도의 통합이 가능한 인텐사티를 선택했다. 달리기나 에어로빅, 킥복싱처럼 더 '순수한' 유산소 운동 대신 인텐사티를 선택한 이유는 개인적인 경험으로 확인한 효과를 시험하는 것이 연구의 목적이었기 때문이다. 나는 이 특정 접근법이 연구에 적합한지 확인하고 싶었다. 그렇게 하면 추후 연구들에서 확언과 운동의 개별적인 효과를 구별할 수 있을 것이었다. 게다가 인텐사티는 러닝머신 달리기보다 더 많은 흥미와 동기를 제공할 것이고, 강의실을 이용한 연구에도 더 적합할 것 같았다.

통제 집단인 운동을 하지 않는 신경과학 강의 수강생을 찾는 일은 무척 쉬웠다. 다만 인간 연구에 대한 경험이 많지 않았기 때문에 전문가에게 도움을 구하기로 했다. 운동 수업에 관한 아이디어가 머릿속에서 소용돌이치고 있던 무렵, 나는 이 프로젝트의 공동 연구자가 될 동료를 우연히 마주쳤다. 컬럼비아 대학교의 신경과학자이자 신경과 전문의인 스콧 스몰Scort Small이었다. 그는 워싱턴 D.C.에 있는 한 컨벤션 센터의 주 출입문 계단에 앉아 있던 내게 다가왔다. 나는 아침 산책 후 다리가 아파 잠시 쉬던 참이었다. 그와 이런저런 이야기를 나누다 운동과 뇌에 관한 새로운 관심사와 구상하고 있는 수업 계획에 대해 말했다. 알고 보니 스콧과 그의 직장 동료인 애덤 브릭먼도 운동이 인간의 인지 기능에 미치는 효과를 연구하고 있었다! 두 사람은 공동 연구를 통해 건강한 청년들에 관한 데이터를 더 많이 수집하여 첫번째 연구 결과의 근거로 사용하고 싶어 했다. 내 마음은 기대감으로 부풀어 올랐고, 우리는 새로운 운동 실험을 계획하기 시작했다. 때로는 잠시 계단에 앉아 쉬다가도 최고의 과학적 교류를 시작할 수 있다.

운동과 신경발생

운동은 뉴욕 대학교의 젊고 건강한 신경과학 전공자들의 고성능 뇌에 어떤 영향을 줄까? 이 질문에 대한 답은 앞서 언급한 쳇바퀴 달리기가 쥐 해마의 신경발생에 미치는 영향에 관한 연구들에서 찾을 수 있다.

이와 관련된 연구의 흥미로우면서도 논란의 소지가 많은 역사를 살펴보려면 1960년대로 거슬러 올라가야 한다. 성인의 뇌에서 신경발생이 일어난다는 사실을 설득하기 위해 정말 많은 노력이 필요했다. 우리는 아주 오랫동안 성인기에 접어든 뇌에서는 더 이상 새로운 뉴런이 발생하지 않는다고 믿었다. 이미 20년 전에 보스턴 대학교의 연구자들이 성체 쥐의 뇌에서 새로운 세포가 발생할 수 있다는 가설의 첫 번째 증거를 발표했음에도 불구하고, 이 믿음은 1990년대까지 신경과학계에서 정설로 통했다.

불행히도 당시에는 성인의 뇌가 고정되어 있다는 믿음이 과학자들의 머릿속에 너무나 견고히 자리 잡혀 있었기 때문에 초창기 연구가 별다른 영향을 주지 못했다. 20년쯤 후, 초창기 연구자들이 더 현대적이면서 설득력 있는 접근법을 적용한 일련의 연구들을 발표했다. 성인기에도 반짝거리는 새 뉴런이 해마와 후각신경구 모두에서 발생한다는 사실이 입증되면서 마침내 진실이 밝혀졌다. 또 1998년에는 스웨덴과 미국의 국제 연구팀이 성인의 해마에서 신경발생이 일어난다는 직접 증거를 최초로 발표했다. 그들은 매우 영리한 방법을 사용했다. 설치류 실험에서는 브로모데옥시우리딘bromodeoxyuridine, BrdU을 피험동물의 뇌에 주입한 후 그 동물의 뇌를 살펴보기만 하면 새롭게 태어난 뉴런의 존재를 확인할 수 있다. BrdU에 반응하는 뇌세포는 최근에 분리되었고(즉, 최근에 '탄생했다'), 그와 같은 세포들이 성체 쥐의 해마에서 많이 발견되었다. 연구자들은 BrdU가 암 환자의 종양에서 세포의 성장 및 분열을 시험하는 데 흔히 사용된다는 것을 알고 있었다. 그들은 BrdU를 주입받은 암 환자들에게 사후 뇌 해부에 대한 동의를 구한 다음, 실제 뇌 해부를 통해 쥐 실험과 마찬가지로 성인 환자들의 해마에서 BrdU로 표지된 세포를 발견했다. 이 실험으로 성인에게도 새 해마세포가 태어난다는 사실이 입증되었다.

이것은 '운동이 뇌를 바꿀 수 있을까?' 수업에서 우리가 주목할 질문이었다. 인텐사티 수업의 고강도 유산소 운동이 해마의 신경발생을 증가시킴으로써 기억력까지 향상시킬 수 있을까? 우리는 노화에 따른 신경발생 감소에도 불구하고 운동 후에 노년층의 인지 기능이 향상되는 것을 확인했다. 내 수업은 절정의 신경발생 수준을 가지고 있을 젊은 학생들에게도 고강도 유산소 운동의 긍정적인 효과가 나타날 것인지 시험할 예정이었다. 우리는 신경발생을 직접 확인하는 대신, 학생들에게 신경발생 영역과 관련된 인지 기능 과제를 수행하게 함으로써 신경발생을 간접적으로 확인할 계획이었다. 이것이 우리가 시험할 가설이었다.

fMRI는 '기능적 자기 공명 영상'functional magnetic resonance imaging을 뜻
한다. 일반적인 MRI처럼(66쪽 참조) fMRI도 거대한 자석을 사용하지
만, 뇌가 사용하는 에너지 대신 혈류의 변화를 감지한다. 뇌 영역이
활성화되면 해당 영역의 혈류량이 증가하며, 고도로 활성화된 영역
의 혈액에서는 탈산소화가 매우 빠르게 일어난다. fMRI는 혈류와 산
소포화도의 변화를 감지함으로써 특정 뇌 영역의 활성도에 관한 간
접적인 수치를 제공하며, 인간의 뇌 활성도 측정에 가장 일반적으로
사용되는 도구다.

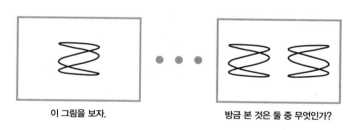

이 그림을 보자.   방금 본 것은 둘 중 무엇인가?

기억 부호화 과제

이 시점에 컬럼비아 대학교 동료인 스콧 스몰과 애덤 브릭먼Adam
Brickman이 합류했다. 그들은 fMRI와 비슷한 영상 기법을 사용하여 피
험자들이 다양한 과제를 수행하는 동안 활성화되는 뇌 영역을 연구

했다.

그들은 피험자들에게 복잡한 도형을 기억하게 한 후(기억 부호화), 비슷한 도형들 중에 조금 전에 본 도형을 찾아보라고 요청했다. 여기에는 프로토콜이 있다. 피험자들이 만만치 않은 기억 부호화 과제를 수행하는 동안, 브릭먼과 스몰은 새 뉴런이 태어나는 해마의 특정 하위 영역이 불꽃처럼 빛나는지 확인했다. 이 영역이 고도로 활성화된다는 것은 운동으로 동일한 뇌 영역을 활성화해 더 많은 뇌세포를 만들 수 있음을 의미하며, 훨씬 더 나은 수행 능력을 확인할 수 있다. 우리가 이 연구에서 실험한 아이디어 혹은 가설은 이것이었다. 유산소 운동을 많이 하면 기억 부호화 과제에 대한 수행 능력이 향상되는가?

그리고 운동이 기억 부호화를 향상시킬 수 있다는 것은 무엇을 의미하는가? 우리 실험실을 비롯한 여러 연구팀은 유산소 운동의 증가가 해마의 신경발생률을 높이는지, 또 새로운 해마세포들이 새로운 장기기억을 부호화하거나 저장하는 능력을 향상시키는지를 연구하고 있다. 특히 새로 태어난 해마세포들이 비슷한 특징을 가진 자극들을 구별하는 데 도움을 준다는 증거가 있다. 예를 들어, 수업이 끝난 후 질문을 한 사람이 줄리아인지 팸인지 기억하려고 할 때 보통 길이의 갈색 머리카락을 가진 두 사람을 구분하도록 돕는 것이 새 해마세포들이다. 이것은 무엇을 암시하는가? 장기간 지속된 운동은 새 해마세포의 수를 증가시키며, 그 정도 수준의 신경발생이 지속된다면 새로운 기억을 저장할 능력이 엄청나게 향상될 것이다. 기억 부호화 능력의 작동법과 그 효과를 극대화하는 방법을 이해하는 것이 내 실험실의 주요 목표 중 하나다.

운동과 학문의 결합도 혁신적인 요소였지만 수업을 실제 연구로 바꾸는 작업은 더 신나는 일이었다. 이 방식을 통해 학생들을 연구 대상으로 삼을 수 있을 뿐 아니라 데이터 분석 과정에 활용할 수도 있었다. 학생들은 자신의 수업과 통제 집단에서 얻은 데이터를 연구하여 운동이 정말 기억력을 향상시키는지 확인할 수 있는 기회를 얻었다. 학생들 모두 실습 과정을 거치지만 이런 종류의 데이터 분석은 보통 실험실에서만 이루어진다. 우리가 그 실험실을 강의실로 가져간 것이다! 실제 실험으로 얻은 결과를 분석하는 것만큼 한 학기 동안 강의와 토론을 통해 얻은 지식을 적용하기 좋은 방법이 또 있을까?

변화는 계속된다

의식적인 운동은 가르치는 일과 연구 활동에 영감을 주었을 뿐 아니라 삶의 다른 부분들에 대한 접근법도 바꾸었다. 나는 캐빈 보이와 카 보이 이후 잠시 휴식기를 가지면서 다음 단계로 나아갈 준비를 마쳤다. 내게는 중요한 두 가지 질문이 있었다. 어떻게 하면 더 다채로운 사회생활을 할 수 있을까? 그리고 어떻게 하면 오래 지속되는 관계를 준비하고 받아들일 수 있을까?

나는 중매인을 통해 무척 다정하고 지적인 변호사를 소개받았다. 그의 이름은 아트였다. 우리는 굉장히 잘 맞았다. 둘 다 지난 몇 년간 데이트를 많이 하지 않았고 꾸준한 관계를 간절히 원하고 있었다. 우리는 한동안 정말 잘 지냈다. 함께 저녁 식사를 즐겼고 주말이면 그의 집에서 시간을 보냈으며 가끔 극장으로 데이트를 나갔다. 시간이 지나면서 우리의 차이점이 점점 더 분명해졌지만 해결할 수 있을 거라고 생각했다.

나는 개인 코치를 고용하기로 했다. 데이트에 관한 도움이 필요할 때 전문 중매인의 도움을 받았듯이 관계 개선이 필요할 때는 인생 코치가 도움이 될지도 몰랐다. 나는 체육관에서 제공하는 30분짜리 맛보기 상담을 신청했다.

코치는 놀라운 통찰력을 가지고 있었고 아트와의 관계에서 내가 어땠는지, 그 외의 삶에서 내가 맺은 관계들이 어땠는지를 이해할 수 있게 도와주었다. 관계에서 정리해야 할 것들이 많았다. 나는 일에 너무 많은 관심을 쏟고 있었고, 개인적인 관계를 유지하는 데에 충분한 관심을 기울이지 못했다. 견고한 관계를 맺는 방법을 모른다기보다 그것에 관심을 더 기울여야 할 필요가 있었다. 그러면 일이 잘 풀렸던 것처럼 관계도 잘 풀려나갈 것이었다.

관계를 정리하는 과정은 어땠을까? 기억에 남는 사례 중에는 뜻밖의 대상도 포함된다. 그는 내가 살던 건물의 경비원이었다. 코치와 함께 찾아낸 내 성격의 부정적인 특징 중 하나가 쉽게 모욕감을 느낀다는 것이었다. 더 큰 문제는 한번 모욕감을 느끼면 그 상처를 바로잡으려 하지 않고 마음만 졸인다는 것이었다. 게다가 나는 아주 오랫동안 원한을 품기도 했다. 일주일에 몇 번씩 마주치고 의지해야 하는 경비원에 대한 오랜 원한은 정리가 매우 시급했다!

내가 모욕감을 느낀 사건은 그 건물로 이사한 직후에 일어났다. 나는 근무 중이던 경비원과 가구 배송 일정을 상의하려고 했다. 그러나 친절하고 협조적이었던 이전 경비원과 달리 그는 나를 퉁명스럽게 대하는 듯했다. 게다가 내 부탁에 살짝 짜증이 났는지 유난히 비협조적이었다.

그러고 나니 건물 입구를 지날 때마다 그의 불친절한 태도가 자꾸 눈에 들어왔다. 더 짜증이 났던 것은 다른 거주민들은 훨씬 더 살갑게 대했다는 점이다. 그는 나와 관계를 맺거나 애써 도와주려 하지 않았다. 나중에는 건물 입구에서 그를 만나는 것이 두려워지기 시작했고, 최대한 마주치지 않으려고 애썼다. 그가 나를 좋아하지 않는다는 것이 너무 명확했기 때문이다.

크리스마스를 앞두고 나는 건물의 전 직원을 위한 연례적인 팁을 준비했다. 그러나 경비원과 마주치는 것이 두려워 그에게는 팁을 주지 않기로 결정했다. 누군가는 어리석다, 유치하다, 미성숙하다고 말할지 모른다. 너무 극단적인 선택이었지만 당시에는 어쩔 수 없었다.

다음 크리스마스까지 그 선택을 두고두고 후회했다.

내가 이 관계를 바로잡고 싶다고 하자, 코치는 경비원에게 첫날 무례하게 굴었던 이유를 직접 물어본 적이 있느냐고 했다. 나는 없다고 대답했다. 그러자 혹시 내 행동이 그의 반응에 영향을 줬을 가능성은 없는지 물었다. 나는 내 행동이 차갑게 보였을 수 있다고 인정했다. 코치 덕분에 정말 무례했던 사람은 나 자신이었고, 그러면서도 줄곧 경비원이 나를 싫어한다며 소설을 썼다는 것을 깨달았다. 코치는 이것이 내가 정리해야 할 중요한 관계임을 상기시켜 주었다. 경비원은 집의 연장선인 공간에서 대단히 중요한 사람이기 때문이다. 코치는 이 관계를 회복할 유일한 방법은 경비원에게 진심을 고백하고 그의 대답을 확인하는 것이라고 말했다. 그리고 어떻게 말을 꺼내야 할지 함께 고민해주었다.

그날 아침 침대에 앉아 경비원에게 할 말을 다시 점검했던 것이 기억난다. 나는 경비원이 근무 중이라는 것을 알고 있었고, 정말 아래층으로 내려가고 싶지 않았다. 중요한 시험을 앞두고 있거나 처음 무대에 오르기 전처럼 속이 울렁거렸다. 나는 겨우 몸을 일으켜 아래층으로 내려갔다. 그리고 엘리베이터 문이 열리자마자 그에게 곧장 다가가 살짝 떨리는 목소리로 말했다. "안녕하세요, 뭘 좀 물어보고 싶어서요. 일단 이 건물의 직원 모두가 훌륭하고 탁월한 서비스를 제공해주셔서 감사하게 생각하고 있어요. 그런데 아시다시피 크리스마스가 또 다가오고 있고, 지난 크리스마스에 팁을 드리지 않았던 일이 늘 마음에 걸렸어요. 저를 좋아하지 않는 것 같아서 팁을 드리지 않았던 거예요. 이 얘기를 하고 싶었어요."

이런, 정말 말해버렸다.

그는 어리둥절해했다.

그러나 곧 정신을 차리고 그는 나에 대해 나쁜 감정을 가지고 있지 않다고 분명하게 말했다. 그리고 일적인 경계를 유지하면서 남의 일에 참견하지 않는 자신의 업무 방식이 오해를 불러일으킨 것 같다고 설명했다. 또 자신은 거주민들과 대화를 하거나 사생활에 대해 묻는 다른 경비원들과 굉장히 다른 성향이라고 알려주었다.

중요한 것은 나를 좋아하지 않는다고 생각했다는 말에 그가 정말 놀란 듯 보였다는 점이다.

나는 그의 솔직한 대답에 무척 고마움을 느꼈고, 전부 오해였던 것 같다고 말했다. 그리고 이번 크리스마스에는 경비원들 모두의 노고를 보상해주고 싶다고 재차 말했다.

대단히 우아한 대화는 아니었어도 해야 할 말은 잘 전달했던 것 같다. 나는 그에게 다시 감사함을 표현했고 어색하게 출입문을 나섰다. 그리고 뒤늦게 밀려오는 안도감에 눈시울이 붉어졌다. 나는 황급히 걸어가며 굉장히 힘들었지만 성공적이었던 대화로부터 멀어지려고 애썼다.

하지만 그럴 만한 가치가 있는 대화였을까?

그렇다.

힘들고 난처하고 어색하고 많은 스트레스를 유발했던 그 대화는 우리의 관계를 완전히 바꿔놓았다. 우리는 긍정적인 상호작용에 집중할 수 있는 분위기와 계기를 얻었고, 그날부터 매번 마주칠 때마다 평소보다 세 배 더 살갑게 서로를 대했다. 크리스마스의 작은 기적과 같았다.

이것은 삶에서 관계를 바꾸었던 나의 여러 사례 중 하나일 뿐이다. 그 후로 나는 관계의 건강함에 대해 점점 더 예민해졌고, 코치의 도움을 받아 잘못된 점들을 바로잡아갔다.

아트와의 관계는 어떤 식으로 바로잡아야 했을까? 나는 관계를 바로잡고 싶은 이유부터 스스로 찾아야 한다는 것을 깨달았다. 그 남자를 사랑하고 그와 남은 생을 함께 보내고 싶어서였을까, 아니면 그다지 어울리지 않더라도 누군가와 함께한다는 것 자체가 좋아서였을까? 아트는 무척 자상하고 똑똑한 사람이었다. 그러나 생활 방식이 너무 달랐다. 가장 크게 달랐던 것은 아트가 친구를 거의 사귀지 않았고 전혀 사교적이지 않았다는 점이었다. 아트는 나와 어울리는 것은 좋아했지만, 내 친구들을 만나거나 알아가는 일에는 관심을 보이지 않았다. 바로 얼마 전까지 나도 아트처럼 사회적으로 고립되어 있었지만 분명히, 그리고 의식적으로 그 부분을 바꾸었다. 하지만 그와 함께 있으면 과거로 돌아가는 것처럼 느껴졌다.

쉬운 결정처럼 들리지만 전혀 그렇지 않았다. 아트와의 관계를 끝내면 평생 다른 사람을 만날 수 없을 것 같아 두려웠다. 하지만 그것은 무엇보다 나를 위한 결정이었다. 우리는 어울리지 않았고, 헤어지는 것 외에 다른 선택 사항이 없었다.

내가 겪고 있었던 변화 가운데 새로운 운동 수업 개발은 무척 신나는 부분이었고, 아트와의 이별은 무척 고통스러운 부분이었다. 이 결정의 중심에는 자기 인식을 더 많이 하게 된 내가 있었다. 이 말이 당연하게 들릴 수 있다. 그러나 지난 20년간 내가 과학과 일에 몰두해왔다는 것을 명심하라. 나는 더 충만하고 균형 잡힌 삶을 살기 위해서 두뇌에 치우친 삶의 방식에서 벗어나 두뇌와 신체 연결의 균형을 다시 맞추어야 한다는 것을 깨닫고 있었다. 그 후부터 관계에서 그러한 균형을 찾아가기 시작했다. 나는 수년간 종신 교수 재직권이라는 목표를 거머쥐기 위해 열심히 일했고, 사랑하는 과학 연구에 방해가 되는 것은 무엇이든 제쳐두었다. 직업적인 목표에 과하게 몰두하다 보니 현재의 삶에 충분한 주의를 기울이지 못했다. 여전히 가야 할 길이 멀지만 이 모든 것은 내 감정과 욕구, 호불호에 더 많은 주의를 기울이고, 미래를 통제하는 일에 집착하는 대신 현재의 일에 더 마음을 열기 위한 하나의 과정이었다.

규칙적인 운동이 제공했던 것들 중 하나가 지금 이 순간에 대한 끊임없는 집중이었다. 정말 제대로 된 운동, 특히 의식적인 운동을 하는 중에는 미래를 생각할 수 없다. 인텐사티 수업을 받는 60분 동안 나는 생각과 감정과 신체 움직임이 완전히 연결되는 것을 느꼈다. 두뇌와 신체가 합일을 이루었다. 수업을 받는 동안에는 감각을 느끼는 과정과 감각의 변화 그리고 짜증부터 기쁨, 평안, 안도, 충만함까지 운동 전후의 모든 감정을 극도로 예민하게 느꼈다. 나는 움직이며 하는 명상을 경험했고, 그 안에서 현재에 머무르며 두뇌와 신체가 말하는 것을 몸소 체험했다.

이 감각적이고 극도로 감정적이며 에너지가 충만해지는 경험은 기대나 선입견 없이 삶에서 정말 원하는 것을 찾게 해주었다. 내게 기쁨을 줄 수 있는 것은 무엇인가? 만족감이나 기쁨을 주지 않아 필요 없어지는 것은 무엇인가?

기억할 사항: 운동과 신경발생

· 운동은 풍족한 환경에서 나타나는 피질 크기의 증가, BDNF와 같은 성장인자와 아세틸콜린과 같은 신경전달물질의 분비량 증가 그리고 뇌혈관 성장의 촉진(혈관 형성) 등 대체로 긍정적인 변화를 야기한다.
· 운동과 풍족한 환경 모두 해마에서 새로운 뇌세포의 탄생을 촉진한다.
· 운동에 의한 BDNF 분비량의 증가는 새로운 뇌세포들의 성장과 발달

을 돕는다.

- 운동은 해마의 부피와 크기, 해마 뉴런에 있는 수상돌기 가시의 수를 증가시키고, 해마 뉴런의 생리학적 특성을 강화한다.
- 운동 효과에 대한 연구는 대부분 노년층을 대상으로 한다.
- 노년층 연구에서 고강도 운동은 노년의 낮은 치매 발병률과 관련이 있다.
- 노년층을 대상으로 하는 무작위 대조 연구에 따르면, 운동량의 증가는 주의력을 향상시키고 해마의 크기를 증가시킬 수 있다.

브레인 핵스: 운동량을 어떻게 늘릴 수 있을까? PART I

운동할 시간이 없는 사람들을 위해 내가 실제로 규칙적인 운동을 대신해 활용하고 있는 4분 운동법을 몇 가지 소개한다.

- 당신이 좋아하는 빠른 템포의 음악(퍼렐 윌리엄스의 〈해피〉처럼)을 들으며 계단을 걸어 올라가라.
- 직장에서 하루에 4분씩 동료와 책상 위에서 팔 굽혀 펴기나 스쾃Squat 시합을 하라.
- 4분 동안 양치질을 하면서 딥 니 스쾃과 사이드 밴드(거울을 마주 보고 천천히 몸을 좌우로 기울이면서 그 반대쪽을 향해 옆구리를 쭉 뻗는다)를 번갈아 해보자. 머리카락의 물기를 말리는 것처럼 큰 수건으로 머리를

감으면 옆구리 근육에 더 많은 힘이 들어가기 때문에 사이드 밴드의 난이도를 높일 수 있다.

· 타이머를 4분 후로 맞춰놓고 최대한 빠른 속도로 집이나 사무실을 청소하라. 욕조를 청소하거나 빠르게 청소기를 돌리거나 걸레질을 하면 단 4분 안에 제대로 땀을 낼 수 있다.

· 4분 동안 어린아이처럼 훌라후프를 돌려보라. 훌라후프는 복근과 코어에 놀라운 효과를 가져다주는 유산소 운동이다.

강의실의 쫄쫄이

운동은 당신을 더 똑똑하게 만들 수 있다

2009년 9월 7일 오전 9시 25분, 나는 제일 좋아하는 쫄쫄이 운동복을 입고 학부생들로 가득 찬 강의실에 들어섰다. '운동이 뇌를 바꿀 수 있을까?'의 첫 수업이 시작되는 날이었다. 평소와 달랐던 것은 옷차림뿐만이 아니었다. 나는 초조함을 느꼈다. 지난 10년 동안 학생들을 가르치며 처음 느껴보는 기분이었다.

　6개월간 인텐사티 강사 트레이닝을 받았고, 1년이 넘는 시간 동안 그 수업을 계획했다. 완전히 다른 두 세계인 운동과 신경 발달을 하나로 결합하려는 내 비전은 그날 절정을 맞았다. 나는 새로운 방식을 적용할 생각이었다. 그런데 혹시 시간만 낭비한 건 아닐까? 나는 실험실에서 연구를 하는 것도 아니면서 말도 안 되는 수업에 너무 많은 노력을 기울였고, 동료들이 나를 약간 정신 나간 사람으로 생각할까 봐 고민하기도 했다. 당시에는 좋아하는 취미 정도로만 생각했다. 한 강의에 너무 많은 시간과 노력을 쏟는 것은 분명 위험한 일이었다. 강의 계획서를 만들면서도 몇 가지 의구심을 떨칠 수 없었다. 학과장은 평소 개방적이고 관대해서 나와 동료들이 다양한 교육 과정을 개발하는 것을 허용해주었지만, 나처럼 그런 수업을 기획한 사람은 그때까지 아무도 없었다.

초조한 사람은 나뿐만이 아니었다. 학생들은 이 수업에서 운동을 한다는 것을 미리 알았으면서도 쫄쫄이 운동복을 입은 교수를 보고 몹시 당황스러워했다. 나는 강의실을 둘러보며 두려움, 즐거움, 불만, 지루함, 초조한 기색 등 다양한 표정을 확인했다. 하지만 무슨 일이 일어날지는 직접 부딪쳐봐야 알 수 있기에 나는 침착하게 학생들 앞에 서서 말했다. "'운동이 뇌를 바꿀 수 있을까?'의 첫 수업에 오신 걸 환영합니다! 이런 수업이 처음이라 조금 색다르게 느껴질 수 있지만 기꺼이 도전해주길 바랍니다. 저는 좋은 몸매를 만들기로 결심하고 체육관에 나가기 시작하면서 영감을 받았습니다. 규칙적으로 운동을 하면서 운동이 주의력과 에너지, 업무에 필요한 집중력 향상에 얼마나 많은 도움이 되는지 알게 되었거든요. 그렇게 이 수업에 대한 아이디어가 탄생했습니다. 저는 그 변화의 기저에 있는 신경과학에 매료되었고, 그래서 운동 수업과 운동이 뇌에 미치는 영향에 대한 강의를 결합하여 이 수업을 기획했습니다. 그렇게 여기까지 온 것이죠."

나는 학생들에게 운동이 뇌 기능에 미치는 영향에 대한 신경과학을 수동적으로 공부하는 대신 그 연구 과정에 적극적으로 참여하게 될 것이라고 말했다. 사실 학생들은 학기의 시작과 끝에 수행 능력을 평가받을 예정이었다. 통제 집단과 비교하여 운동이 정말 학생들의 뇌를 변화시키는지 확인하기 위해서였다. 또 운동이 뇌를 어떻게 변화시키는가, 변화가 일어나려면 얼마나 많은 운동이 필요한가, 운동 기간은 얼마나 필요한가, 그리고 가장 효과적인 운동은 무엇인가 등 다양한 질문을 던질 것이었다.

"좋아요, 운동할 준비는 됐나요?"

학생들이 낮게 웅성거리며 내 말에 동의했다. 기대했던 수준의 열정은 아니었다.

나는 컵처럼 말아 쥔 손을 귀에 갖다 대고 다시 물었다. "운동할 준비가 됐습니까?!"

학생들이 힘차게 그렇다고 대답했다. 그 대답과 함께 우리는 운동을 시작했다.

강의실에서 땀 흘리기

먼저 킥복싱, 댄스, 요가, 무술 동작을 "이제 나는 강하다!", "나는 성공할 거라고 믿는다!"와 같은 긍정적인 확언과 결합하는 수업 방식을 설명했다. 몇몇 학생들이 설명을 듣고 어이없다는 표정으로 키득거렸다. 나는 키득거리는 소리가 잦아들 때쯤 음악을 틀었다. 수업을 시작해야 했다.

입체 음향 스피커에서 음악이 쾅쾅거리며 흘러나와 강의실을 가득 채웠다. 나는 헌신commitment이라는 첫 번째 동작을 소개했다. 그리고 박자에 맞춰 허공을 향해 양팔을 번갈아 가며 쭉쭉 뻗는 모습을 학생들에게 보여주었다.

일단 동작을 이해시키고 나서 확언을 추가했다.

"예스! 예스! 예스! 예스!"

첫 동작은 무척 쉬웠다. 다음 동작인 강함strong은 다리를 벌린 채 가볍게 스쿼트를 하듯 무릎을 구부리고 좌우 주먹을 번갈아 뻗는 것이었다.

학생들은 "이제 나는 강하다!"를 빠르게 익혔고, 남은 수업 시간 내내 강의실에서 다음과 같은 외침이 울려 퍼졌다.

"나는 원한다, 나는 원한다, 나는 진짜 진짜 원한다!"

"나는 성공할 거라고 믿는다!"

"나는 탁월해질 준비가 되었다!"

"나는 기꺼이 탁월해질 것이다!"

"나는 탁월해질 수 있다!"

"나는 지금 탁월하다!"

동작을 하는 내내 웃음소리가 터져 나와 강의실에 흩뿌려졌다. 무척 즐겁고 재미있다는 의미의 웃음이었다. 평소 조용히 수업만 듣던 그 강의실에서 펄쩍펄쩍 뛰어다니며 땀을 흘리고 확언을 외친다는 사실이 믿기지 않았던 모양이다. 나조차 믿기 힘든 광경이었다.

일단 수업이 흐름을 타기 시작하자 간질거리던 초조함도 모두 사라졌다.

나는 헌신 동작을 함께하면서 학생들에게 물었다. "여러분은 무엇에 헌신하고 있습니까?" 그리고 "여러분의 삶에서 무엇에 예스라고 답하고 있나요?"

나는 강함 동작을 하면서 물었다. "살면서 언제 자신이 강하다고 느낍니까?" 나는 이따금 학생들이 강의실 안을 돌아다니거나 자리를 바꿀 수 있도록 특정 동작을 더 오래 반복하면서 변형 동작을 추가했다. 가장 중요한 것은 동작과 확언을 체계적으로 가르치면서 변형 동작을 추가하거나 질문을 통해 확언에 대해 생각하게 하여 지속적으로 흥미를 유발하는 것이었다. 일련의 동작과 확언을 함께하는 동안, 나는 강의실을 돌아다니며 학생들과 마주 보고 서서 동작을 반영해주거나 질문을 했다.

"베키, 탁월해질 준비가 됐나요?"

"에드, 지금 강하다고 느껴요?"

이것은 학생들의 참여를 유도하기에 아주 좋은 방법이었고, 그 덕분에 학생들의 이름도 빠르게 외울 수 있었다. 나는 대학에서 강의를 하는 사람으로서 학생들의 참여를 유도하고 적절한 질문을 하고 토론을 독려하는 일에 꽤 능숙하다고 생각했었다. 수업 첫날부터 이런 식의 상호작용이 기존의 수업 방식을 바꾸고 있다는 것을 알 수 있었다. 나는 아주 새로운 방식으로 학생들과 관계를 맺고 있었고, 그 모든 것을 배운 곳은 바로… 체육관이었다!

과학자처럼 생각하는 방법

기억 연구에 초두 효과primacy effect라는 것이 있다. 뇌가 연속적인 정보 중 첫 번째 정보를 가장 명확하고 강렬하게 기억한다는 뜻이다. 우리는 모두 이 현상을 경험한 적이 있다. 첫 데이트, 첫 키스, 첫 출근에 관한 기억이 즉각 떠오르는 현상에 대해 생각해보라.

나는 새로운 수업을 시작하면서 수많은 처음을 마주하고 있음을 깨달았다. 내게는 그 수업이 운동을 가르치는 첫 경험이었다. 학생들로 가득 찬 강의실에서 기억 및 해마 기능 외의 주제를 깊게 탐색한 첫 경험. 담당 교수라는 편안함을 벗어나 바깥 세계를 탐험하는 첫 경험. 그렇다, 그날은 완전히 새로운 날이었고 나는 새로운 경험에 푹 빠져들었다.

새로운 수업을 신청하려면 약간의 모험심이 필요했고, 우리 반 학생들은 그러한 조건에 부합했다. 첫날부터 두각을 드러낸 제이미는 수업에 늘 열성적으로 참여했다. 운동은 자폐증을 가진 제이미의 언니에게 굉장히 큰 도움이 되었고, 그 후로 어머니가 항상 치료의 일환으로 언니에게 운동 요법을 시킨다고 했다. 운동을 중요하게 여긴 가정환경 때문인지 제이미는 운동을 잘했을 뿐 아니라 학생들 중 가장 많은 시간을 운동에 투자했다. 또한 그녀는 자폐아들을 위한 야영 프로그램에서 봉사를 하며 운동이 자폐증에 미치는 긍정적인 효과를 직접 목격해 왔다. 제이미는 자신의 경험을 뒷받침하는 연구에 대해 더 많이 배우길 원했기 때문에 강한 목적 의식을 가지고 수업에 참여했다. 단순히 지시 사항을 잘 이행하여 좋은 성적을 얻기 위한 것이 아니었다. 그녀의 진지한 태도는 전체 분위기를 확립하는 데 도움을 주었다.

에밀리는 키득거리던 무리 중 하나였고, 학기 내내 전염성 강한 웃음을 주도했다. 나는 수업 첫날 너무 심하게 웃느라 안경에 김이 서려 앞을 보지 못하던 에밀리의 모습을 기억한다. 학기 말쯤, 에밀리가 메디컬 센터에 있는 한 동료의 실험실에서 일하며 비만이 아동과 청소년의 인지 기능에 미치는 영향을 연구하고 있다는 것을 알게 되었다. 앤토니오 콘빗 교수가 이끌던 그 연구는 2형 당뇨병을 앓는 비만 청소년이 일반 청소년에 비해 다양한 인지 과제를 제대로 수행하지 못한다는 가설의 근거 중 일부를 제공했고, 그 결과는 당뇨병을 동반한 비만이 건강뿐 아니라 뇌에도 악영향을 미친다는 것을 시사했다(2형

당뇨병을 앓는 청소년들의 수명은 평균보다 20년 짧을 것으로 예상된다).

수업의 이론 파트는 과제로 낸 자료를 살펴보는 30~45분 길이의 강의로 구성되었다. 우리는 신경발생과 운동의 효과를 본격적으로 다루기에 앞서 선구적인 초창기 연구를 살펴보았다. 수업의 마지막 파트는 내가 가장 좋아하는 토론이었다. 나는 학생들에게 과제용 자료를 읽는 것에 그치지 말고 현재 연구들을 바탕으로 새로운 실험을 제안해보라고 요구했다. 이것은 읽고 암기하던 수업을 과학자처럼 생각하고 흥미로운 과학적 질문들을 던지는 수업으로 바꾸었다. 한번은 쥐에게 쳇바퀴를 제공하여 운동량을 증가시킨 후 해마의 신경발생을 확인하는 일련의 연구들을 게재한 저널을 과제로 냈다. 그 기사는 신경발생과 다양한 기억 과제에 대한 쥐의 수행 능력 향상의 관계를 설명했다. 그 주의 수업 시간에 나는 학생들에게 저널에서 읽은 연구들과 관련된 독창적인 실험을 생각해보라고 주문했다. 학생들은 운동이 전전두엽피질과 같은 뇌 영역에 미치는 영향을 살펴볼 것을 제안하거나, 운동과 전전두엽 기능 향상의 기저를 이루는 뇌 변화가 무엇인지 이해하기 위한 과제와 실험을 설명할 수 있다. 아니면 뇌 기능 변화를 포함하는 분자 수준의 특정 경로를 조사하자고 제안할 수도 있다. 운동이 뇌 기능에 미치는 영향에 대한 연구의 멋진 점은 신경과학 분야에서 비교적 최신 주제이며, 관련 연구들의 기반도 탄탄한 편이라는 점이다. 이 장의 후반에 이야기하겠지만, 아직 해결하지 못한 몇 가지 핵심 질문이 남아 있다. 내 목표는 일단 학생들에게 그 핵심 질문을 찾게 한 후, 그것을 해결할 새로운 실험을 상상하고 발전시키게 하는 것이었다.

이 과제는 학생들에게 일반적으로 요구되었던 것과 다른 방식의 사고와 분석을 요구했다. 나는 학생들이 연구 결과를 통해 배운 내용들을 이용하여 흥미로운 질문을 만들어내기를 바랐다. 어느 날 수업 시간에 새로운 가설을 발표하던 베키가 불쑥 이렇게 말했다. "저도 형편없다는 거 아니까, 괜히 좋다는 말 하지 마세요." 나는 실험과 관련하여 좋은 질문을 하는 법을 배우는 것은 하나의 과정이며 용기, 특히 실패할 용기가 필요한 일이라고 웃으며 말해주었다. 그리고 헛다리를 짚었다는 사실을 아는 것은 좋은 질문을 만드는 방법을 배워가는 소중한 첫걸음이라고 단언했다.

베키는 느리지만 꾸준히 발전했고, 학기 말에는 운동과 신경발생 사이의 특정 분자를 확인하기 위한 아름다운 실험을 설계하는 데 성공했다. 그녀는 자신의 결과물에 무척 놀랐고, 내 격려와 자상한 비평이 큰 도움을 주었다고 말했다. 나는 이러한 성공을 지켜보는 것이 좋았다. 누구든 과학자처럼 생각하는 방법을 배울 수 있다는 내 믿음을 증명하는 순간이었다.

운동을 강의에 접목했을 때 정말 무슨 일이 일어났을까?

처음에는 학생들이 운동이 뇌에 미치는 영향에 대한 모든 것을 배우는 동시에 운동의 황홀감을 느끼길 바랐다. 또 나는 운동이 학생들의 기운을 북돋아주어 이론 파트에 영향을 줄 것이라는 가설을 세웠지만, 학생들과 내게 실제로 일어날 변화를 전부 예측하는 것은 불가능했다.

나는 몇 가지 이유에서 인텐사티를 선택했다. 앞서 설명했듯 인텐사티가 동기부여와 운동량 증가에 굉장히 효과적이라는 것을 알고 있었고, 학기 내내 학생들이 의욕적으로 참여할 수 있을 만큼 매력적인 운동을 원했기 때문이다. 그러나 인텐사티를 선택할 수 없는 이유도 몇 가지 있었다. 인텐사티는 유산소 운동의 요소뿐 아니라 강력한 동기부여의 요소도 가지고 있었다. 나는 인텐사티의 동기부여 요소와 확언이 운동 자체를 넘어 기분을 고양시킬 가능성을 강하게 추측했지만, 학생들의 의욕적인 참여가 가장 중요하다고 판단하여 인텐사티를 선택했다. 그러나 결과와 상관없이 우리가 직접 목격한 효과의 원인이 운동인지 확언인지, 아니면 의식적인 운동의 특정 조합인지는 다시 살펴봐야 했다. 실제로 이러한 유형의 운동은 차원이 다른 수준의 에너지와 흥분감을 불러일으켰고, 나를 비롯해 모두가 그것을 느꼈다. 운동의 긍정적인 에너지는 이론과 토론 수업에도 쉽게 스며들었다. 가장 뚜렷한 변화는 학생들이 운동을 마치고 이론 수업을 시작할 때 더 생생했고 완벽하게 깨어 있었다는 것이다. 우리는 운동 수업의 막바지까지 땀을 흘리며 몸을 움직였고, 그것은 학생들을 학습하기에 매우 적합한 상태로 만들었다. 학생들은 편안함과 각성, 집중과 조화 사이에서 수업의 주제를 매우 적절하고 흥미롭게 느끼는 것 같았다.

게다가 나는 인텐사티 수업을 매번 3분 명상으로 끝냈다. 학생들은 이론 수업을 시작하기 전에 명상을 통해 마음을 가다듬었다.

짧은 명상을 추가한 의식적인 유산소 운동은 이어지는 이론 수업에 에너지와 집중력을 불어넣는 것처럼 보였다. 실제로 한 학생은 이 수업이 스타벅스 커피 없이는 불가능한 여느 아침 수업들과 완전히 다르다고 말했다. 수업 내용을 기억하기가 쉬워 필기할 필요도 없다고 말했다. 또 다른 학생은 다른 수업보다 더 쉽게 집중할 수 있다고 말했다.

나는 이러한 에너지 증가의 일부가 수업 전에 담당 교수와 함께 운동을 해야 하는 흔치 않은 상황에서 비롯된 것이라고 믿는다. 수업의 참신함과 더불어 나는 학생들에게 부르면 반응하는 상호적인 자세를 요청했다. 이 모든 요소는 학생들에게 어느 수업보다 높은 수준의 에너지를 불어넣었다. 나는 긍정적인 확언이 이러한 변화를 이끌어내는 데 한몫을 했다고 믿는다. 제4장에서 언급했듯 긍정적인 자기 확언은 특정 상황에서 스트레스를 완화하고 기분을 고양시키며, 유산소 운동은 기분 조절에 긍정적인 영향을 미치는 도파민, 세로토닌, 엔도르핀, 테스토스테론, BDNF 등 매우 다양한 뇌 호르몬과 신경전달물질의 분비량을 증가시키는 것으로 밝혀졌다. 이 연구 결과처럼 학생들의 기분도 천장을 뚫을 듯 솟구쳐올랐다.

물론 운동의 혜택을 받은 것은 학생들뿐만이 아니었다. 나 역시 마찬가지였다. 가장 먼저 알아차린 것은 에너지 수준의 증가였다. 기존의 전통적인 방식으로 수업을 하고 나면 늘 기진맥진했기 때문에 한 시간 내내 운동을 가르치고 곧장 이론 강의를 할 수 있을지 걱정했었다. 그러나 운동에 강의와 토론까지 하고도 기존 방식의 강의를 했을 때보다 에너지가 넘쳤다. 운동과 확언, 그리고 학생들을 가르칠 때 취하는 강력한 자세로 인해 테스토스테론이 증가하면서 기분도 좋아졌다.

가장 놀라운 변화는 수업에서 학생들과 관계를 맺는 방법이 완전히 달라졌다는 점이었다. 확언을 외치며 재미있게 상호작용하는 운동이 강의 및 토론 수업까지 물들인 덕분에 나는 수업 내내 훨씬 더 여유롭게 학생들과 상호작용할 수 있었다. 또한 나는 이 수업에서 학생들과 내 개인적인 이야기를 공유했고, 확언이 어떤 식으로 내 삶에 영향을 주었는지를 열린 태도로 편안하게 이야기할 수 있었다. 그것은 과학에 관한 이야기가 아니라, 끈기를 내 삶에 어떻게 사용했는지 또는 내가 강했을 때가 언제였는지와 같은 개인적인 경험담이었다. 인텐사티 강사 트레이닝에서 배운 내용이었지만 그러한 개인적인 접촉이 학생들과의 상호작용을 얼마나 변화시킬지는 알지 못했다. 그것은 다이아몬드 교수가 수업에서 자신의 삶과 가족에 관한 이야기를 학생들과 공유했던 것을 상기시켰다. 나는 그녀의 이야기를 늘 기억하고 있었지만, 학생들과 그런 멋진 관계를 맺는 것이 얼마나 중요한지를 이해하기까지는 수년이 걸렸다.

⇨ 내 수업의 비밀 무기

학생들이 뭔가를 잘 기억하도록 하는 가장 강력한 수단 중 하나는 참신함 또는 놀라움을 자아내는 요소다. 참신하거나 놀라운 것은 주의를 집중하게 하고 감정적 체계와 맞물려 돌아가기 때문에 기억하기 쉽다. 신경과학자들이 즐겨 쓰는 말로 표현하면 "착 달라붙는다sticky."

설명하자면 이렇다.

나는 '뇌와 행동'이라는 필수 과정을 다른 전공 학생들에게 가르쳤던 적이 있다. 당시 기억에 관한 강의를 앞두고 해당 강의를 아주 인상 깊게 소개할 방법을 고민했다.

그리고 강의하는 날, 나는 평소처럼 기억의 기본 개념을 설명하며 수업을 시작했다. 그때 갑자기 주황색 정장에 실험실 가운을 걸친 닥터 플럭스가 강의실 문을 벌컥 열고 들어와 나를 비롯한 모두를 놀라게 했다. 조교가 때맞춰 음악을 틀었고, 닥터 플럭스는 강의실 앞에서 외설스러운 춤을 추었다. 학생들은 서로를 쳐다보다 내게 시선을 돌리며 무슨 일이 벌어질지 궁금해했다. 닥터 플럭스가 가운을 벗어던지고 남은 옷도 찢어버리자 그 안에 입고 있던 황금빛 스판덱스 반바지가 드러났다.

닥터 플럭스는 내 옆에서 음악에 맞춰 파도처럼 넘실대다가 상체를 뒤로 젖히며 백 벤드 자세를 취하기도 했다. 그러다 갑자기 밝은 주황색 정장을 다시 주워 입고 극적인 모습으로 강의실을 떠났다.

그때 학생들의 표정은 정말 혼자 보기 아까운 모습이었다. 나는 망설임 없이 학생들을 향해 돌아서서 물었다. "무엇이 기억을 쉽게 만들까요?"

평소 손을 들지 않았던 한 청년이 손을 들었다. 내가 지목하자 그는 자신 있게 말했다. "황금색 쫄쫄이 반바지입니다!"

나는 기억에 관한 수업을 시작하는 데 동원된 실험에 대해 설명했다. 그것은 참신하고(황금색 쫄쫄이 반바지), 놀랍고(황금색 쫄쫄이 반바지), 감정적이고(강의실에서 탈의하여 황금색 쫄쫄이 반바지를 드러냄) 주목을 끌었기 때문에(황금색 쫄쫄이 반바지) 그 자체만으로 기억에 남을 사건이었다. 학생들은 이 첫 수업을 아주 오랫동안 기억할 것이다.

운동이 뇌를 바꿀 수 있을까?

운동을 접목한 강의의 가장 훌륭한 점은 이 수업이 기존의 수업들과 얼마나 다른지를 보여주는 단순한 일화들뿐 아니라 실질적인 실험 증거도 남겼다는 것이다. 우리가 이 수업에서 이런 질문을 했던 것을 기억할 것이다. 한 학기 동안(15주) 주 1회 유산소 운동을 하면, 운동을 하지 않는 다른 신경과학 수업의 학생들보다 기억 부호화 능력이 좋아질까? 연구가 끝났을 때 운동 집단과 통제 집단의 수가 상대적으로 적은 데다 운동 횟수도 적어서 결과를 도출하기에 불리한 상황이었다.

우리는 두 집단의 수행 능력에 차이가 있는지 확인하기 위해 기억 부호화 과제의 결과를 살펴보았다. 한 가지 측정값이 운동 집단에서 확연히 높게 나타났고, 우리는 모두 열광했다. 기억 부호화 과제에서 운동 집단의 정답에 대한 반응 속도가 통제 집단보다 훨씬 빨랐다. 처리 속도는 운동에 의해 향상되는 것으로 보고되던 인지 능력 중 하나였고, 이 연구에서 그것을 직접 확인한 것이다.

이전의 연구들에 따르면, 쥐들은 운동 후에 기억 부호화 과제와 유사한 과제를 훨씬 더 잘 수행했다. 수행 능력의 전반적인 향상을 확인하지는 못했지만, 실험 집단에 속한 쥐들의 운동량이 통제 집단보다 훨씬 더 많았던 것이 분명하다. 하루에 10킬로미터를 뛰기도 했다. 마찬가지로 우리는 학생들에게서 전반적인 기억력 향상을 확인하지는 못했지만, 과제에 대한 반응 시간으로 수행 능력 향상의 첫 번째 조짐을 발견했다. 이것은 매우 중요했다. 주 1회 고강도 운동을 하는 것만으로 기억 부호화 과제에 대한 건강한 청년들의 일부 수행 능력에 상당한 효과가 있음을 나타내기 때문이다.

이 발견은 아주 흥미로운 의문점을 시사함으로써 이전의 발견들과는 전혀 다른 방식으로 내 호기심에 불을 지폈다. 만약 많은 양의 운동을 주 1회 실시한 건강한 청년들에게서 믿을 만한 효과가 나타나기 시작한다면, 운동 횟수를 주 3~4회로 늘리면 어떻게 될까? 우리는 이 질문에 대해 깊은 관심을 가지고 연구 중이다.

첫 번째 연구의 남은 의문점은 우리가 확인한 효과들의 원인이 유산소 운동과 긍정적인 확언(의식적인 요소) 중 하나인지, 아니면 두 가지의 조합인지였다. 앞서 언급했듯 상호작용이라는 측면에서 수업에 동기를 부여하는 엄청난 변화가 있었고, 학생들은 수업 시간에 외쳤던 확언이 한 주 내내 어떤 식으로 머릿속에 남아 있었는지를 이야기했다. 우리는 곧바로 이어진 후속 연구에서 인텐사티와 관련된 기분의 요소로 초점을 옮겼고, 외상성 뇌 손상traumatic brain injury, TBI을 앓는 환자 집단에 주목했다.

운동과 외상성 뇌 손상 환자들의 기분에 대하여

운동 수업에 관한 강연을 한 후, 나는 뉴욕 대학교 랑곤 메디컬 센터의 러스크 재활의학연구소에서 활동 중이던 테리사 애시맨 박사와 공동 연구를 계획했다. 애시맨은 TBI 환자들의 재활을 돕는 전문의였다. TBI 환자들은 운동 개입을 시도하기에 여러 측면에서 매우 이상적인 집단처럼 보였다. 일단 TBI 환자들은 주의력, 의욕, 기억력 저하와 같은 다양한 인지장애 증상을 겪고 있었다. 우울감과 피로감도

TBI 환자들에게 공통적으로 나타나는 문제였다. 우리는 장기적인 운동이 환자들의 우울 증상을 개선 또는 완화할 뿐 아니라 인지장애를 개선할 것이라고 추측했다. 그래서 간단한 실험을 설계하여 8주간 주 2회 그룹 운동 형식으로 운동 개입을 했고, 실험 전후의 테스트 결과를 분석했다. 통제 집단은 동일한 기간 동안 운동을 하지 않았다.

첫 실험에 앞서 참가자들을 만나 연구의 목적을 설명하고 최선을 다해 기운을 북돋아주었다. 참가자들의 연령은 20대에서 60대였다(TBI는 전 연령대에서 발병한다). 그날 만난 환자들이 운 좋게도 긍정적이고 희망적이어서 나는 훌륭하고 적극적인 피험자들을 만났다고 확신했다.

나는 운동 강사에게 시범 삼아 짧고 쉬운 3분 운동을 지도해달라고 부탁했다. 참가자들은 소개를 듣다 말고 일어나 운동을 해야 하는 상황에 조금 당황하는 듯 보였지만, 이내 모두가 즐겁게 참여했다. 시범을 끝내고 돌아서니 한 젊은 여성이 내게 다가오는 것이 보였다. 수척한 얼굴이 벌겋게 상기되어 있었고 금방이라도 울음을 터뜨릴 것 같았다. 그녀의 이름은 앤젤리나였다. 나는 무슨 일이냐고 물었다. "제게는 고문 같았어요!" 그녀가 툭 내뱉었다. "음악은 너무 크고 빨랐고 강한 불빛 때문에 눈이 너무 아팠다고요!"

앤젤리나는 연구에 진심으로 참여하고 싶었지만 시범 운동 때문에 크게 좌절했고, 나는 그녀가 돌아오지 않을까 봐 걱정했다. 애시맨과 나는 다음에는 더 느린 곡을 선곡하고 조명도 낮추겠다고 약속했고, 힘들면 앉아서 해도 괜찮다고 그녀를 안심시켰다. 그리고 운동 강사를 소개하며 그녀가 잘 보살펴줄 것이라고 약속했다. 그제야 앤젤리나는 마음을 가라앉혔다.

실험 참가자들이 운동 수업을 받는 8주 동안 나는 주기적으로 참석률을 확인했고, 강사가 효율적으로 수업을 운영하는 데 필요한 지원을 받고 있는지도 확인했다. 8주 후, 참가자들은 달라진 모습을 보여주겠다며 감동스럽게도 마지막 수업에 나를 초대했다.

강의실에 도착하자마자 넘치는 에너지가 느껴졌다. 참가자들은 무척 신나 보였고, 8주가 믿을 수 없을 만큼 빨리 지나갔다고 입을 모았다. 수업이 시작되자 나는 음악의 템포가 뉴욕의 어느 체육관 못지않게 빠르다는 것을 금세 알아차렸다. 게다가 모두가 그 속도에 맞춰 움직이고 있었다. 나는 참가자들이 음악에 맞춰 완벽한 타이밍에 점프를 하고 주먹을 뻗는 모습을 지켜보았다. 그들은 자신들이 무엇을 하고 있는지 분명히 알고 있었다.

나는 맨 앞줄에서 과거의 나를 보았다. 그녀는 앤젤리나였다. 나는 뒤늦게야 전문 운동선수처럼 동작을 하며 환하게 웃고 있는 그녀를 알아보았다. 믿기지 않아 두 번이나 더 확인했지만, 역시 그녀였다! 나는 수업이 끝날 때까지 눈앞에 펼쳐지는 광경을 바라보며 끊임없이 감탄했다.

운동과 명상이 끝난 후 모두 둥글게 모여 앉았다.

"여러분이 얼마나 대단한지 알고 있나요?"

모두가 활짝 웃었다.

"8주 전의 모습과 너무 다른 거 아니에요? 도대체 어떻게 된 거죠?"

그러자 참가자들이 서로를 가리키며 웅성거리기 시작했다. 한 젊고 아름다운 여성은 이 수업을 통해 웃는 법을 다시 배웠다며, 자신의 모습을 보여주기 위해 치료사를 초대했다고 말했다. 또 다른 여성은 매주 다른 사람들의 나아진 모습을 보며 큰 힘을 얻었다고 말했다. 앤젤리나도 느리지만 꾸준했던 자신의 놀라운 변화에 대해 설명했다. 운동을 시작한 첫 주에는 다리에 감각이 느껴지지 않았지만 두 번째 주부터는 괜찮았다고 말했다. 또 처음에는 팔 동작과 다리 동작을 동시에 할 수 없어서 제각각이었다. 그러나 얼마 지나지 않아 두 동작이 합쳐졌고, 규칙적으로 운동을 하다 보니 어느 순간 모든 동작이 가능해졌다. 이렇게 말하며 그녀가 지었던 기쁨과 성취감 어린 표정은 말로 다 표현하기 어렵다.

운동 집단에서 진정한 변화가 일어났고, 그것은 내가 목격했던 가장 아름다운 일 중에 하나였다. 게다가 그 연구는 아직 완전히 끝나지도 않은 상태였다. 참가자들은 실험을 시작하기 전에 인지 능력과 기분에 관한 테스트를 받았다. 우리는 실제 변화와 관련된 측면들에 주목했고, 기분과 삶의 질을 매우 다양하게 평가할 수 있는 양식을 제공했다. 이제 동일한 테스트를 다시 시행하고 운동을 하지 않은 통제 집단과 비교하여 변화가 나타났는지 여부를 확인하면 되었다. 그 결과는 내가 마지막 운동 수업에서 목격한 것들을 정확히 반영했다. 운동을 하지 않은 TBI 환자보다 운동을 한 TBI 환자들의 기분과 삶의 질에 대한 평가 점수가 현저히 높았다. 다양한 설문조사를 통해 얻은 결과에 따르면, 운동을 한 TBI 집단의 우울감과 피로감 점수는 낮아졌고 삶의 질 점수는 높아졌다. 나는 운동 수업에서 그들을 지켜보며 그 모든 변화를 어렴풋이 확인했다. 기억력이나 주의력 점수는 변하지 않은 것으로 밝혀졌다. 운동 집단이 유산소 운동 능력을 높은 수준까지 끌어올리기는 했지만, 거기까지 도달하는 데 몇 주가 걸렸기 때문일 수 있다. 다시 말해 기분 상태는 확실히 개선된 것으로 나타났지만, 인지 기능의 향상을 확인하기에는 운동 강도가 충분히 높지 않았을 수 있다.

　TBI 연구를 마친 후 나는 애시맨, 그리고 우리 연구팀과 함께 운동이 환자 집단에 미치는 영향에 대한 첫 논문을 발표했다. 얼마나 설레는 일인가! 8주간 진행된 주 2회 운동으로 TBI 환자들의 기분과 삶의 질 점수가 현저히 높아졌고 피로 점수는 낮아졌다. 실험 규모를 고려하면 매우 흥미로운 결과였다. 그러나 우리는 자문해야 했다. 이 효과의 근본적인 원인은 무엇일까? 운동 때문이었을까? 재미와 집단의 상호적인 환경 때문이었을까? 이 연구만으로는 이러한 의문점들을 해결할 수 없지만, 더 많은 후속 연구를 통해 중요한 결과들을 얻을 수 있다. 우리 연구가 중요한 것은 의식적인 운동이 TBI 환자들의 기분과 피로감에 긍정적인 영향을 미칠 수 있음을 시사했다는 데 있다.

해결되지 않은 운동에 관한 물음들

내가 뇌 기능에 대한 운동 효과를 연구하는 신경과학자라고 말하면 사람들은 보통 두 가지 반응을 보인다. 하나는 "정말 멋지네요. 연구 결과에 대해 전부 알려주세요!" 다른 하나는 "운동이 뇌 기능을 향상시킨다는 건 우리도 당연히 알죠! 너무 옛날 얘기 아닌가요?"

나는 이 두 가지 반응이 신경과학이라는 흥미로운 분야에 대한 당시 대중 언론의 영향을 반영한다고 생각한다. 운동이 뇌 기능에 미치는 긍정적인 영향에 대해 거의 매일 보도하는 기사들이 있다. 이러한 기사들은 일반 대중에게 최신 연구 결과를 꾸준히 알려준다는 면에서 훌륭하지만, 한 가지 연구 결과에만 주목하여 너무 단정적인 결론을 내리는 경향이 있고, 실제로 밝혀낸 것보다 훨씬 더 많은 것들이 알려져 있다는 잘못된 인상을 심어준다.

그러나 현실은 완전히 다르다. 동물과 인간의 뇌 기능에 대한 운동의 효과를 중점적으로 연구하는 신경과학자들이 점점 늘어나고 있는 것은 사실이지만, 매우 중요하고 흥미로운 의문점들이 여전히 많이 남아 있다. 예를 들어, 지금까지 동물 연구들은 운동이 해마에 어떤 영향을 끼치는지, 운동에 의해 변하는 신경전달물질과 성장인자들이 무엇인지 확인하는 일에 주력해왔다. 따라서 이와 관련된 연구 자료는 풍부하지만, 정말 재미있는 연구는 해마 이외의 영역에서 나타나는 운동 효과를 조사하는 것이다. 예를 들어, 인간 연구에서 가장 일반적인 발견은 전전두엽 기능이 운동에 미치는 영향이다. 그러나 운동이 설치류의 전전두엽피질에 미치는 영향에 대해서는 알려진 바가 거의 없다. 이와 비슷하게 운동이 파킨슨병 완화에 미치는 긍정적인 효과에 대한 흥미로운 연구가 있다. 이러한 발견들은 운동이 파킨슨병에 의해 손상된 선조체에 강력한 영향을 미친다는 것을 시사한다. 운동이 정상적인 동물의 선조체에 어떤 영향을 미치는지를 조사한 연구는 거의 없다. 동물 연구에서 다뤄질 수 있는 아주 중요한 미해결 주제 중 하나는 운동이 뇌 변화를 촉발하는 과정의 정확한 경로와 분자, 메커니즘을 이해하는 것이다. 다시 말해 우리는 쥐를 운동시키면 BDNF, 엔도르핀, 도파민, 아세틸콜린의 분비량 및 신경발생의 변화를 확인할 수 있다는 것은 알고 있지만, 운동이 이 모든 변화를 유발하는 정확한 과정은 알지 못한다. 지금까지 관찰된 다양한 뇌 변화에는 무수히 많은 원인이 있을 수 있다. 뇌를 자극하는 요인은 심장박동수나 호흡 수의 증가, 혈류와 근육 활동의 변화 혹은 체온일 수도 있다. 이것은 매우 복잡한 문제이며, 이처럼 기초적인 의문점들이 해결되지 않는 채 많이 남아 있다. 최근의 한 연구는 근육에서 분비된 어떤 인자가 뇌로 전달되면 BDNF의 분비를 촉진할 수 있다고 주장한다. 이것은 매우 흥미로운 결과이며, 반복적인 실험을 통해 확인되어야 한다.

아직 해결되지 않은 의문점들이 산처럼 쌓여 있다. 그중 많은 의문이 동물 연구를 통해 제기되었고, 인간을 대상으로 하는 무작위 대조 연구를 통해 확인되기를 기다리고 있다. 여기에 운동이 인간에게 미치는 영향에 대한 아주 매혹적인 주요 미해결 문제 몇 가지를 소개한다.

- **기억력이나 주의력을 향상시키려면 얼마나 많은(혹은 적은) 운동이 필요할까?**

  답: 우리는 30~60분의 짧은 운동으로도 주의력을 향상시킬 수 있다는 것을 알고 있지만, 그 효과가 얼마나 지속되는지는 알지 못한다. 8~12주 동안 운동량을 늘리면 주의력 그리고 경우에 따라 기억력이 향상되는 것을 확인할 수 있다.

- **운동 후 인간의 뇌 기능 개선 효과는 얼마나 지속될까?**

  답: 격렬하거나 장기적인 운동의 경우는 아직 모른다.

- **최소한의 운동은 뇌의 어떤 기능을 향상시킬까?**

답: 모른다.

· **어떤 운동이 가장 효과적인가?**

답: 유산소 운동이 스트레칭이나 저항 운동보다 더 효과적이라는 연구 결과가 있지만, 인지 기능 향상에 어떤 유형의 유산소 운동 혹은 어느 정도의 심장박출량이 최적인지는 아직 모른다.

· **요가가 뇌 기능 개선에 도움을 주는가?**

답: 명상적인 요소와 뇌 기능에 초점을 맞춘 연구는 몇 가지 있다. 그러나 확실한 결론을 내릴 만한 연구는 거의 없다.

· **알약으로 운동의 효과를 얻을 수 있을까?**

답: 얻을 수 없다. 마법의 알약을 만들기 위한 시도는 많았지만, 운동이 뇌 기능에 미치는 광범위한 효과를 재현할 수 있는 알약은 없다.

· **운동하기 가장 좋은 시간대는 언제인가?**

답: 첫째, 규칙적으로 운동할 수 있다면 어느 시간대나 좋다! 과학의 배심원들은 운동하기 가장 좋은 시간대를 확정하지 못하고 있다. 나는 개인적으로 아침 일찍 운동하는 것을 좋아한다. 긍정적인 호르몬, 신경전달물질, 성장인자, 엔도르핀의 분비가 촉진되어 남

은 일과를 잘 준비할 수 있다. 이것이 사실일지라도 하루 중 어느 시간대가 인지적인 수행에 더 유익한지는 아직 확인되지 않았다. 또 뇌에서 분비되는 화학물질과 뇌 기능의 장기적인 변화는 규칙적인 운동의 시간대와 무관하게 나타날 수 있다.

운동에 의한 뇌 변화를 극명하게 보여주는 설치류 연구의 흥미로운 결과들은 모두 운동을 가장 재미있고 잠재적인 치료법으로 만든다. 게다가 누구나 무료로 할 수 있다. 운동은 건강한 뇌, 젊은 뇌, 늙은 뇌, 병든 뇌의 기능을 향상시킬 잠재력을 가지고 있다. 또 다양한 연령대의 학습 능력을 향상시킬 수 있다. 그뿐 아니라 다양한 인지 기능을 향상시킴으로써 당신을 행복하게 만든다. 이것이 내가 신경과학 분야에 기꺼이 헌신하고자 하는 이유다.

삶이 반영된 수업

'운동이 뇌를 바꿀 수 있을까?' 수업은 내가 삶에서 마주하고 있었던 새로운 도전들을 상징했다. 나는 종신 교수가 되고 나서도 기억에 관한 신경생물학에 초점을 맞춘 기존의 진로를 고수하는 것에 만족하지 않고, 과거의 연구 경험과 상관없이 과학적 흥미를 일으킬 만한 분야를 탐색했다. 나는 식단 조절과 운동을 통해 삶에 변화를 주며 승승장구하기 시작했다. 그러자 내가 몸에 대해 느끼는 방식과 행동 방식에도 변화가 나타났다. 그 변화들은 나 자신에 대한 시각도 바꿔놓았다. 이제 나는 힘 있고 강인한 사람이었고, 삶에서 모색한 어떠한 변화도 이끌어낼 수 있었다. 또한 운동 수업에 나갈 때마다 영감이 될 만한 아주 작은 힌트를 얻고 있었다. 매번 수업을 들을 때마다 뇌에서 분비되는 유익한 화학물질에 휩싸였을 뿐 아니라 원하는 만큼 강하게 나 자신을 밀어붙일 수 있었고, 그러한 힘과 인내를 긍정적으로 느꼈다. 이것은 킥복싱, 스피닝 등 다른 운동 수업으로 전이되었다. 수업을 받는 동안 감정적인 경험에 대한 자각과 조율이 인텐사티를 할 때만큼 상승했다. 강한 동기부여의 형태로 나타나는 정신적·감정적 에너지로 인해 나는 산이라도 옮길 수 있을 것 같았다.

이러한 영감은 내가 개발한 수업들뿐 아니라 삶의 다른 부분에도 영향을 주기 시작했다. 예를 들어, 나는 운동을 접목한 수업을 일종의 과학적인 취미로 개발하기 시작했지만, 첫 학기에 그 주제가 단순한 취미 이상이라는 것을 분명히 깨달았다. 어느 날, 내 수업을 듣던 오마르라는 학생이 찾아왔다. 그는 뉴욕 대학교 남자 농구팀의 고정 포인트 가드로서 긴 고강도 운동에 익숙했고, 체육관에서 훈련을 하며 많은 시간을 보냈기 때문에 운동이 뇌에 미치는 영향에 매우 깊은 관심을 가지고 있었다. 오마르는 나에게 실험을 지도해줄 수 있는지 물었다. 우리가 수업의 일부로 진행하던 연구는 장기적인 운동의 영향에 초점을 맞추고 있었지만, 오마르는 한 시간의 유산소 운동만으로도 인지 기능에 뚜렷한 개선이 나타나는지 궁금해했다. 아주 훌륭한 주제였기 때문에 실험실 사용을 기꺼이 허락해주었다. 오마르의 부탁으로 깨달음을 얻은 나는 이 의문점을 진지한 방식으로 연구하기로 했다. 과학적 취미였던 운동을 실험실의 주요 연구 과제로 선언한 순간이었다. 나는 비록 그 분야의 전문가는 아니었지만, 전문가가 되고자 하는 강렬한 열망을 가지고 있었다.

새롭게 발견한 탐험가 기질은 데이트에도 영향을 주었다. 어느 날 데이트 사이트를 구경하다 우연히 발견한 프로필이 내 시선을 단숨에 사로잡았다. 대니얼은 전문 음악가로 미혼이며 뉴욕에 살았고, 수준 높은 오케스트라와 협연을 했다. 프랑수아 이후로 음악가는 처음이었다. 나는 음악가들에게 유난히 약했다. 더 자세히 살펴볼 만한 가치가 있는 사람일지도 몰랐다.

일주일 동안 좋아하는 일과 음식에 대해 묻고 답한 후, 그가 종종 공연을 한다는 카네기 홀 근처에서 점심을 먹기로 했다. 우리는 처음 만난 날부터 죽이 잘 맞았다. 그는 조용한 편이었지만 매우 똑똑하고 매력적이었으며 무엇보다 맛있는 음식을 사랑했다. 왠지 잘될 것 같았다.

대니얼과 만난 8개월 동안 나는 환상적인 음악을 듣고 멋진 레스토랑에서 식사를 하고 뉴욕 클래식 음악 업계에 대해 많은 것을 알게 되었다. 그는 까탈스러운 지휘자와 일하면서 겪는 갖가지 어려움이나 그

지휘자가 리허설 중간에 곡을 완전히 놓쳐버린 일에 대해 구구절절 이야기했다. 나는 그런 시간이 좋았다. 그러나 어떤 날에는 이튿날 공연을 위한 리허설 때문에 나 혼자 귀가하기도 했다. 처음에는 나도 바빠서 빡빡한 리허설 일정이 전혀 거슬리지 않았지만, 어느 순간 그가 일에 얼마나 몰두하고 있는지 깨달았다.

결국 대니얼이 먼저 이별을 이야기했다. 그는 음악에 완전히 빠져 있었기 때문에 나와 충분한 시간을 보낼 수 없었고, 그래서 우리는 헤어졌다. 이별은 언제나 슬프지만 대니얼과의 이별은 뭔가 달랐다. 나는 그와 데이트를 마음껏 즐겼다. 그를 알게 되고 음악가의 바쁜 삶을 살짝 엿보았다는 것만으로 기뻤다. 나는 더 대담하고 편안하고 자신감 있는 모습으로 존재할 수 있었다. 이 경험은 내 연애관을 확실히 바꿔놓았고, 나는 잠시 물러서 상황을 있는 그대로 인정한 후에 다시 앞으로 나아갈 수 있었다.

그러나 역설적이게도 나는 비슷한 사람끼리 끌린다는 말을 굳게 믿었다. 나는 지적이고 세심하고 매력적인 워커홀릭을 끌어당겼고, 상대는 일에 너무 빠져 있느라 친밀한 연인 관계에 적응하지 못했다. 나는 자문해야 했다. 그게 내 모습인 걸까? 클린트 이스트우드 영화에 나오는 유령도시처럼 황폐한 사회생활을 하던 때에 비하면 장족의 발전이었다. 정말 그랬다. 친구도 많이 사귀었고 사회 활동도 더 활발히 하고 있었다. 그러나 내게는 여전히 일이 우선이었다. 일 외의 것들을 위해 더 많은 시간을 내고 있음에도 불구하고. 어쩌면 여전히 직업적인 성공이라는 잣대로 나 자신을 판단하고 있었는지 모른다. 지금껏 먼 길을 걸어왔지만 아직도 가야 할 길이 많이 남아 있었다. 정신없는 워커홀릭이 아니라 자신을 사랑하며 일과 삶의 균형을 잘 맞추는 사람들을 내 삶으로 끌어당길 수 있을 때, 비로소 그 여정은 끝이 날 것이다. 여전히 진행 중이지만, 점점 나아지고 있다.

기억할 사항: 운동은 어떻게 당신을 더 똑똑하게 만들까?

- 유산소 운동은 강의실을 변화시킬 수 있다.
- 한 학기 동안 매주 한 번씩 의식적인 운동을 하면 건강한 대학생들의 두뇌 반응 시간을 향상시킬 수 있다.
- 8주 동안 매주 2회씩 인텐사티를 진행하자 외상성 뇌 손상 환자들의 기분 및 삶의 질에 관한 네 가지 항목의 점수가 높아졌다.

브레인 핵스: 운동량을 어떻게 늘릴 수 있을까? PART II

친구나 가족과 함께하면 4분 운동이 더욱 쉬워진다.

- 사랑하는 사람과 4분 동안 베개 싸움을 하라.

- 매주 가장 좋아하는 TV 프로그램의 광고 시간에 팔 벌려 뛰기를 하고, 가족들도 함께 하도록 유도하라.
- 누군가에게 팔씨름을 제안하라.
- 사무실, 침실, 거실, 주방에서 가장 좋아하는 음악에 맞춰 춤을 춰라. 기분과 에너지 수준이 확실히 상승할 것이다.
- 직장에 있을 때는 계단을 통해 다른 층의 화장실에 가라.
- 줄넘기를 가지고 다니며 짬이 날 때마다 시간과 장소를 불문하고 뛰어라.
- 집에서 개나 고양이와 놀면서 몸을 움직여라.

뇌과학자의 뇌도
스트레스를 받는다!

스트레스를 최소화하는 과학적 습관

Healthy
Brain
Happy
Life

학창 시절, 아무런 예고도 없이 선생님으로부터 시험지를 받아본 적이 있을 것이다. 무시무시한 시험지가 뒤로 넘어오기를 기다리는 동안, 심장이 쿵쾅거리고 손바닥에 땀이 나기 시작했던 것이 기억나는가? 우리의 스트레스 체계는 이런 식으로 작동한다. 아드레날린에 의한 약간의 충격이 시험 문제를 평소보다 더 잘 기억하게 도와준다. 짧은 스트레스 폭발이 신경계를 깨우는 것이다.

다시 말해 스트레스가 나쁜 것만은 아니다. 연구에 따르면 적당 수준의 스트레스는 면역계와 심혈관계를 강화하고 상처를 빠르게 회복시켜 건강에 유익할 수 있다. 또 스트레스 체계는 불타는 건물에서 도망치거나 빠르게 달려오는 차를 피해야 할 때 생명 유지에 필수적인 경고 시스템으로 작동하여 위험을 피하게 돕는다.

그러나 과도한 스트레스, 특히 기약 없이 장기간 지속되는 스트레스는 건강에 해로울 수 있다. 만성적이고 장기적인 스트레스는 심장 질환, 우울증, 암 그리고 생명을 위협하는 기타 질환으로 이어진다. 여느 사람들처럼 나도 매일 굉장히 다양한 스트레스 상황을 견딘다. 일상적인 출퇴근부터 수백 통에 달하는 이메일의 맹공격, 북적이는 슈퍼마켓에서 장 보기까지 모든 것이 스트레스의 원인이다. 스트레스는 지속적이고 필연적이며 외견상 불가피하다. 그렇지 않은가?

스트레스를 받으면 무슨 일이 일어날까?

인체에는 스트레스 대응을 돕는 세 가지 체계가 있다. 첫 번째는 체성 신경계다. 이것은 우리 몸이 일어나 움직이도록 지시를 내리는 신경계의 일부다. 신경계의 기본 영역은 전두엽의 일차운동피질과 그 외 영역에서 척수와 신경을 통해 수의근으로 향하는 모든 경로를 포함한다. 수의근은 의식적으로 움직일 수 있는 근육이며, 위험한 상황에서 탈출하도록 움직임을 돕는다.

스트레스 대응을 돕는 두 번째 체계는 자율신경계라고 불리는 신경계의 일부다. 자율신경계에는 별개의 두 가지 상황에서 작동하는 하위 체계가 있다. 첫 번째는 교감신경계라고 불리며 싸움 도주 반응에 관여한다. 스트레스 요인이 나타나면 교감신경계가 활성화되어 신체 반응을 준비한다. 일단 심장박동 수와 호흡 수가 증가하고 동공이 확대된다. 또 신체와 근육이 에너지를 쉽게 조달할 수 있도록 글루코스를 혈류로 내보내고, 달려야 할 경우를 대비해 주요 근육에 혈액을 보낸다. 신장 기능, 소화, 생식을 비롯해 응급 상황에 필요하지 않은 나머지 시스템은 폐쇄된다. 예를 들어, 사자가 공격할 때는 볼일을 보거나 배란할 시간이 없다. 나중에 하면 된다.

자율신경계의 두 번째 하위 체계는 부교감신경계 또는 휴식 소화 체계다. 이것은 우리가 휴식을 취할 때 활성화되며, 기본적으로 응급 상황에 대한 교감신경계의 반응과 완전히 반대로 작용한다. 이 체계는 심장박동 수와 호흡 수를 감소시키고 동공을 축소한다. 또 거하게 먹은 브런치를 소화할 수 있도록 혈액과 에너지를 소화계로 보내고, 여성의 배란과 남성의 정자 생성을 위해 생식 기능을 지원하며, 방광을 축소하여 소변을 배출하게 한다. 교감신경과 부교감신경은 각자의 기능을 조정하여 하나가 활성화되면 다른 하나는 뒤로 물러 앉는다.

스트레스에 대응하는 세 번째 체계는 신경내분비계다. 여기에서 교감신경계의 스트레스 반응 중 일부를 수행하는 두 가지 핵심 호르몬이 분비된다. 첫 번째 호르몬은 신장 상단의 부신에 의해 만들어지는 코르티솔이다. 교감신경이 스트레스에 대한 반응으로 코르티솔 분비를 촉진하는 신호를 보내면, 글리코겐 합성(글루코스의 혈류 방출)은 증가하고 면역 기능은 억제되며 골 생성은 감소한다. 응급 상황에서 코르티솔 분비가 폭발적으로 증가하면 뇌와 주요 감각이 활성화되어 불타는 건물에서 탈출할 통로를 찾는 것과 같은 응급 상황에 더 잘 대처할 수 있게 된다. 두 번째 핵심 호르몬은 역시 부신에서 생성되는 아드레날린이다. 스트레스 상황에서 아드레날린이 분비되면 심장박동 수가 증가하여 혈액을 더 세게 펌프질 한다. 또 아드레날린은 혈압을 높이고 기도와 동공을 확장한다. 이렇게 해서 사자로부터 도망치도록 신체를 대비시키는 것이다.

이러한 반응 체계들은 두 가지 주요 상황을 돕기 위해 아름답게 진화해왔다. 첫째, 야생에서 사자에게 공격을 당하는 것과 같은 치명적인 위험이 도사릴 때, 즉 예상치 못한 응급 상황이 닥쳤을 때 신체의 반응 체계가 즉시 활성화되고 각성되어 어떤 행동을 취할 수 있게 한다. 둘째, 달리기 경주나 중요한 프로젝트를 마감일까지 끝내기 위해 잠시 큰 에너지가 필요한 때처럼 생명의 위협이 없는 단기 스트레스 상황에 대처한다. 이러한 반응 체계는 해야 할 일을 끝내도록 폭발적인 에너지를 제공한다.

스트레스 체계의 작고 추잡한 비밀

인간의 진화와 더불어 환경과 사회 시스템이 더욱 복잡해지면서 스트레스의 원인도 바뀌었다. 24시간 플러그가 꽂혀 있는 인터넷 사회에서는 지하철에서 큰 소리로 통화하는 사람부터 너무 많은 것을 요구하는 상사, 자신의 분야에서 앞서나가기 위한 경쟁까지 사방에서 스트레스가 밀려온다. 이런 것들은 빠르게 작용하는 스트레스가 아니다. 만성적이고 침투적인 형태의 스트레스다. 이러한 심리적인 스트레스 요인들은 대개 인간이 아프리카의 평원과 산림에서 살 때에는 존재하지 않았다. 스트레스 체계의 작고 추잡한 비밀은 그것이 과거에 비해 훨씬 세련되어졌음에도 불구하고 생사를 다투는 응급 상황과 오늘날 만성적이고 심리적인 스트레스를 구별하지 못한다는 것이다. 결과적으로 우리의 스트레스 체계는 세금 납부에 대해 걱정하든 영양떼가 달려들든 동일한 방식으로 활성화된다. 세금에 대해 걱정할 때의 스트레스 체계는 예상치 못한 영양 떼의 습격을 받을 때보다 덜 활성화되겠지만 활성화 방식은 동일하다. 어떤 사건이나 환경 또는 삐걱거리는 관계에 대한 인식에서도 마찬가지다. 만약 그런 것들을 스트레스로 여기면 실제로 많은 스트레스를 경험하게 된다. 이상하게 들리겠지만, 스트레스 체계는 그런 식으로 작동한다. 교감신경계가 일상의 만성적인 스트레스에 의해 활성화되면 부교감신경계는 활성화되지 않을 것이고, 우리의 몸과 뇌는 위험으로부터 도망치거나 위험과 싸울 준비를 하느라 한시도 안심하지 못할 것이다.

교감신경계의 만성적인 활성화는 모든 응급 체계를 활성 상태로 유지한다. 심장박동 수와 혈압, 혈중 글루코스 농도가 높은 수준으로 유지되고, 소화와 생식에 사용할 혈액은 적게 만들어진다. 교감신경계의 만성적인 활성화가 심장 질환, 당뇨병, 궤양, 그리고 발기 부전과 생리 중단 같은 장기적인 생식문제 등을 유발하는 과정은 매우 쉽게 확인할 수 있다. 그뿐만 아니라 장기적인 스트레스는 면역계를 약화시키고 질병에 취약하게 만들며 상처의 회복 속도를 늦춘다. 따라서 인체에 내장된 스트레스 반응 체계가 예상치 못한 치명적인 위험에 반응하도록 잘 적응되어 있더라도, 만성적인 스트레스가 일상을 침범하면 우리를 공격하게 되는 것이다.

나쁜 소식들은 갈수록 더 악화된다. 장기적인 만성 스트레스는 뇌에 부정적인 영향을 미친다. 신경과학 연구의 길고 풍부한 역사는 장기적인 스트레스의 부정적인 영향, 특히 고농도의 코르티솔이 뇌 기능에 미치는 영향에 주목해왔고, 그것은 그다지 아름답지 않은 이야기다. 장기적인 스트레스의 영향을 받는 세 가지 핵심 영역은 해마, 전전두엽피질, 편도체이며 이들은 각각 기억, 집행 기능, 기분 조절의 중추다. 중요하게 들리는가? 당연히 중요하다.

해마는 스트레스에 유난히 취약하다. 해마세포가 코르티솔 수용체를 가장 많이 가지고 있기 때문이다. 수용체는 특정 호르몬이나 신경전달물질을 수용하여 세포 내부의 작동을 다양한 방식으로 조절하는 특수한 출입구와 같다. 따라서 해마세포는 체내 코르티솔 농도의 변화에 매우 민감하다. 해마세포는 코르티솔에 잠깐만 노출되어도 더 열심히 일하여 기억력을 강화한다(이 장을 시작할 때 예로 들었던 갑작스러운 시험처럼). 그러나 고농도의 코르티솔을 코르티솔 수용체에 장기간 노출시키면 해마세포가 손상되고, 뇌세포에 있는 단백질과 다른 신진대사 기관도 손상되어 노화 과정이 가속화된다. 만약 설치류의 해마에서 코르티솔 농도를 인위적으로 증가시키면 피험동물의 생리적 반응이 손상되고 해마 뉴런의 수상돌기가 감소한다. 코르티솔의 고농도 상태가 장기간 지속되면 해마 뉴런이 죽기 시작하여 해마의 크기가 축소될 것이다. 따라서 장기적인 스트레스는 장기기억 기능을 크게 손상시킨다. 장기간 스트레스에 노출된 인간에게서도 동일한 결과가 나타난다. 예를 들어 PTSD 또는 우울증 환자들(두 질환 모두 장기적인 스트레스에 노출될 수 있는 특수한 상태)에게는 현저히 수축된 해마와 학습 및 기억 기능의 손상이 나타나며, 이 결과는 장기간 코르티솔에 노출되면서 해마세포의 죽음이 유발되었음을 시사한다.

또 설치류 연구들에 따르면 장기적인 스트레스는 해마의 정상적인 신경발생을 감소시킨다. 만성적인 스트레스가 새로운 해마세포의 정상적인 생성을 둔화시키기 때문이다. 게다가 스트레스는 성장 호르몬인 BDNF의 합성을 방해한다. BDNF는 새로운 해마세포의 성장과 성숙에 필수적이므로 BDNF의 감소는 가까스로 태어난 해마세포의 생존율마저 낮춘다는 것을 의미한다.

해마가 뇌에서 가장 많은 코르티솔 수용체를 가지고 있기는 하지만, 전전두엽피질도 폭발적인 단기 스트레스에 고도로 민감하다. 앞에서 언급했듯 이마 뒤에 위치한 전전두엽피질은 작업기억(무언가를 일시적으로 저장하는 데 사용하는 기억), 의사 결정, 계획, 유연한 사고 등 주요 인지 기능에 필수적이다. 동물 연구들에 따르면 상대적으로 가벼운 스트레스도 전두엽과 관련된 작업기억 과제를 수행하는 능력을 손상시킬 수 있다. 생리학 연구들은 스트레스가 전전두엽피질의 생리적 반응과 기능을 손상시킬 뿐 아니라 전전두엽피질에 있는 세포들의 수상돌기 가지를 빠르게 손상시킬 수 있다는 것을 입증했다.

장기적인 스트레스의 영향을 받는 세 번째 핵심 영역은 감정, 특히 혐오 자극 학습에 매우 중요한 편도체다. 스트레스 증가에 의해 해마 및 전전두엽피질이 손상되는 것과 달리, PTSD 환자들의 경우 전전두엽 기능이 억제되는 동안 편도체 활성은 증가하여 오히려 과열 상태에 이른다. 특히 전전두엽피질에서 편도체의 활성화를 억제하는 영역이 PTSD 환자들에게서는 활성화되지 않는 것으로 밝혀졌다. 이것은 무슨 의미일까? PTSD는 사람들을 더 쉽게 흥분하거나 반응하게 만들고, 작업기억과 감정 조절 능력을 비롯한 집행 기능을 손상시킨다.

무엇이 우리에게 스트레스를 주는가

다른 사람들과 마찬가지로 나 역시 살면서 매우 다양한 스트레스를 경험했다. 유년기에도 스트레스가 있었다. 매년 여름방학 끝에 찾아오는 개학이 그것이었다. 안타깝게도 우리 어머니는 학교를 좋아하면서도 신나는 여름방학을 떠나보내기 싫어 울며 떼쓰는 딸과 씨름해야 했다. SAT, 대학 기말고사, 대학원 지원서와 함께 스트레스 강도도 상승했다. 그러나 처음으로 극심한 스트레스를 경험한 것은 박사 학위 발표와 질의응답을 앞둔 6개월 동안이었다. 정말 힘들었다. 진실을 마주해야 하는 순간이었기 때문이다. 5년 반 동안의 자료 수집을 마치고, 모든 자료를 통합하여 일관적이고 논리적이며 심오한 결과를 얻었는지 확인해야 했다. 결과를 다 알고 있었기 때문에 논문을 쓰는 것 자체는 그렇게 어렵지 않았다. 다만 탁월해야 한다는 압박감이 나를 더 힘들게 만들었고, 기대했던 것만큼 세상을 깜짝 놀라게 할 결과가 아닐까 봐 걱정스러웠다.

설상가상으로 나는 패스트푸드를 다시 찾기 시작했다. 운동할 시간도 전혀 내지 못했다. 가장 큰 문제는 스스로 만든 스트레스가 수면을 너무 어렵게 만들었다는 것이다. 매일 밤늦게까지 깨어 있다 보니 늘 피곤했고, 잠자리에 누워서도 그날 써야 할 분량을 다 채웠는지 고민하느라 잠을 자고도 개운함을 느끼지 못했다. 베개에 머리를 대고 누우면 이런 질문들이 이어졌다. 오늘 쓴 분량은 충분히 괜찮았나? 내일은 잘 쓸 수 있을까?

이런 것들이 심리적 스트레스의 예라는 것을 누구든 쉽게 알 수 있을 것이다. 심리적 스트레스의 나쁜 점들 중 하나는 아직 일어나지 않은 일에 대한 걱정으로 나타나기 때문에 무엇이든 심리적 스트레스가 될 수 있다는 것이다. 심리적 스트레스는 끝이 없으며, 박사 논문을 마무리하던 반년 동안 내가 그랬던 것처럼 악순환이 될 수도 있다.

심리적 스트레스를 유발하는 상황에는 일반적으로 네 가지 주요 특징이 나타난다. 먼저 심리적 스트레스는 통제할 수 없다고 느끼는 상황에서 나타난다. 나도 그랬다! 내 운명은 논문심사위원회의 결정에 달려 있었고, 나는 그저 기다릴 수밖에 없었다. 또 예측 가능한 정보가 전혀 없거나 거의 없는 상황, 즉 커다란 불확실성과 마주했을 때 나타난다. 나 역시 그랬다! 나는 박사 논문을 시작해도 좋다는 허락만 받았을 뿐, 논문을 쓰는 내내 방향성에 대한 피드백을 거의 받지 못했고 제대로 하고 있는지도 알 수 없었기 때문에 내 위치가 어디쯤인지 끊임없이 걱정하고 궁금해했다.

심리적 스트레스는 배출구가 없는 상황에서 더욱 악화된다. 나는 한때 사회생활을 거의 하지 않았다. 열심히 일해야 한다는 명분하에 악기 연주나 취미 같은 중요한 배출구도 없애버렸다. 나는 나 자신에게 운동을 하거나 잘 먹거나 푹 잘 만한 시간을 주지 않았고 휴식이나 영화 감상, 친구와의 저녁 식사처럼 시시한 활동은 말할 것도 없었다.

심리적 스트레스라는 괴물의 배를 불리는 마지막 상황은 일이 악화되어 간다는 느낌이었다. 터널 끝에 빛이 있다는 것을 알고 있으면서도 여전히 일이 잘 풀릴 거라고 믿지 못했다. 나는 스트레스 상황에

꼼짝없이 갇혔고, 현실을 검증하여 나 자신을 안심시키는 것조차 불가능하게 느껴졌다. 웬디, 다 괜찮을 거야. 몇 년 동안 이 연구에 매달린 데다 네가 잘 아는 분야잖아. 안타깝게도 당시에는 이런 긍정적인 자기 대화가 불가능했다.

박사 논문을 써본 적이 없더라도 스트레스에 포위된 것 같았던 내 경험에 공감할 수 있을 것이다. 집이 팔리기를 기다리거나 이사를 준비하거나 학교에 지원하는 일과 비슷할 것이다. 좋은 소식은 뇌를 사용하여 이러한 스트레스 요인을 다룰 수 있다는 것이다. 사실 많은 스트레스 관리 전략에서 심리적 스트레스의 네 가지 주요 특징을 뒤집거나 축소하는 방식을 사용한다. 예를 들어 상황을 통제할 수 없다고 느껴진다면, 통제할 수 있는 것을 찾아 개인의 힘을 강하게 느껴보라. 만약 예측 가능한 정보가 없다고 느껴진다면, 더 많이 질문해서 문제를 다루는 데 필요한 정보를 얻어라. 직장에서 자신이 잘하고 있는지 걱정되는가, 혹은 상사나 동료가 당신에 대해 안 좋은 얘기를 할 것 같은가? 피드백을 얻을 수 있는 방법을 찾아내 사실관계를 확인하라. 상황의 일부라도 통제할 수 있으면 심리적 스트레스가 사라지거나 줄어들 수 있다.

스트레스 관리의 또 다른 중요한 전략은 스트레스 배출구의 확대다. 스트레스를 덜어줄 친구에게 도움을 청하거나 그렇게 해줄 새 친구를 만들어라. 혹은 당신을 개인적인 행복의 장소로 데려다줄 재미있는 취미를 찾아라. 요리하기, 먹기, 자연 속에서 걷기, 반려동물과 시간 보내기 등 효과가 있다면 무엇이든 상관없다. 많은 스트레스 관리 프로그램에서는 규칙적인 운동과 명상을 강조한다(제10장에서 확인할 것이다). 이 전략이 효과를 거두려면, 현재 씨름하고 있는 심리적 스트레스가 일상에서 차지하는 비율만큼 운동과 명상을 해야 한다. 스트레스 관리의 해결책으로 즐길 만한 무언가를 찾아낸다면, 스트레스를 줄이고 행복은 늘릴 수 있다.

⇗ 스트레스의 원인: 관계

가장 흔한 만성 스트레스 요인 중 하나가 타인과의 상호작용에서 느끼는 어려움일 것이다. 부모나 형제자매가 곁에 있으면 불안한가? 명절이 다가오면 더 심해지는가? 직장에서는 어떤가? 나는 한때 실험실의 한 학생 때문에 많은 스트레스를 받았고, 그 문제를 해결할 때까지 수개월간 스트레스의 심각성도 잘 인지하지 못했다. 그 학생이 처음 우리 실험실에 들어왔을 때 서로에게 높은 기대와 희망을 품었던 허니문 시기도 있었다. 그러나 곧 성격 문제로 충돌하면서 높은 기대와 희망은 점차 시들어갔고, 결국 나는 관계의 심각성을 부정하기에 이르렀다. 똑똑한 학생이었지만 자신만의 방식과 속도로 일하는 것을 선호해서 그런지 내가 부탁한 실험을 기한 내에 끝내지 않았다. 나는 그를 심술궂고 비생산적인 사람으로 보았고, 그는 나를 요구 사항이 많고 고압적인 사람으로 봤던 것 같다. 갈수록 상황이 악화되었고, 나는 될 수 있으면 그를 피해 다녔다. 훌륭한 회피 부정 전략으로 스트레스를 줄이고 있다고 생각했지만, 사실 그것은 상황을 악화시키고 있을 뿐이었다.

나는 실험실의 수장으로서 일터에서 내가 어떤 형태의 관계를 원하는지 분명히 밝혀야 한다고 생각했다. 그것은 분명 다른 직원들의 책임이 아니었다. 내가 직접 나서야 했다.

그를 사무실로 데려와 자리에 앉히고 이렇게 말했다. "사실, 그동안 우리 불편했잖아요." 그 사실을 스스로 소리 내어 인정하자 놀랍게도 엄청난 안도감이 밀려왔다.

"그걸 좀 바꿔봤으면 좋겠어요. 앞으로 실험실에서 보내는 시간을 인생에서 가장 생산적인 기간으로 만들어줬으면 해요. 그게 내 목표지만, 그런 변화를 만들려면 일단 어떤 도움이 필요한지 내게 알려줘야 해요. 내 업무 방식 중에 어떤 부분이 바뀌면 더 생산적으로 일할 수 있겠어요?"

경비원처럼 그 학생도 어리둥절해했다. 많이 놀랐는지 한동안 입을 다물지 못했다. 그러나 고맙게도 그는 가까스로 평정심을 되찾고 이렇게 말했다. "글쎄요, 일단 교수님은 제가 실험실에서 하는 일에 대해 충분히 신뢰하지 않으시는 것 같아요." 나는 잠시 생각해본 후 그의 말에 동의했다. 그는 남을 돕는 것을 무척 좋아했고, 그러느라 내게 부탁받은 일을 끝내지 못하는 경우가 종종 있었다. 나는 실험실 일을 도와주는 것에 대해 말이나 인사로 고마움을 표현하는 대신, 자기 몫을 해내지 못한 부분에 대해 늘 화를 냈다. 나는 그의 말이 옳으며 앞으로는 그가 기여하는 부분을 인정하겠다고 말했고, 실제로 그렇게 했다. 대화를 나누고 우리 관계에 큰 변화가 생겼다. 그는 마감일을 잘 지켰고 이 프로젝트에서 상당한 진전을 이루었다. 그것은 또 다른 작은 기적과 같았다!

그날 일어난 놀라운 사건은 학생과의 관계를 바꾸었을 뿐 아니라 모든 실험실 직원을 안도하게 했다. 나는 그 불편한 관계가 우리 두 사람에게 스트레스를 주었을 뿐 아니라 실험실 전체에 부정할 수 없는 영향을 미쳤음을 깨달았다. 그 대화 이후 우리는 더 편안히 숨 쉴 수 있었고, 나는 예상보다 훨씬 더 많이 일상에 침투해 있었던 엄청난 양의 스트레스를 제거했다. 실험실이 전보다 더 쾌적하고 밝고 즐겁게 느껴졌다. 그렇다, 스트레스가 당신과 주변 사람들에게 얼마나 깊은 영향을 주고 있는지 알아차리지 못할 때가 가장 최악이다.

⇨ 회복력

대규모 연구에 따르면, 높은 수준의 스트레스에 장기간 노출되는 것은 더 높은 수준의 기분장애, 불안장애, 중독장애와 관련이 있다. 그렇다면 끔찍한 환경에서 상대적으로 무사히 생존하는 등 인간의 회복력을 보여주는 훌륭한 사례들은 어떻게 된 것일까? 올림픽 출전 선수 출신으로 전쟁 포로로 잡혔다 살아 돌아온 루이스 잠페리니, 역시 전쟁 포로로 오랜 기간 수감되었다 살아나온 존 매케인 같은 사람들은? 동물 연구들에서 회복력이 좋은 사람들의 전략 및 생체 반응이 먼저 밝혀지기 시작했고, 그러한 전략과 반응이 스트레스의 끔찍한 영향으로부터 사람들을 보호하는 것으로 나타났다. 그 반응들은 다음과 같다.

- 유년기나 청소년기에 예측 불가능한 만성 스트레스에 노출된 경험은 그 후의 삶에서 스트레스를 완화하는 데 도움을 준다. 이러한 현상을 스트레스 면역이라고 부르며, 항스트레스 메커니즘의 형성을 돕는 스트레스 노출 경험에 결정적 시기가 있음을 시사한다. 따라서 유년기에 적정한 수준의 스트레스에 노출되면 성인기에 강한 회복력이 발달할 수 있다.
- 동물의 경우, 스트레스 면역은 전전두엽피질에 있는 특정 영역(감정 조절과 의사 결정에 중요한 복내측 전전두엽피질)의 부피를 증가시킨다. 이 영역은 과도한 스트레스를 경험한 인간과 설치류 모두에게서 축소되는 것으로 밝혀졌다.
- 동물 연구는 회복력이 좋은 개체에서 스트레스에 반응하여 활성화되는 다수의 유전자를 식별했고, 항우울제는 이러한 유전자 중 일부를 활성화한다. 이것은 회복력 유전자를 활성화하여 스트레스로부터 사람들을 보호할 수 있는 다양한 방식을 찾아낼 수 있음을 시사한다.

회복력에 관한 신경생물학은 매우 흥미로운 시기를 맞이했으며, 동물 연구는 심신을 약화시키는 스트레스로부터 사람들을 치료 및 보호할 수 있는 흥미로운 방향을 새롭게 제시하고 있다.

브레인 핵스: 심리적 스트레스를 줄이는 법

다음의 브레인 핵스는 스트레스 상황에서 자신을 재정비할 수 있게 도와
줄 것이다.

- 신뢰하는 친구에게 스트레스 상황을 해결할 방법에 대해 조언을 구하라.
- 스트레스 상황과 관련된 사람에게 해결 방법에 대한 의견을 직접 물어보라.
- 낙관적인 태도를 길러라. 당장은 그 상황을 해결할 수 없더라도 언젠가는 가능할 것이다.
- 심각한 문제를 해결하려면 신뢰하는 지도 교수, 상담사, 치료사, 인생 코치 등에게 도움을 구하라.
- 문제를 혼자 해결하려고 하지 마라.

운동은 스트레스로부터 사람들을 어떻게 보호할까?

방금 전까지 나는 스트레스가 해마와 전전두엽피질, 수상돌기를 손상
시키고 신경발생을 억제하며 결국 해마세포를 죽임으로써 해마의 부

피를 감소시킨다고 얘기했다. 운동이 전전두엽피질에 의존하는 주의력 기능을 향상시킨다는 행동 증거와 해부학, 생리학은 물론 해마의 기능에 대한 운동의 긍정적인 효과로 알려진 모든 지식을 고려하면, 운동이 미래의 스트레스 상황으로부터 해마를 보호할 뿐 아니라 장기적인 스트레스에 의한 손상을 반전시키는 데 도움을 준다는 설치류의 연구 결과가 그다지 놀랍지 않다.

이러한 연구들은 일반적으로 동물들을 스트레스와 쳇바퀴 운동에 따로 또는 동시에 노출시킨 다음, 스트레스 불안을 측정하는 과제를 부여하고 그에 대한 반응을 평가한다. 나는 이 실험을 쥐 스트레스 테스트라고 부를 것이다. 많은 연구에서 쥐 스트레스 테스트를 시행한 결과, 3~4주 동안 쳇바퀴에 자유롭게 접근했던 쥐들이 그렇지 못한 쥐들보다 불안 수준이 대체로 낮은 것으로 나타났다. 다시 말해 운동이 미래의 스트레스로부터 쥐들을 보호하는 것으로 보인다. 다른 연구들에 따르면 운동을 하지 않은 쥐들은 스트레스 상황에서 스트레스와 불안 행동을 과도하게 보이는 반면, 자발적으로 운동을 한 쥐들은 평정심과 냉정함을 유지한다.

그러나 대부분은 가만히 앉아서 스트레스가 오기만을 기다리지 않는다. 우리는 지금도 수많은 스트레스 상황의 한가운데에 있다. 정말 궁금한 것은 현재 진행 중인 스트레스의 부정적인 영향을 반전시킬 수 있는가다. 이 궁금증을 다룬 연구 가운데 내가 가장 좋아하는 것은 엄마와 격리된 새끼 쥐들의 극심한 스트레스에 대해 조사한 것이다. 격리 상황에서 새끼 쥐들은 심각한 기억장애, 해마 신경발생의 감소, 해마의 세포사_{cell death} 증가와 같은 스트레스 반응을 보인다. 그러나 격리 후 스트레스 반응을 보이는 새끼 쥐들에게 자발적인 운동을 유도하면, 기억장애가 사라지고 우울 행동이 감소하며 해마의 신경발생이 회복되는 것을 확인할 수 있다.

여기서 중요한 질문은 이것이다. 운동이 스트레스의 해로운 영향을 완화하는 정확한 이유가 무엇인가? 한 가지 가능한 대답은 주요우울장애의 성인신경발생이론_{adult neurogenesis theory}과 관련이 있다. 이 이론에 따르면 신경발생의 감소가 주요우울장애 환자에게 나타나는 우울함의 주요 원인이다. 이것은 주요우울장애와 PTSD 환자들의 해마 크기가 평균보다 작다는 연구 결과와도 일치한다. 흔하게 사용되는 일부 항우울제들이 해마의 신경발생을 자극한다는 놀라운 연구 결과도 이 이론을 뒷받침한다. 그뿐만 아니라 항우울제의 신경발생 자극 능력을 차단하면 피험동물의 기분은 나아지지 않는다. 이것은 신경발생 자극 능력이 항우울제 효과의 중요한 열쇠라는 것을 의미한다. 또한 해마의 신경발생이 일반적으로 기분 조절에 중요하다는 것을 보여준다. 이것은 기분을 좋게 하는 운동의 효과에 대해 또 다른 시각을 제공한다. 운동은 세로토닌, 노르아드레날린, 도파민, 엔도르핀의 분비량을 증가시킬 뿐 아니라 성인의 신경발생을 자극함으로써 기분을 좋게 한다. 최근 들어 세로토닌이 해마에서 신경발생을 촉진한다는 사실이 밝혀졌다.

주요우울장애의 성인신경발생이론은 이론들 사이에 핵심적인 연결을 만들도록 도와준다. 예를 들어, H.M.의 사례에서 알게 된 것처럼 해마는 서술적인 학습과 기억에 중요할 뿐 아니라 기분 조절에 중요한 역할을 담당하며 스트레스에 극도로 민감하다. 운동이 설치류의 기억력을 향상시키고 스트레스를 완화한다는 주장도 일리가 있다. 운동이 인간의 서술기억 기능을 향상시킨다는 증거는 여전히 미약하지만 우울 증상을 줄이는 것은 확실하다. 이것은 우리가 운동만으로 스트레스 완화와 인지 기능 향상이라는 일거양득의 효과를 얻을 수 있음을 의미한다. 그리고 이 두 가지 효과는 성인 해마에서 신경발생이라는 동일한 메커니즘을 통해 나타나는 것으로 보인다.

이러한 지식들을 알게 되면서 운동에 대한 내 시각이 바뀌었다. 운동은 원래 시간이 허락하는 범위 안에서 기본적인 삶을 영위하기 위해 해야 하는 것일 뿐이었다. 그러나 이제 운동은 내게 스마트폰이나 태블릿만큼 중요한 삶의 수단이다. 나는 더 똑똑해지고 필요한 곳에 더 많은 주의를 기울이고 일상의 스트레스를 줄이기 위해 운동을 스마트폰처럼 이용한다. 앞서 언급했듯 우리는 운동이 기억력이나 주의력, 기분을 정확히 어떻게 향상시키는지에 대해 여전히 다 알지 못하지만, 운동의 혜택을 누리는 방법은 확실히 알고 있다. 나는 심한 스트레스를 받으면 시간을 내어 운동을 한다. 중요한 강연이나 프레젠테이션을 앞두고 있을 때는 기분이 좋은지, 제대로 쉬고 운동을 했는지 확인한다. 규칙적으로 운동할 시간이 없을 때는 나만의 브레인 핵스를 이용한다. 이제 나는 운동을 삶의 질을 향상시키는 수단으로 사용하며, 운동 메커니즘의 신경생물학에 대해 더 많이 알아가면서 운동법을 더 정교하게 다듬고 있다.

새롭게 개선된 스트레스 대처법의 기본 사항들

나만의 스트레스 대처법을 발전시켜온 과정을 돌아보면, 그것은 운동에 대한 경험과 함께 시작되었다고 할 수 있다. 종신 교수가 되기 위해 미친 듯이 일하느라 스트레스에 짓눌려 있던 부교수 시절, 나를 머릿속에서 끄집어내 몸과 연결해준 것이 운동이었다. 운동은 몸과 마음이 다시 연결되도록 도와주었다. 운동 중에는 수업 내용을 따라가느라 정신이 없어서 그 외의 것들에는 신경을 쓰지 못했다. 그러면서 자연스럽게 그 순간에 집중할 수 있었다. 운동은 건강한 몸을 되찾아주었을 뿐 아니라 일터로 돌아가 마감일을 어떻게 맞출지, 혹은 지난번 이메일을 잘 썼는지 걱정하기 전에 작지만 강렬한 현재의 순간에 깨어 있음present-moment awareness을 경험하게 해주었다. 운동이 좋을 수밖에 없었다. 현재에 집중해야만 삶을 있는 그대로 인정할 수 있으니 말이다. 그때부터 운동 수업을 통해 현재의 순간에 깨어 있음을 종종 맛볼 수 있었다.

일상의 스트레스 상황을 통제할 수 있는 열쇠는 무엇인가? 돌이켜 보면 나는 그때 나 자신과 스트레스로 인식되는 것들, 그리고 스트레스를 다루는 법을 알아가는 과정 속에 있었다. 나는 삶의 균형을 되찾아가면서 침체된 관계로 인한 만성 스트레스를 참지 않게 되었다. 재미있는 것들을 적극적으로 탐색했고, 의도하는 바를 실현하기 위해 행동을 취했다. 경비원, 헤어진 남자 친구, 그다지 살갑지 않은 부모님까지 스트레스 요인이었던 관계들을 하나하나 바로잡기 위해 최선을 다했다.

스트레스에 대처하는 전략에는 신체적 요소도 포함되었다. 나는 스트레스에 반응하는 동안 몸에서 일어나는 일들을 더 정확히 인지하게 되었다. 스트레스에 대한 생리학·신경과학적 이해는 관계를 변화시키고 더 잘 다룰 수 있게 도와주었다. 과거에는 내가 하고 있는 일이 종신 교수 재직권과 동료들의 존경을 얻기에 충분히 훌륭한지, 충분히 거창한지, 충분히 중요한지를 고민하고 걱정하며 스트레스를 받았다. 사실 나는 스트레스와 걱정의 수준이 내 일의 가치와 비례한다고 믿었다. 가장 중요한 일을 하는 사람들은 보통 가장 많은 스트레스와 걱정을 가지고 있지 않은가? 나는 가치 있는 일을 하고 싶은 욕심에 모든 일이 계획대로 정확히 진행될 수 있도록 고민하고 괴로워했다. 다시 말해 나는 스트레스와 걱정의 수준을 자존감의 수준으로 생각했다. 크고 무거운 스트레스와 걱정을 가지고 있어야만 중요하고 가치 있는 일에 기여하는 것처럼 느껴졌다. 앞서 언급했듯 이 가설의 중심에는 어떤 논문을 발표하는지, 지원금을 얼마나 받는지에 따라 내 가치가 결정될 것이라는 믿음이 있었다. 나는 수많은 논문을 발표하고 수백만 달러의 지원금을 받으면서도 늘 결과를 장담할 수 없는 다음 목표에 매달려 있느라 끊임없이 스트레스와 걱정에 시달렸다. 게다가 경쟁이 극도로 치열한 신경과학 분야에서 논문과 지원금과 초청 여부에 의해 평가된 성공의 크기로 과학자 그리고 인간으로서의 내 가치까지 정의했다.

규칙적인 운동은 자신의 행동과 감각에 집중하여 지금을 사는 것이 두뇌와 신체에 얼마나 강력한 영향을 줄 수 있는지 보여주었다. 나는 과거와 미래를 끊임없이 걱정하고 외부의 기준으로 내 가치를 평가하던 습관을 바꾸기로 결심했다. 나는 성공과 가치에 대한 외부의 기준보다 나 자신에게 더 많은 관심을 기울이는 등 나를 행복하게 하는 나만의 기준으로 점차 초점을 옮겨갔다. 그러면 종신 교수 재직권과 수많은 논문은 나를 위한 게 아니었단 말인가? 매번 논문을 발표하거나 지원금을 받을 때마다 과학자로서의 명성이 높아지지 않았던가? 그렇다, 나는 늘 과학을 사랑했다. 하지만 과학자로 성공하기 위한 단계를 밟아가느라 과학에 대한 즐거움과 고마움을 잊고 살았다. 나는 과학이 가져다주는 기쁨을 무시했고, 견고한 사회적 연결망과 예술, 음악, 웃음 등 기쁨을 줄 수 있는 수많은 길목을 차단했다.

훨씬 더 깊은 내면의 자기 인식과 자기애로 관심을 옮기자 스트레스에 대처하는 방식이 완전히 바뀌었다. 삶의 불필요한 스트레스를 모두 재평가하여 제거할 동기도 생겼다. 나는 그것이 스트레스를 최소화하기 위한 총력전이 아니었음을 분명히 하고 싶다. 그보다는 더 많은 기쁨과 사랑, 행복을 삶으로 가져오려는 의도에 집중했다. 나는 스트레스를 감당하지도 못하면서 얼마나 많은 스트레스를 견딜 수 있느냐로 성공과 가치를 규정했다. 그 모든 스트레스를 계속 감당하는 대신 훨씬 더 많은 기쁨을 얻겠다고 선언한 것은 얼마나 큰 변화인가!

물론 하루아침에 일어난 변화는 아니었다. 나는 40년간 적정량의 스트레스를 내면에 쌓아두게 했던 여러 이론과 신념에 맞서 싸우고 있었다. 느리지만 확실하게 나 자신을 향한 태도를 바꾸었고, 오래된 스트레스의 원인들을 내다 버리기 시작했다. 갑자기 모든 목표와 마감일을 포기했다는 의미가 아니다. 나를 행복하게 만드는 목표에 초점을 맞추니 오히려 더 생산적이고 활기차졌다. 예를 들어, 아무리 고결한 요청이어도 삶의 목표와 맞지 않으면 훨씬 더 쉽게 거절할 수 있었다. 죄책감 없이 거절하게 되면서 스트레스가 어마어마하게 줄었다. 나는 많은 사람 앞에서 말해야 할 때마다 엄청난 스트레스를 받았다. 강연이나 미리 준비한 대중 연설이 아니라 목청을 높여 싸워야 하는 교수 회의가 그랬다. 해야 할 말은 하면서도 항상 내 말이 어떻게 받아들여질지, 상대가 기분 나빠하지는 않을지 걱정했다. 이로 인해 별로 중요하지 않은 상황에서도 극심한 스트레스와 걱정에 시달렸다. 그런 상황을 마주하면 여전히 가슴은 철렁하지만('좋은' 유형의 스트레스), 내가 원하는 것과 그 이유에 대해 명확히 인지한 상태에서 가장 심각한 걱정부터 날려버린다. 그리고 남들이 내 말을 어떻게 여길지에 대해 걱정하는 대신 내 의도를 분명하고 간결하게 말하는 일에 더 집중한다.

삶에서 스트레스를 더 많이 몰아낼수록 불필요한 스트레스를 참아야 하는 일도 점점 줄어들었다. 앞서 말했던 것처럼 까다롭고 어색한 대화는 부모님, 경비원, 실험실 학생과의 관계를 근본적으로 변화시켰다. 내 마음을 잘 알게 되었기 때문에 그런 대화도 가능했다. 사실 대화의 핵심은 분노나 자만, 자존심의 방해 없이 진심을 말하는 것이다. 부모님께 사랑한다고 말해도 되는지 물었을 때, 자존심이 그것을 방해했을 수도 있다. 내가 왜 이런 걸 물어봐야 하지? 두 분도 성인이잖아, 안 그래? 그러나 부모님에게 말해야 할 필요성을 깨달은 사람도 나 자신이고, 그런 부탁을 하는 것도 내 의지였다. 실험실에서 우리 관계에 문제가 있다는 것은 나와 그 학생뿐 아니라 실험실 사람들 모두가 알고 있었다. 남은 기간 동안 그의 존재를 무시해버리고 모든 것을 그의 탓으로 돌릴 수도 있었다. 그러나 나는 모두가 팀의 일원으로 존중받는다고 느끼기를 원했다. 모든 학생이 든든한 지원 속에서 연구를 잘할 수 있기를 바랐기 때문에 짜증이나 자존심이 방해하도록 두는 대신, 그를 얼마나 도와주고 싶은지 이야기하고 그럴 수 있는 방법을 직접 물어보았다. 나는 문제가 있음을 큰 소리로 인정하고, 그 문제의 당사자이자 실험실의 수장으로서 그것을 해결해야 했다. 그것은 뛰어넘기에 너무 거대한 장애물이었다. 나약함을 인정해야 하는 것처럼 느껴졌기 때문이다. 그러나 그것은 단지 사실을 인정하는 일이었을 뿐이다.

기억할 사항: 스트레스로부터 나를 보호하기

- 스트레스에 대응할 수 있는 세 가지 기관계는 체성신경계, 교감신경계와 부교감신경계를 포함하는 자율신경계, 그리고 신경내분비계다.
- 과도한 만성 스트레스는 신체와 두뇌에 독이다.
- 스트레스 체계는 물리적인 위험(달려드는 코끼리)에 반응하는 것과 동일한 방식으로 심리적 스트레스(높은 세금과 낮은 급여)에 반응하고 활성화된다.
- 심리적 스트레스를 비롯한 장기 스트레스는 심혈관 기능, 소화 기능, 생식 기능에 심각한 손상을 입힌다.
- 장기 스트레스는 해마, 전전두엽피질, 편도체를 포함한 광범위한 영역에 영향을 미친다.
- 적정 수준의 스트레스는 예방 접종처럼 회복력을 강화한다.

- 주요우울장애의 성인신경발생이론에 따르면, 운동은 성인의 해마에서 신경발생을 증가시킴으로써 스트레스 및 우울과 싸울 수 있도록 돕는다.
- 심리적 스트레스를 유발하는 네 가지 핵심 요인은 (1)상황을 통제할 수 없다는 느낌, (2)앞날을 예측할 수 있는 정보가 없는 상황, (3)사교생활이나 여가 등 즐거운 배출구가 없는 상태, (4)상황이 갈수록 악화되어 간다는 느낌이다.
- 이러한 네 가지 요인을 반전시킴으로써 상황에 따라 심리적 스트레스를 줄일 수 있다.

브레인 핵스: 웃으며 스트레스에 대처하는 법

스트레스는 감정적인 반응이다. 이를 이해하면 스트레스가 두뇌와 신체에 미치는 효과를 방해하여 스트레스의 영향을 줄일 수 있다. 아래에 스트레스에 신속히 대응하는 몇 가지 방법을 소개한다.

- 사랑하는 사람과 포옹이나 키스하라. 상대는 가족이나 연인, 아기 또는 반려동물일 수 있다. 사랑의 감정은 가장 심각한 스트레스 상황에도 즉각 대응할 수 있다.
- 4분간 차나 커피를 마시며 조용히 자신에게 집중할 수 있는 시간을 가져라. 스마트폰도 들여다보지 말고 혼자만의 시간을 오롯이 음미하라.

- 가볍게 안부를 묻는다는 생각으로 제일 재밌는 친구에게 전화를 걸어라.
- 혼자 또는 파트너와 함께 가장 좋아하는 음악에 맞추어 춤을 추어라.
- 제5장과 제6장의 브레인 핵스에 소개한 운동 중 한 가지를 해보자(특히 줄넘기나 훌라후프가 유용할 것이다).
- 손 마사지나 발 마사지를 받아라.
- 누군가에게 존재 자체에 감사하다는 내용의 편지를 써라. 사랑을 베푸는 일은 스트레스 요인을 가장 강력하게 해소할 수 있는 방법 중 하나다.
- 유튜브에서 동물 영상을 찾아보라.

Healthy
Brain,
Happy
Life

제8장

뇌를 웃게 만드는 법

뇌의 보상 체계

어느 출근길, 평소와 다름없이 플랫폼에서 전철을 기다리고 있었다. 그러나 그날은 영 기분이 좋지 않았다. 왜 이렇게 사람들이 많지? 게 다가 어떤 여자는 내가 앉으려던 자리를 가로채고는 짐짓 모르는 척 했다. 이럴 때마다 정말 짜증 나!

잠깐, 내가 왜 이렇게 투덜거리지? 배가 고픈가? 아니, 잠이 부족 한가? 그것도 아니야. 나는 여행 때문에 5일이나 운동을 못 해서 무 척 언짢은 상태였다. 그거였군! 나는 규칙적인 운동을 간절히 원하고 있었다.

운동에 중독된 후부터 운동을 거르면 몸과 뇌가 항의를 한다. 제4장에서 설명한 것처럼 운동은 도파민, 세로토닌, 엔도르핀 분비를 증가시킴으로써 기분을 나아지게 한다. 나는 운동을 할 때마다 즐거운 마음으로 긍정의 힘과 에너지를 기대한다. 운동의 부정적인 면은 적정선을 지키지 않으면(주당 평균 4~6회) 짜증이 나고 불안해지기 시작하면서 알 수 없는 무언가가 나를 괴롭히는 듯한 느낌이 든다는 것이다. 나는 운동 금단 현상을 겪고 있다. 이 반응은 흔히 건강한 중독이라고 불리며, 우리는 이것이 두뇌와 신체 건강에 유익한 영향을 주도록 바쁜 와중에도 어렵사리 시간을 낸다. 또 이렇게 소중한 활동들을 할 때 방해라도 받으면 큰 아쉬움을 느낀다. 그렇다. 나는 건강한 운동 중독이다.

운동 외에도 삶에 엄청난 쾌락을 가져다주는 요소들은 굉장히 많다. 여기에는 당연히 맛있는 음식, 브로드웨이 공연, 래프팅, 팝콘과 함께 즐기는 〈사운드 오브 뮤직〉, 실험실에서 새로 발견한 놀라운 연구 결과, 강아지, 바흐의 무반주 첼로곡 등이 포함된다.

당신의 목록에는 어떤 쾌락들이 있는가? 알고 보니 내 항목에는 공통적인 특징이 한 가지 있었다. 모든 항목이 뇌의 보상회로를 활성화한다는 것이다. 인간의 보상중추는 20억 년 전부터 진화해온 체계이며 생존에 필수적이다. 이 체계가 진화를 통해 발전해왔기 때문에 우리는 생존과 번식에 관련된 기본적인 기능에서 즐거움을 찾는다. 특히 음식, 음료, 섹스는 가장 중요한 항목이다. 이것들은 본질적 혹은 핵심적 쾌락이라고 불린다. 물론 우리는 소비 중심의 세상에서 숨 쉬며 살아가는 존재로서 음식, 음료, 섹스 외에 많은 것에서 쾌락을 얻는다. 이렇게 다양한 목록을 우선적 쾌락이라고 부른다. 우리는 사랑하는 사람들과 함께 보내는 시간을 통해, 푹 쉬면서 활기를 되찾을 수 있는 장소를 통해, 그리고 돈과 노력과 시간을 들이는 모든 것을 통해 쾌락을 얻는다.

우리가 삶에서 가장 소중하게 여기는 것들은 대개 이러한 쾌락의 목록에서 찾을 수 있다. 쾌락을 삶에 더 많이 가져오거나 제한하는 중대한 결정과 선택이 뇌 보상 체계의 강력한 영향을 받는다는 사실을 이해하는 것이 중요하다. 뇌를 이해하려면 쾌락과 행복을 가장 우선적으로 살펴보아야 한다고 주장할 수도 있지만, 사실 최근 들어서야 쾌락과 행복의 신경생물학을 탐구하려는 진지한 노력이 시도되었다. 행운인지 불운인지 모르겠지만, 수많은 신경과학 연구들처럼 미묘한 차이를 보이고 있는 행복에 대한 과학적 분석들도 보상 체계의 손상 원인에 대한 연구에서 비롯되었다. 다시 말해 우리는 중독 연구를 통해 뇌의 보상 체계와 쾌락 체계를 알게 되었다. 이 장에서는 중독에 관한 연구에서 알아낸 뇌의 보상 체계와 더불어, 본질적·고차원적 즐거움을 주는 자극에 대한 뇌의 정보 처리 과정을 설명할 것이다.

보상 체계의 기본 개념

보상의 신경생물학을 본격적으로 살펴보기 전에 먼저 보상의 의미를 정의하는 것이 중요하다. 보상은 단일 과정이 아니라 세 가지 독립적인 요소로 이루어진 연결망이다. 첫 번째 요소는 보상과 가장 밀접하게 연결된 쾌락적 즐거움 혹은 좋아함liking이다. 두 번째 요소는 보상에 대한 욕구로 정의되는 원함wanting이다. 세 번째 요소는 과거의 보상을 연상·재현·예측하여 미래의 보상을 예상하는 학습이다. 학습은 이미 여러 번 언급했던 해마와 편도체에 의해 수행된다. 제2장에서 배운 것처럼 해마는 새로운 연상을 만드는 데 중요하고, 편도체는 굉장히 즐거웠던 경험처럼 감정적인 기억을 저장한다. 이러한 도입부는 해마와 편도체가 다양한 뇌 활동에 기여하는 과정에서 얼마나 복잡하고 상호의존적이며 긴밀히 연결되어 있는지를 암시한다.

그렇다면 쾌락과 욕구에 관련된 뇌 영역은 어떨까? 1960년대에 맥길 대학교의 제임스 올즈James Olds와 피터 밀너Peter Milner는 뇌에서 쾌락중추 또는 보상중추를 최초로 발견했다. 두 사람은 쥐의 뇌에 특정 자극을 주고 그것과 관련된 행동을 억제하는 영역을 찾고 있었다. 그들은 상관없는 영역을 자극하다가 원래 의도와 전혀 다르게 쥐의 행동을 지속시키는 영역을 찾았다. 두 사람의 연구에 따르면, 뇌의 특정 영역에 전극을 심어놓고 그것을 직접 자극하는 실험을 했더니 쥐들이 수천 번씩 집요하게 전극을 자극했고 그것을 위해 음식도 포기했다. 이 실험은 최초로 보상과 쾌락에 중요한 영역들을 찾아냈다. 기본적인 보상회로에는 보상 자극을 감지하고 그것에 대한 반응에 관여하는 복측피개영역ventral tegmental area, VTA이 포함된다. 보상회로의 핵심 영역인 VTA는 뇌 중앙에 위치하며, 보상 또는 쾌락의 경험에 가장 중요한 신경전달물질인 도파민을 만드는 뉴런을 가지고 있다. VTA의 도파민 생성세포 또는 도파민에 의해 활성화되는 세포는 보상회로의 핵심 영역인 전전두엽피질의 일부와 측좌핵이며, 이곳에서 도파민을 분비한다.

올즈와 밀너의 초기 연구들은 뇌의 쾌락중추를 밝힌 것으로 여겨졌고, 그 이후의 연구들은 이것이 쾌락을 위한 중추인지 아니면 욕구를 위한 중추인지에 주목했다. VTA에서 분비되는 도파민은 두 가지 기능 모두와 관련이 있다. 사실 신경과학 분야의 최근 연구는 쾌락과 욕구를 구별하기 위한 과제 및 접근법 개발에 진전을 보였고, 쾌락과 욕구가 동일한 보상회로에서 다른 영역을 사용하는 것으로 보인다고 밝혔다.

뇌 일부와 쾌락의 연관성은 어떻게 확인할 수 있을까? 먼저 즐거운 자극을 규정해야 한다. 인간 연구에서는 피험자들에게 직접 물어볼 수 있기 때문에 무척 간단하다. 그러나 동물 연구에서는 찰스 다윈의 책에 나오는 요령을 사용한다. 다윈은 유명한 표정 연구에서 모든 동물이 환경에 반응하여 표정을 짓는다고 주장했다. 쾌락을 주는 음식에 대한 반응인 야미 페이스yummy face 등 실제로 종 전체에는 수많은 표정이 보존되어 있다. 만약 좋아하는 음식을 먹는 아기의 표정을 본 적이 있다면 무슨 말인지 잘 알 것이다. 설치류에서도 같은 표정을 확인할 수 있다. 그리고 나면 음식에 대한 쾌락을 경험하는 과정뿐 아니라 특정 쾌락중추를 자극하여 음식에 대한 쾌락을 강화할 수 있는지도 궁금해진다. 연구 결과, 두 가지 핵심 영역에 대한 자극이 음식에 대한 쥐의 쾌락을 강화하는 것으로 밝혀졌다. 두 영역은 측좌핵 일부와 전뇌의 깊숙한 곳에 위치한 복측창백에 있다. 쾌락에 관여하는 영역은 이뿐만이 아니다. fMRI 연구는 인간이 쾌락을 경험하는 동안 활성화되는 광범위한 피질 영역을 찾아냈다. 이 영역들은 전전두엽피질의 일부인 안와전두피질, 전전두엽피질의 안쪽 부위, 대상피질 그리고 뇌섬엽을 포함한다. 다른 fMRI 연구들에 따르면 피험자들이 초콜릿 우유와 관련된 쾌감을 보고할 때마다 안와전두피질의 일부가 활성화되었다. 그러나 많은 양의 초콜릿 우유를 마시고 나면 이 영역의 활성화가 멈추면서 피험자들도 더 이상 쾌락을 보고하지 않았다.

아직 해결하지 못한 한 가지 중요한 의문점은 쾌락과 관련된 영역들이 쾌락을 부호화하는 일에만 관여하는지, 아니면 쾌락이라는 감각을 유발하는 일에도 관여하는지 여부다. 판결은 아직 나오지 않았다. 이 영역들이 쾌락의 부호화에 관여하는 것은 분명하지만, 쾌감의 정확한 발생 과정은 여전히 연구 중이다.

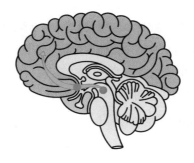

보상회로와 관련된 주요 뇌 구조

쾌락에 관한 연구는 상대적으로 미진한 반면, 또 다른 보상 체계인 욕구는 중독의 영향으로 지나치게 많이 연구되고 있다. 사실 우리는 중독 질환을 통해 욕구의 작용 방식에 대해 배워왔다.

기억할 사항: 쾌락과 관련된 보상영역

· 보상은 쾌락, 욕구, 그리고 과거의 경험을 근거로 미래의 보상을 예측하는 학습을 포함한다.

· 올즈와 밀너의 초기 연구는 자기 자극의 기회를 얻은 쥐들이 몇 시간씩 집요하게 자극하는 영역들을 찾아냈다. 보상 체계에 대한 첫 번째 통찰이었다.

· 보상회로는 복측피개영역, 측좌핵, 복측창백, 전전두엽피질, 대상피질,

뇌섬엽의 일부를 포함하는 뇌 구조물들의 복잡한 집합체.

· 쾌락과 연관된 주요 하위 영역은 측좌핵, 복측창백, 안와전두피질, 대상피질, 뇌섬엽의 특정 영역이다.

· 한 가지 중요한 미해결 과제는 이러한 영역들 또는 그들의 상호작용이 실제로 쾌감을 유발하는지 여부다.

중독은 뇌의 보상 체계를 어떻게 손상시키는가

미국중독의학협회The American Society of Addiction Medicine, ASAM는 중독을 다음과 같이 정의한다.

중독은 보상, 동기, 기억 및 관련 회로의 원발성 만성 질환이다. 이 회로의 기능장애는 특유의 생물학적·심리적·사회적·정신적 증상으로 이어진다. 중독은 개인이 약물 사용이나 그 밖의 행동을 통해 보상 또는 안도감을 병적으로 추구하는 과정에서 나타난다. 중독의 특성은 지속적인 자제 불능, 행동조절장애, 갈망, 행동 및 대인관계에서의 심각한 문제들에 대한 인식의 감소, 정서 반응의 결함이다. 다른 만성질환처럼 중독에서도 완화와 재발의 악순환이 자주 나타난다. 회복 활동을 통한 치료나 개입이 없으면 꾸준히 진행되어 장애나 조기 사망을 야기할 수 있다.

도파민 분비는 쾌락과 욕구 반응의 중요한 부분이다. 약물 남용 초기에는 도파민의 타격 강도가 정상적인 보상성 자극(예를 들어, 섹스나 초콜릿)보다 훨씬 더 강력하며(2~10배 더 높은 것으로 추정된다), 강한 중독 증상을 유발하여 약물을 거부할 수 없게 만든다. 많은 사람이 불규칙적인 운동을 할 때 일종의 운동 중독과 부정적인 금단 증상을 경험하지만, 운동에 의한 도파민 반응은 일반적으로 약물 남용만큼 강하지 않으므로 이러한 반응들은 중독에 대한 ASAM의 공식적인 정의에 근접하지 못한다. 중독의 1단계 개시_acquisition에서 진정한 의존으로 향하는 첫 번째 걸음은 도파민의 인위적인 급증이다.

예를 들어, 코카인은 도파민이 분비되는 곳(측좌핵과 같은 영역)에 직접 작용하며, 뇌세포의 정상적인 도파민 재흡수를 억제하여 평소보다 많은 양의 도파민이 그 주변을 떠다니게 한다. 측좌핵에 고농도로 쌓인 도파민은 극도의 희열감을 유발한다. 정상적인 뇌는 도파민에 의한 타격에 익숙하지 않으며, 그 결과로 느껴지는 감각도 이전의 감각과 완전히 다르다. 따라서 코카인 중독은 강력할 수밖에 없다. 그에 반해 헤로인은 VTA와 측좌핵을 포함한 보상회로 전체에 분포하는 아편 수용체를 표적으로 삼는다. 수용체가 세포의 출입구라는 것을 기억하라. 헤로인이 VTA의 아편 수용체를 활성화하면 도파민 분비가 촉진된다. 니코틴이 도파민 분비를 촉진하는 방식은 또 다르다. 담배를 피우면 니코틴이 혈류로 유입되고 VTA의 아세틸콜린 수용체를 활성화하여 도파민 분비를 촉진한다. 세 가지 약물 모두 황홀감의 형태로 쾌락을 제공하지만, 도파민 체계의 활성화 방식과 작용 장소 및 수준이 다르기 때문에 각각 다른 종류의 감각을 느끼게 한다. 해부학적 경로의 정밀한 활성화 방식과 활성 수준의 차이들이 보상의 다양한 '맛'을 만들어낸다. 최근 연구는 이러한 약물 남용의 주된 역할이 보상회로의 욕구영역을 자극하는 것이라고 지적한다. 강렬한 쾌락은 분명 약물 중독의 초기 단계인 개시의 일부지만, 보상 체계는 연구자들이 명확히 밝히려고 시도 중인 욕구영역으로 초점을 빠르게 옮기는 것 같다.

중독의 2단계인 단계적 확대escalation는 개시 후 약물 사용이 증가하면서 나타난다. 단계적 확대의 원인 중 하나는 도파민의 첫 번째 타격이 무더운 여름에 아이스크림을 한 입 베어 먹을 때처럼 놀랍지만 다섯 번째, 여섯 번째, 일곱 번째는 그렇지 않는다는 데 있다. 첫 타격감을 되찾는 유일한 방법은 더 많은 약물을 더 자주 복용하는 것이다. 시간이 지날수록 도파민에 대한 민감도가 떨어지고 반응이 약해지면서 처음에 느꼈던 최대 반응을 되찾기 위해 더 많은 약물을 찾게 된다.

중독 성향을 알려주는 주 요인은 유전자 구성이다. 유전적으로 중독 위험성을 가진 인구는 총 인구의 40~60퍼센트 정도로 추산된다. 보통 중독자들이 약물로부터 더 강렬한 쾌락을 얻을 것이라고 생각하지만, 그와 반대로 그들에게는 도파민 수용체의 반응성을 평균보다 떨어뜨리는 유전자 변형이 일어난다. 유전적으로 중독 성향을 가진 사람들은 알코올, 코카인, 단 음식 등에 의한 도파민의 타격에도 일반적인 사람들보다 황홀감을 덜 느낀다. 남들이 두 잔을 마시고 취할 때 그들은 여섯 잔을 마셔야 하고, 담배도 하루에 네 갑은 피워야 할 것이다.

유전적 요인은 다른 방식으로도 중독에 영향을 준다. 코카인과 같은 약물은 측좌핵에 있는 다양한 유전자들의 발현에 영향을 주고, 그 중 한 유전자는 인간의 뇌에 있는 델타포스비$_{DeltaFosB}$라는 단백질의 발현에 영향을 준다. 따라서 코카인을 투약할 때마다 측좌핵 세포에 델타포스비가 쌓이며, 6~8주 정도 머물면서 계속 축적된다. 델타포스비의 축적이 중독 행동을 활성화하는 진짜 스위치라는 증거도 있다. 예를 들어, 약물 치료를 받지 않은 쥐는 측좌핵의 델타포스비 증가만으로 통제 집단 쥐보다 더 많은 약물을 섭취한다. 따라서 델타포스비는 약물이 주변에 없을 때도 중독 행동을 지속하게 하는 분자 스위치로 여겨진다. 이렇게 신경 경로가 바뀐 중독자들은 약물 중독을 멈춘 후에도 종종 다른 중독 행동으로 옮겨간다. 또한 델타포스비는 장기적인 중독을 유발하는 뇌 신경의 재배열에 관여하는 것으로 보인다. 코카인을 장기 투약하면 측좌핵의 수상돌기가 더 커지고 무성해진다. 이로 인해 측좌핵의 뉴런은 다른 영역으로부터 정보를 더 잘 받아들이게 만든다. 과학자들은 특히 해마와 편도체에서 온 정보가 더 많은 영향을 미치는 것으로 보고 있다. 이것은 약물 복용과 관련된 사건, 맥락, 감정에 대한 모든 기억이 측좌핵에 더 강력한 영향을 미친다는 것을 의미한다. 이것은 갈망의 생물학적 근거로 여겨진다. 주변에 도파민이 없어도 약물 복용이라는 사건에 대한 기억이 강화된 경로에 의해 활성화되면 갈망을 경험한다. 보상회로에 나타나는 장기적인 해부학적 변화로 인해 중독 치료는 정말 어려운 반면, 재발은 아주 쉽다.

대다수는 코카인이나 헤로인에 중독되지 않겠지만, 많은 사람을 뜨끔하게 만드는 중독이 하나 있다. 바로 설탕 중독이다. 누구나 살면서 한 번쯤 설탕에 중독됐다고 느낀다. 나도 운동을 하고 있을 때 트윅스 단계를 거치면서 설탕에 중독됐다고 느꼈다. 우리에게 쾌락을 가져다주는 대부분의 것들처럼 중독 수준이 약한 설탕도 코카인, 헤로인과 동일한 보상회로를 활성화한다. 그러나 최근의 한 충격적인 연구에 따르면, 쥐들은 더 많은 코카인을 주어도 지극히 단 용액을 선택했고, 이 연구 결과는 설탕과 단맛이 상황에 따라 코카인보다도 더 큰 보상을 줄 수 있음을 보여주었다. 과학자들은 이런 충격적인 결과를 설명하기 위해 포유류(설치류와 인간을 포함한)가 당 농도가 낮은 환경에서 진화했으므로, 인간도 고농도의 설탕에 과민한 것이라는 가설을 세웠다. 또한 고농도의 당분에 노출되기 쉬운 현대사회의 환경이 설탕에 대한 보상 체계의 과민증을 유발하여 앞서 이야기한 쥐 실험과 같은 결과가 나오는 것이라고 추측한다. 과학자들은 설탕 중독도

식이 장애의 일부이며 심각한 결과를 초래할 수 있음을 깨닫기 시작했다. 우리는 여전히 설탕 중독의 특성, 약물 남용과의 연관성, 그리고 중독 치료법에 대해 이해하려고 노력 중이다. 해답은 아직 찾지 못했지만 한 가지 주목해야 할 가능성은 중독 행동에 대한 운동의 억제 효과다.

운동이 중독을 억제할 수 있을까?

일부 약물 중독 치료 센터는 이미 운동의 치료 효과를 대단히 신뢰하고 있다. 예를 들어, 뉴욕에 기반을 둔 중독 치료 시설 오디세이하우스는 회복 중인 중독자들을 대상으로 마라톤 훈련 프로그램을 운영하여 높은 평가를 받고 있다. 이 프로그램은 런 포 유어 라이프Run for Your Life라고 불리며, 오디세이하우스의 수석 부사장 겸 최고 운영 책임자이자 약물 중독자였던 존 타볼라치에 의해 시작되었다. 타볼라치는 마라톤 덕분에 약물 중독을 이겨낼 수 있었다고 믿었다. 오디세이하우스의 입소자들은 경찰에게 쫓길 때 말고는 달려본 적이 없다며 우스갯소리를 한다. 이 프로그램은 입소자가 서서히, 그리고 짧지만 규칙적으로 센트럴 파크를 달릴 수 있도록 돕는다. 그들은 달리기 시간을 점차 늘려가다가 뉴욕 마라톤이라는 마지막 행사를 끝으로 훈련을 마친다. 이쯤에서 러너스 하이에 대해 이야기해보자! 오디세이하우스는 운동의 중독 치료 효과를 신뢰한다. 그렇다면 이 믿음 뒤에 숨어 있는 신경과학은 무엇일까? 그것은 약물 남용이 개입하는 보상 체계와 운동의 상호작용을 근거로 하며, 여기에는 운동이 중독의 일부 핵심 단계에 개입하여 중독 행동을 대체한다는 유의미한 증거도 있다.

먼저 팀 스포츠나 규칙적인 운동을 하는 청소년들은 신체 활동이 적은 청소년들에 비해 담배나 불법 약물을 덜 사용한다. 이러한 연구 결과는 시사하는 바가 크지만, 연관성만 제시할 뿐 운동이 실제로 약물 사용을 감소시킨다는 것을 증명하지는 않는다. 그러나 동물 연구는 운동이 중독으로 발전할 기회를 감소시킨다는 인과적인 증거를 제공한다. 쳇바퀴와 메스암페타민을 자가 투여할 기회를 동시에 제공받은 쥐들은 쳇바퀴에 대한 접근성을 차단당한 쥐들보다 약물을 더 적게 투여할 것이다. 알코올의 경우 비슷한 결과가 나타났기 때문이다. 이것은 운동이 약물의 효과적인 대체물로 작용할 수 있다는 무척 흥미로운 아이디어를 제시한다. 설치류가 이 정도 수준의 운동을 한다고 해서 도파민 분비가 약물만큼 폭발적으로 증가하지는 않지만, 약물 섭취와 경쟁하기에는 충분한 것으로 보인다. 운동이 설치류의 약물 사용을 감소시키는 방법에 대해서는 많이 알려져 있지만 인간의 약물 사용을 감소시키는 운동 개입의 효과를 직접적으로 살펴보는 연구는 많이 부족하다. 게다가 이러한 실험은 까다롭고 비용도 많이 들기 때문에 진전이 매우 더디다.

가장 힘들 수 있는 중독의 3단계는 금단 현상이다. 치료 후 1년 내에 중독자의 70퍼센트가 다시 약물을 사용한다는 보고가 있을 만큼 매우 어려운 단계다. 이 시기에 갈망과 우울증은 사람들을 다시 중독으로 밀어넣는다. 좋은 소식은 운동이 중독자, 특히 흡연자의 금단 현상에 유익한 효과를 줄 수 있다는 강력한 증거를 찾았다는 것이다. 운동은 흡연에 대한 갈망, 금단 현상 그리고 부정적인 효과를 줄이는 것으로 나타났다. 안타깝게도 이 수준까지 연구된 중독 약물은 니코틴뿐이다.

그러나 운동의 고유한 특성을 살펴보면 운동이 훨씬 더 광범위한 약물들에 의한 금단 현상에 긍정적인 영향을 준다는 것을 알 수 있다. 특히 운동이 우울증과 스트레스 증상을 감소시킬 수 있다는 사실은 이미 수많은 데이터에 의해 밝혀졌다. 스트레스는 회복 중인 중독자들을 다시 약물 중독으로 돌아가게 하는 주요 촉발제다. 앞서 이야기한 것처럼 운동은 다양한 방식으로 스트레스를 완화하며, 스트레스가 줄어들면 우울증도 줄어든다.

그러므로 운동이 중독의 세 단계인 개시, 단계적 확대, 금단 현상에 유용한 것은 분명하다. 전반적인 신경과학 데이터에 따르면 운동이 약물과 동일한 방식으로 여러 경로를 사용하면서 보상중추를 활성화하기 때문이다.

보상회로 활성화하는 법

사교 활동과 친구관계가 늘어나면서 실험실 밖의 삶은 내게 일상적인 즐거움이 되었다. 나는 지인들과 먹고 마시고, 영화와 공연을 함께 보러 다니며 시간을 보냈다. 새로운 사회생활을 경험하는 매 순간을 사랑했지만, 그중에서도 세상에 무언가를 베푸는 활동이 굉장히 즐거웠다. 2009년 여름부터 1년 동안 나는 뉴욕 대학교 학생, 교수진, 교직원 들을 대상으로 매주 무료 운동 강습을 진행했다. 외부인도 누구나 참여할 수 있었다. 처음에는 '운동이 뇌를 바꿀 수 있을까?' 수업을 연습하는 데 아주 유용했다. 그러나 강습이 너무 재밌어서 그만둘 수가 없었다. 수업을 종강한 이후에도 수강생들은 한참 동안 운동 강습에 참여했고, 그곳에서 나는 강습이 아니었다면 만나지 못했을 수많은 학생을 만났다.

강습을 하면서 가장 기억에 남는 경험은 학생들의 변화와 관련된 것들이다. 처음 강습을 시작했을 때 신경과학과에서 박사후연구원으로 근무 중이던 파스칼이 유일한 남자 강습생이었다. 하지만 그를 특별히 신경 쓰지 않았다. 몇 주 후부터 그는 맨 앞줄 중앙에 자리를 잡았고 열정적으로 강습에 참여했다. 그러던 어느 날 아침, 우리는 실험실 건물의 엘리베이터에서 마주쳤고, 파스칼이 잠시 얘기를 해도 되느냐고 물었다.

"물론이죠." 내가 대답했다.

그러자 그가 말했다. "선생님은 생명의 은인이세요!"

처음에는 농담인 줄 알았다. 그는 처음 강습을 듣기 시작했을 때 체중이 20킬로그램 이상 더 나갔었다고 설명했다. 그제야 운동복을 허수아비처럼 헐렁하게 걸치고 있는 모습이 눈에 들어왔다. 그는 예전 신분증을 보여주었고, 나는 완전히 달라진 모습에 너무 깜짝 놀랐다. 얼굴이 훨씬 갸름해 보였다! 왜 진작 알아차리지 못했을까. 그는 강습 전에는 일과 수업 때문에 운동을 전혀 하지 못해 몸 상태가 엉망이었다고 말했다. 그러나 내 강습을 계기로 운동을 시작하여 체중을

줄였고, 같은 학과 교수를 매주 만난다는 사실도 동기부여가 됐다고
말했다.

뭔가를 베푸는 활동은 주 1회 운동 강습에서 그치지 않았다. 나는
몇 명의 운동 강사를 모집하여 오디세이하우스의 입소자들에게 6개
월 코스의 무료 운동 수업을 열었다. 나는 오디세이하우스의 단골들
을 알아가는 것이 좋았고, 그들이 강사들에게 감사해하는 모습을 보
는 것만으로 마음이 따뜻해졌다.

물론 나는 지역사회에 뭔가를 베풀며 행복감을 느낄 때 뇌에서 무
슨 일이 일어나는지 들여다봐야 했다. 뭔가를 베풀 때마다 느껴지는
따뜻함과 포근함에 관여하는 영역을 설명하는 연구 결과들이 몇 가지
있다. 오리건 대학교의 한 연구팀은 자발적으로 기부할 기회를 얻은
사람들의 뇌 활성을 조사했다. 과거의 연구들은 피험자들에게 돈을
주면 뇌의 보상회로가 활성화된다는 사실을 보여주었다. 일리가 있는
결과다! 돈을 마다할 사람이 어디 있겠는가? 오리건 대학교 연구팀의
연구 결과는 놀라웠다. 사람들이 자발적으로 자선단체에 돈을 기부
하자 돈을 받았을 때와 동일한 보상회로가 활성화된 것이다. 이것은
주는 것이 받는 것만큼 만족스럽다는 주장의 신경과학적 증거다. 다
시 말해 관대함은 우리에게 보상을 주며 뇌에도 좋다. 지극히 개인적
인 관점에서 나는 이 결과에 전적으로 동의한다. 그러나 직접적인 기
부에서만 보람을 찾을 수 있는 것은 아니다. 나는 해부학 수업의 수강

생들에게 간의 구조를 알려주면서 예상치 못한 작은 즐거움을 느꼈었다. 처음에는 그것이 가르치는 행위에서 비롯한 즐거움이라고 생각했지만, 사실 그것은 뭔가를 베푸는 행위에서 비롯한 즐거움이었다. 나는 대부분의 교사들, 특히 훌륭한 교사들은 모두 위대하다고 생각한다. 그들은 누군가에게 사랑을 베푸는 일을 하고 있기 때문이다. 가르치는 일은 교사들의 보상 체계를 활성화하며, 이타심이 그 직업의 핵심인 것으로 보인다.

브레인 핵스: 뇌를 웃게 만드는 법

이타적인 4분 브레인 핵스를 이용하여 보상 체계를 활성화해보라.

- 길거리에서 만난 낯선 사람을 도와주어라.
- 모르는 사람에게 미소를 지으며 인사하라.
- 싫어하는 사람에게 친절을 베풀어라.
- 길거리나 해변에서 쓰레기를 주워라.
- 누군가에게 감사의 편지를 써라.
- 누군가에게 지식을 나누어주어라.

사랑, 로맨스 그리고 보상 체계

나는 사회생활에서 경험한 새롭고 흥미로우며 가끔은 이타적인 모험이 로맨스 영역에서도 곧 나타날 것이라고 확신했다. 나는 조금씩 바뀌어가는 내 모습과 새로운 친구관계 그리고 내 삶을 사랑했다. 다시 연애를 시작할 준비가 되어 있었고, 얼마 지나지 않아 새로운 사람이 내 삶에 나타났다.

그의 이름은 마이클이었고, 우리는 한 친구의 소개로 만났다.

가장 인상 깊었던 부분은 마이클의 긍정적인 에너지였다. 그는 활동적인 사람이었고, 그와 대화를 할 때면 마치 내가 우주의 중심처럼 느껴졌다. 게다가 그는 재미있고 무척 다정한 사람이었다. 우리는 식사를 마치고 식당 문을 나서면서도 계속 수다를 떨었다. 진짜 헤어져야 할 때가 되자 그가 무척 아쉬운 표정으로 작별 인사를 했던 것도 기억난다!

그때까지 겪어본 것 중 가장 사랑스러운 첫 데이트였다.

우리에게는 중요한 공통점이 아주 많은 것 같았다. 우선 일에 대해 열정적이었고 뉴욕 생활을 사랑했으며 워싱턴 D.C.에서 살아본 경험이 있었다. 또 우리는 같은 가족관과 인생관을 가지고 있었다. 그가 대가족 속에서 가깝고 다정한 관계를 유지하고 있다는 점이 특히 존경스러웠다. 그리고 그는 정말 나를 많이 웃게 해주었다.

이제 뇌의 보상중추 활성화에 대해 얘기해보자! 나는 VTA의 도파민 뉴런들이 미친 듯이 번쩍이는 모습을 상상했다. 내 상상은 정확했다. 신경과학자들은 내가 경험했던 것처럼 강렬하고 로맨틱한 사랑의 초기 단계에서 활성화되는 뇌의 일부를 연구하기 시작했고, 놀랍게도 영국과 미국, 중국에서 진행된 연구들에서 동일한 결과가 도출되었다. 이 연구들에 따르면, 피험자가 연인의 사진을 볼 때는 일반 지인을 볼 때와 달리 VTA와 미상핵이 추가로 활성화되었다. VTA 활성화는 로맨틱한 사랑의 초기 단계에 연인을 바라보는 것만큼 높은 수준의 보상을 의미한다. 미상핵은 VTA처럼 보상 및 동기와 관련되어 있다. 예를 들어 금전적인 보상이 예상될 때, 즉 게임을 할 때마다 돈이 나오도록 조작된 슬롯머신이 있을 때 미상핵의 동일한 영역이 활성화된다는 연구 결과도 있었다. 다시 말해 보장된 보상은 미상핵을 활성화한다. 그뿐만 아니라 연구자들은 편도체에 대한 지속적인 억제에 대해서도 언급했다. 즉, 강렬한 사랑을 하는 동안 편도체에 의해 처리되는 공포는 줄어든다. 개인적인 경험으로 비추어볼 때 나도 이 해석에 동의한다. 이러한 연구 결과들은 강렬하고 로맨틱한 사랑의 초기 단계에서 도파민의 보상 및 동기 체계는 과활성화되고 공포 반응은 억제된다는 것을 시사한다. 내 기분이 그렇게 좋았던 것도 당연한 결과다!

연구자들은 강렬하고 로맨틱한 사랑을 이렇게 표현한다. "행복감, 좋아하는 사람에 대한 과도한 집중, 그 또는 그녀를 향한 집착, 연인에게 감정적으로 의존하고 연인과 감정적으로 연결되기를 갈망함, 에너지의 고조." 강박적인 행동과 도파민에 의한 강렬한 활성화를 조합해보면… 중독 초기의 주요 특성들과 매우 유사하다.

내게도 그러한 증상들이 전부 나타났다.

마이클 그리고 그와 시간을 보내는 것에 대해 집착함—그렇다!

그의 감정적인 주목을 갈망함—그렇다!

넘치는 에너지—그렇다!

그렇다, 나는 중독 초기와 유사한, 강렬하고 로맨틱한 사랑의 초기 단계에 해당했다.

사랑에 빠진 나는 새로운 왕자님과 행복한 결말을 맺어 죽음이 우리를 갈라놓을 때까지 남은 생을 함께 보내면 어떨지 상상하기 시작했다. 우리는 오랫동안 행복한 결혼 생활을 하면서도 강렬하고 로맨틱한 사랑의 감정을 보고한 부부들의 뇌에 대해 알고 있다. 초기의 강렬하고 로맨틱한 사랑에 대해 연구했던 일부 연구자들은 20년간 지속된 관계에서도 그와 동일한 뇌 활성화가 관찰될 수 있을지 궁금해했다. 그들은 오랫동안 짝을 지어 생활한 모란앵무 암컷이 파트너의 사진을 보자 강렬하고 로맨틱한 사랑의 초기 단계에서처럼 VTA와 미상핵이 활성화되었다고 밝혔다. 연구자들은 담창구, 흑질 등 다른 영역의 활성화도 확인하기 시작했다. 이러한 영역들은 모성애와 관련된 것으로 이미 확인되었기 때문에 더욱 흥미롭다. 이것은 장기적인 관계가 사회적 애착에 관여하는 것으로 여겨지는 뇌 체계를 활성화함을 시사한다. 게다가 이 영역들은 애착과 유대감 형성에 영향을 주는 화학물질인 옥시토신과 바소프레신의 수용체를 많이 가지고 있다. 그러므로 이러한 연구들은 장기적이고 로맨틱한 유대가 강해질수록 깊은 애착과 관련된 영역이 활성화된다는 것을 보여준다. 그것이 바로 내가 갈망하는 뇌 활성의 패턴이었다!

마이클과의 허니문 기간은 정말 환상적이었다. 허니문이라는 것이 늘 그렇지 않은가? 시카고, 마이애미, 샌프란시스코에서의 로맨틱한 여행, 잠들기 전에 나누던 긴 통화 그리고 서로에게 집중했던 강렬한 시간들로 인해 사랑은 더 깊어졌다.

우리는 사랑에 빠졌을 뿐 아니라 점점 더 진지한 사이가 되어갔다.

그러나 처음 9개월 동안 머릿속에서 소용돌이쳤던 사랑과 보상 반응의 성급한 안개 속에서 조금 더 주의를 기울였어야 할 위험 신호가 하나 있었다.

마이클은 연애 초반부터 아내와 별거 중이며 이혼할 것이라는 입장을 아주 명확히 밝혔다. 그는 이혼을 진행하는 중이며 곧 마무리될 것이라고 설명했다. 나는 기꺼이 그의 말을 믿었다. 그러나 몇 달이 지나고, 다시 1년이 지나고, 그로부터 다시 1년 6개월이 지나자 빨리 이혼하지 않을 것이 확실해졌다. 아무런 진전도 없이 시간만 흘렀고, 나는 그에게 정말 이혼하려는 의지가 있는지 궁금해지기 시작했다.

우리는 이혼 문제를 가지고 자주 다투었다. 그 문제는 우리 관계의 중심이 되었다.

그런 상황에서 이렇게 말할 수도 있었다. "그거 알아? 난 이혼도 못 하고 별거 중인 남자랑은 데이트 안 해." 정말 그랬어야 했다.

그러나 그와 함께 있으면 사랑받는다는 느낌이 들었다. 그냥 포기하고 싶지 않았다.

나는 말했다. "약속의 증거가 필요해."

그가 대답했다. "그렇게 해줄게!"

우리는 일주일쯤 후부터 동거를 시작했다.

그리고 두 번째 허니문 기간이 찾아왔다.

나는 그와 함께 사는 것이 좋았다. 그와 함께 산다는 생각 자체가 좋았을 수도 있다. 그러나 이혼으로 가는 길은 끝이 보이지 않았고, 그 사실을 알면서도 모르는 척해야 했다. 그가 이혼을 원한다는 것은 의심하지 않았지만, 오랜 시간 약속만 되풀이할 뿐 실행하지 못하는 무능력함이 그에 대한 신뢰를 무너뜨렸다.

동거는 이별의 시작이었다. 깨져버린 약속들과 물거품이 된 마감일이 모든 것을 침식하기 시작했다. 연애 초기에는 충분히 감당할 수 있었던 차이들도 점차 견디기 어려워졌다. 나는 그의 두 번째 여자로 살지 않기로 했다.

그리고 어느 순간, 더는 그를 사랑하지 않는다는 사실을 깨달았던 것 같다. 그때 그와 헤어져야겠다고 결심했다.

관계를 끝내야 할 때라는 신호가 명확했는데도 이별의 고통은 상상을 초월했다. 처음부터 너무 깊고 열정적인 사랑에 빠져버렸기 때문이다. 나는 그와 결혼할 것이라고 굳게 믿었다. 너무나 깊고 끔찍한 상실이었다. 하지만 그것은 옳은 결정이었다.

이별 후 나는 무척 힘든 시간을 보냈다. 그의 흔적이 곳곳에 남아 있었다. 여행지에서 사다 준 장식품, 함께 자주 갔던 레스토랑, 심지어 직장이나 집에서 통화했던 시간까지. 모두 마이클에게 느꼈던 사랑의 감정과 관련된 것들이었다. 중독에서 갈망과 재발을 일으켰던 단서들처럼 그의 모든 흔적이 지난 감정들에 대한 기억을 다시 떠올리게 했다. 어쩌면 그때의 연애는 생각보다도 더 중독과 비슷했는지도 모른다. 모든 흔적이 깊은 갈망을 만들어냈다. 재결합을 갈망했다기보다 강렬하고 로맨틱했던 우리의 사랑을 다시 느끼고 싶은 마음이 간절했다.

이별을 극복하기까지 아주 오랜 시간이 걸렸다. 나는 규칙적으로 운동을 했고, 거기에 요가를 추가했다. 버몬트의 굿 커먼스라는 작고 귀여운 민박에서 진행하는 요가 수련회를 신청했고, 그곳에서 즐거운 시간을 보냈다. 요가를 좋아하는 매력적인 사람들을 만난 덕분에 명상 수련회까지 신청했다. 이런 활동들은 내가 행복감과 완전함을 다시 느낄 수 있게 도와주었다.

느리지만 꾸준한 회복을 통해 나는 내게 또 다른 변화가 일어났음을 깨달았다. 다시 말해, 드디어 연애 관계에서 내게 필요한 것이 무엇인지 확실히 알게 되었다. 무엇보다 함께할 수 없는 남자는 더 이상 만나지 않기로 했다. 어떤 의미에서 마이클은 음악가 대니얼만큼 만나기 힘든 사람이었다. 어쩌면 나는 손에 넣기 어려운 남자들을 내 편으로 끌어들일 수 있는지 확인하고픈 마음에 그런 관계들에 혹했는지도 모른다. 나는 앞으로 그런 불가능한 관계를 참지 않기로 했다. 유부남, 별거 중인 남자, 일에 너무 빠져 있는 남자, 아니면 다른 어떤 방식으로든 매여 있거나 함께하기 힘든 남자들은 더는 만나지 않겠다는 의미였다.

마이클은 내게 중요한 교훈을 가르쳐주었다. 행복한 관계를 맺기 위해서는 무엇이 필요한지 정확히 파악해야 하고, 만약 그러한 요소들이 존재하지 않는다면 두 사람 모두를 위해 떠날 준비를 해야 한다.

로맨틱한 사랑은 보상중추에서 도파민 분비를 촉진하는 동시에 우리를 사랑의 감정에 강하게 중독시켜 의사 결정 및 평가 능력을 손상시키는 것으로 보인다. 적어도 나는 그렇게 느꼈다. 마이클과 관계를 유지하는 동안 내 전전두엽 피질로부터 도움을 받을 수도 있었지만, 그러는 대신 나는 상당히 분명한 징후들을 무시한 채 남은 사랑을 최대한 오래 지킬 수 있는 방법을 선택했다.

뭐, 다 그렇게 살면서 배우는 것이다.

기억할 사항: 뇌의 보상 체계와 사랑의 감정

- 진정한 자선과 관용의 행위는 뇌의 보상 체계를 강하게 활성화할 수 있다.
- 보상 체계의 활성화는 좋은 목적을 가지고 베푸는 행위에 동반되는 따뜻하고 포근한 느낌의 기저를 이룬다.
- 연애 초기의 강렬하고 로맨틱한 사랑은 사회적 결속과 관련된 뇌 화학 물질인 옥시토신과 바소프레신의 분비를 촉진할 뿐 아니라 뇌의 보상 체계를 강하게 활성화할 수 있다.
- 강박 행동 등 강렬한 사랑의 특징은 중독의 특징과 유사하다.
- 이별 후 연인과 관련된 장소, 사건, 물건에 대해 느끼는 강한 애착이 중독의 갈망과 유사한 후회와 그리움을 일으킬 수 있다.
- 우리는 최악의 이별에서도 회복할 수 있으며, 실수로부터 배우도록 뇌를 재교육할 수 있다.

브레인 핵스: 뇌의 쾌락중추를 자극하기 위한 아이디어

우리는 모두 쾌락중추를 자극하는 것들에 대해 알고 있다. 이것들은 월요일 출근 대신 할 수 있기를 바라는 일들이다. 여기에 내 개인적인 목록에서 발췌한 일부를 소개한다.

- 좋아하는 음식 먹기
- 고급 보르도 와인 마시기
- 사랑을 나누기
- 전신 마사지 받기
- 가장 좋아하는 영화 보기
- 재밌는 스포츠 경기 보기
- 가장 좋아하는 운동하기
- 손에서 내려놓을 수 없을 만큼 좋은 책 읽기

제9장

걷기만 해도
아인슈타인이 될 수 있다

번뜩이는 통찰력과 확산적 사고

20년 전이었다면(10년 전이었어도) 나는 나 자신을 결코 창의적인 사람으로 생각하지 않았을 것이다. 과학을 좋아하는 괴짜였던 나는 지식을 습득하고 주의력을 훈련하고 사실과 아이디어에 대한 기억을 쌓은 후 신중하게 정보를 분석했다. 이런 기술들은 창의성과는 거리가 멀어 보인다. 실제로 그때의 나는 창의성이 예술가, 음악가, 댄서, 배우처럼 예술적이고 창의적인 방식으로 자신을 표현하는 능력을 인정받은 사람들만의 영역이라고 생각했다. 물론 알베르트 아인슈타인과 토머스 에디슨, 스티브 잡스와 마크 저커버그처럼 업무적인 탁월함에 의해 창의적이라고 여겨지는 과학자와 혁신가들도 있다.

그러나 지난 몇 년간 이러한 생각이 완전히 바뀌었다. 이제 나는 나 자신을 창의적이라고 생각할 뿐 아니라 모든 사람에게 창의성이 잠재되어 있다고 믿는다. 이 책은 여러 가지 면에서 나만의 창의성 프로세스를 찾아가는 여정에 대한 서사이며, 이것은 운동과 두뇌의 연관성을 발견하면서부터 지금까지 계속되고 있다. 지난 몇 년간 나는 온갖 낯선 분야에 뛰어들었고, 창의적 사고에 관한 모든 것을 밝히고 이해하는 데 방해가 되는 장벽들을 허물었다. 창의성과 과학은 이제 나와 떼려야 뗄 수 없는 사이가 되었다.

창의성에 대한 느낌도 이전과 다르다. 나는 삶과 그것의 가능성이 열려 있을 때 가장 창의적이며, 이전보다 아이디어들을 더 쉽게 연결하고 더 자발적으로 사고하며 남들의 생각을 의식하지 않는다. 이러한 관점이 일에도 영향을 미치면서 지난 몇 년간의 연구는 훨씬 더 다양하고 독창적이며 자발적이었다. 만약 10년 전에 내가 운동 강사 교육을 받고 운동이 사람들에게 미치는 영향을 연구할 것이라는 이야기를 들었다면, 아마 코웃음을 쳤을 것이다! 요즘 나는 아프리카 스타일의 드러머를 강연에 데려와 수백 명의 군중 앞에서 의식적인 운동의 효과를 직접 선보인다. 나는 정말 먼 길을 걸어왔다!

나 자신을 창의적인 사람으로 보게 되었다는 것은 어떤 의미일까? 20년 동안 과학자로서 견지해왔던 방식과 다르게 사고한다는 것일까? 이 질문에 대한 대답은 이중적이다. 나는 나 자신을 창의적인 사람으로 보지 않으면서도 어떤 면에서는 늘 창의적으로 사고해왔다. 나는 과학자로서 질문을 던지고 문제를 새로운 관점에서 보려고 끊임없이 노력했다. 그러나 또 다른 면에서는 내가 전보다 더 창의적인 사람이 되었다고 믿는다.

그렇다면 창의적이라는 것은 무엇을 의미할까?

이 장에서는 내가 창의성을 발견하고 받아들인 과정과 더불어 여러분이 창의성을 발견하고 받아들일 수 있는 방법을 이야기할 것이다.

창의성에 관한 세 가지 신화의 실체

창의성에 관한 신경과학을 본격적으로 논의하기 전에 먼저 창의성에 관한 오랜 신화들을 다루고자 한다.

신화 1. 창의성=우뇌

이 신화는 인터넷에 광범위하게 퍼져 있으며 매체를 통해서도 종종 발표된다. 인간은 창의적이고 직감적인 우뇌형, 그리고 침착하고 냉정하며 분석적인 좌뇌형으로 분류된다. 여기서 분명히 짚어야 할 진실은 한쪽 뇌만 창의성에 관여하거나 그것을 책임진다는 개념은 사실이 아니라는 것이다. 대부분의 언어 기능을 좌뇌에서 수행하는 것은 사실이지만, 최근 연구들은 양쪽 뇌를 많이 사용할수록 창의적이라는 결과를 내놓았다. 다음에 누군가가 자신이 창의적인 우뇌형이라고 말하면, 최근의 신경과학 연구에서 전전두엽피질의 광범위한 영역이 창의성에 관여하며 실제로 양쪽 뇌 모두 창의성이 필요한 작업에 사용되는 것으로 밝혀졌다고 말해주면 된다.

신화 2. 창의적인 사람은 따로 있다.

집 안의 수납 문제를 완벽히 해결하지 못했다고 해서 창의적인 사람은 따로 있다는 신화를 핑계삼아서는 안 된다. 창의성은 마티스나 마리 퀴리 같은 천재들에게만 가능한 신비로운 과정이 아니다. 최근 발견된 증거에 따르면, 창의적 사고는 일상적인 사고의 변형이므로 다른 인지 기능과 마찬가지로 학습할 수 있다. 창의성에 관해 연구할 때는 적합한 과제를 선정하는 것이 가장 어렵다.

신화 3. 창의적인 아이디어는 모두 독창적이다.

나도 초창기에는 신경과학의 개척자가 되어 그 누구도 생각하지 못한 무언가를 발견하는 꿈을 꾸었지만, 사실 창의적인 아이디어의 대부분은 기존의 개념을 바탕으로 한다. 새로운 아이디어는 이전 연구와 다르더라도 그것의 어깨 위에서 만들어지는 경우가 많다. 이러한 현상은 과학 분야에서 특히 두드러지며, 모든 연구의 깊고 세부적인 지식은 새로운 실험과 연구의 기반이 된다. 그렇다고 새로운 아이디어가 덜 창의적이라는 뜻은 아니다. 창의적인 돌파구들은 창의적인 리믹스로 이해하는 것이 더 쉽다. 가장 유명한 사례 중 하나가 스티브 잡스와 PC다. 엄밀히 따지면 잡스는 PC의 어떤 요소도 발명하지 않았다. 사실 PC는 제록스의 발명품이다. 잡스가 한 일은 기술적인 도구를 완성하여 가정용으로 포장한 것이었다. 또 다른 유명한 사례는 토머스 에디슨이다. 그는 전구를 직접 발명하지 않았지만, 6천 번의 실험 끝에 필라멘트를 개발하여 전구를 상품화했다.

신화 이면의 진실은 우리를 조금 더 낙관적이며 창의적으로 만드는 데 일조할 것이다. 나도 우뇌가 아닌 양쪽 뇌 모두가 창의적 사고에 기여한다는 사실을 알게 되어 무척 기쁘다. 또 창의성은 갑자기 나타나는 신화적 능력이 아니며, 정상적인 인지 프로세스를 기반으로 현재의 지식 체계에서 영감을 얻는다고 생각하면 위안이 된다. 다시 말해 누구나 창의성을 가질 수 있으며, 수학이나 프랑스어 회화, 가로세로 낱말 맞추기 등 다른 인지 기능들처럼 훈련을 하면 더 창의적인 사람이 될 수 있다.

최악의 신화는 인간이 뇌의 10퍼센트만 사용한다는 것이다.

만약 이 책에서 한 가지 진실만 밝혀야 한다면 이것을 선택하면 된다. 인간이 뇌의 10퍼센트만 사용한다는 말은 100퍼센트 거짓이다. 우리는 fMRI와 기타 연구들을 통해 인간이 뇌 전체를 사용한다는 것을 밝혀냈으며, 늘 그렇지는 않겠지만 일상의 인지 과제들을 수행하기 위해 매일 뇌 전체를 사용하고 있다. 그렇다면 이 신화는 왜 이렇게 오랫동안 유지되는 것일까? 이 질문에 대한 답은 타당성과 희망의 결합으로 설명할 수 있다. 만약 그 말이 사실이라면 개개인의 뇌에 놀라운 가능성의 샘이 있어서 그것을 활용하기만 하면 된다. 이 신화는 자기계발 산업에도 안성맞춤이다. 운 좋게도 우리는 뇌가소성 덕분에 뇌를 100퍼센트 개발하고 확장하고 향상시킬 수 있는 잠재력을 가지고 있다.

창의성의 의미와 그것의 다양한 풍미

지난 10년간 우리는 창의성에 관한 연구 분야를 진전시키며 창의성이라는 용어의 몇 가지 정의에 대해 합의했다. 한 가지 정의는 '새롭고(독창적인, 예상치 못한) 적절한(과제의 제약에 유용한, 적응 가능한) 결과물을 만들어내는 능력'이다. 대부분 과학자들이 사용하는 정의는 '새롭고 유용한 무언가의 생산'이다. 즉, 창의성은 오래된 문제를 해결하기 위해 새로운 아이디어를 계발하는 것이다. 우버, 에어비앤비, 스포티파이가 그러한 예에 해당한다. 이렇게 간단한 정의에도 불구하고 창의성은 기본적으로 상상할 수 있는 범위에서 매우 다양한 방식으로 발현될 수 있다.

　일반적으로 창의성은 계획적 혹은 즉흥적이다. 이 두 가지 카테고리는 인지적인 시각이냐 감정적인 시각이냐에 따라 추가적으로 구분할 수 있다. 많은 과학 실험들은 계획적이면서 인지적인 창의성으로 특징지어진다. 이 실험들은 새롭고 중요한 무언가를 발견하기 위한 것이지만, 그와 관련된 수많은 연구의 영향을 받는다. 예를 들어, 내가 해마를 둘러싼 피질 영역의 중요성을 인식하고 기억에 관여하는 주변후피질과 해마곁피질을 발견한 것은 계획적이면서 인지적인 창의성의 전형적인 예다(제2장을 보라). 이러한 영역들은 무시되어 왔고, 그러던 중에 누군가가 몇 가지 실험적인 접근법을 적용하여 기억에 대한 중대한 역할을 확인했을 뿐이다. 그러나 모든 과학 실험이 계획적인 것은 아니다. 더 즉흥적인 '아하!' 모멘트에 의해 영감을 받은 과학적 발견들도 있다. 전형적인 예가 생리학자 오토 뢰비의 일화다. 이 이야기는 1921년 어느 밤에 시작된다. 오토는 꿈속에서 뇌세포들 사이의 소통에 전기적 신호가 사용되는지, 아니면 화학적 신호가 사용되는지를 명확히 확인시켜줄 단순하면서 우아한 실험을 떠올렸다. 그는 잠에서 깨자마자 그 내용을 적어두었지만 이튿날 실험실에 도착했을 때는 메모를 알아볼 수도, 전날 밤의 꿈을 기억할 수도 없었다. 다행스럽게도 그날 밤 오토는 또 같은 꿈을 꾸었고, 아침이 오기를 기다리는 대신 곧장 실험실로 달려가 실험을 했다. 그렇게 해서 그는 신경계가 전기적 신호뿐 아니라 화학적 신호도 소통에 사용한다는 것을 입증했다. 이 실험이 왜 그렇게 중요했을까? 우리는 이 화학적 신호들을 신경전달물질이라고 부르며, 이러한 사실이 확인되면서 뇌의 작동 방식에 대한 이해가 더욱 명확해졌다. 오토의 발견은 즉흥적이면서 인지적인 창의성의 예다. 아이작 뉴턴이 나무에서 사과가 떨어지는 것을 지켜보며 중력을 이해한 일화도 마찬가지다.

창의성의 정서적 측면은 어떨까? 정서적인 창의성의 예는 과학 분야보다 예술 분야에 많다. 계획적이면서 정서적인 창의성의 예는 마티스가 창조한 컷아웃 방식들이다. 그는 정서적 반응에 영감을 받아 다양한 형태와 크기, 색깔을 계획적으로 실험했고, 그 결과 놀라운 시각적 이미지를 만들어냈다. 즉흥적이면서 정서적인 창의성의 예는 피카소의 유명한 작품 〈게르니카〉다. 피카소는 스페인내란 기간에 바스크 지방의 게르니카에서 일어난 비극적인 폭격에 영감을 받아 그림을 그린 것으로 알려져 있다. 한편 창의성은 완전히 새로운 화법, 창법, 연주법을 개념화하고 이를 날것의 재능으로 실행하는 것을 의미할 수도 있다. 프리다 칼로, 빌리 홀리데이, 레이디 가가를 떠올려보면 이들은 모두 자신만의 고유한 표현 방식을 재창조하여 그림, 목소리, 공연을 통해 세상을 바라보는 그들의 아주 독창적인 시각을 간접 체험할 수 있게 해준다.

창의성의 신경해부학

지금까지 알려진 창의성의 복잡성과 다양성, 광범위함을 고려하면 다수의 영역이 창의성의 프로세스에 관여하는 것은 당연하다. 창의성에 관여하는 주요 영역 중 하나가 앞서 다루었던 전전두엽피질이다. 더 구체적으로 말하면, 연구자들은 전전두엽피질의 배외측 전전두피질 dorsolateral prefrontal cortex, DLPFC이 창의성에 매우 중요한 세 가지 핵심 기능에 관여한다는 것을 발견했다. 첫 번째 기능은 작업기억이다. 문제 해결을 시도할 때 정보를 전산망에서 처리하는 기능, 즉 머릿속에 일시적으로 기억해두는 기능이다. 작업기억은 진행 중인 사건을 감시하고 관련 정보를 기억하게 하며, 우리는 그것을 고려하고 평가하고 머릿속에서 조작하여 문제를 해결한다.

작업기억은 창의성의 두 번째 핵심 기능인 인지적 유연성과도 관련이 있다. 우리는 인지적 유연성을 통해 여러 사고방식과 원칙 사이를 옮겨 다닐 수 있다. DLPFC의 손상은 인지적 유연성의 결함을 유발한다. 정상적인 사람들은 바뀐 규칙에 빠르고 유연하게 적응할 수 있지만 DLPFC가 손상된 환자들은 한 가지 원칙에 집착하며(정신적으로 갇힌다) 답이 틀렸다는 피드백을 들어도 다른 선택지를 탐색하지 못하는 것으로 보인다. 작업기억에서 처리한 정보를 유연하게 조합하고 그것을 앞뒤, 위아래, 안팎으로 살펴보는 능력은 창의적인 사람들에게 나타나는 전형적인 특징이다.

브레인 핵스: 창의성을 키우기 위한 일상의 재발견

다음의 내용은 익숙한 습관이나 일과에 대한 새로운 접근 방식을 떠올리게 할 수 있으며, 이것은 창의적인 문제 해결과 발명으로 이어질 수 있다.

- 근무 시간을 더 효율적으로 만들어줄 두 가지 아이디어를 떠올려보라. 책상이나 벽에 걸린 예술 작품을 재배치하거나 업무 순서를 바꾸어 평소 한낮에 하던 일부터 시작해보자. 활동이나 일의 순서를 바꾸면 새로운 신경 패턴이 만들어질 수 있다.
- 책상 구조를 능률적으로 바꾸어 생산성을 높일 수 있는 두 가지 방법을 찾아보자.
- 배우자 또는 연인과 함께할 새로운 유형의 데이트를 구상하라. 익숙한 레스토랑에 가는 대신 예술작품을 감상하거나 관객들이 공연의 일부가 될 수 있는 관객 참여형 연극이나 댄스 공연에 가보자. 또는 새로운 종류의 운동 강습에 참여해보자.
- 페르시아, 러시아, 캄보디아 음식처럼 한 번도 해보지 않은 요리를 시도해보라. 또는 새로운 맛의 조합을 시도해보라.

DLPFC의 역할은 그뿐만이 아니다. 이 영역은 긴 시간 동안 특정 아이디어나 항목, 공간에 주의를 집중하는 능력인 유도된 주의력에도 깊이 관여한다. 이 기능은 복잡한 문제를 해결하기 위해 동시에 많은 것에 주의를 기울여야 하는 계획적인 창의성에 매우 중요하다.

전전두엽피질의 세 가지 핵심 기능—작업기억, 인지적 유연성, 유도된 주의력—은 모두 창의성에 매우 중요하다. 그렇다고 이 영역만 창의성에 관여한다는 의미는 아니다. 실제로 전전두엽피질은 정보를 수용하고 처리하여 창의성에 도움을 주는 다른 핵심 영역과도 연결되어 있다.

여기서 말하는 다른 핵심 영역은 무엇일까? 앞서 말한 것처럼 감정은 창의성에 중요한 역할을 한다. 과거의 연구들은 실험 전날 행복감을 보고한 사람들이 창의적인 돌파구를 더 쉽게 찾아낸다는 결과를 통해 창의성과 긍정적인 감정 사이의 강한 연관성을 입증했다. 예술이 시각적, 청각적 심지어 촉각적 자극을 통해 관람객을 감정적인 여정으로 이끄는 것처럼 창의성은 기쁨, 사랑, 호기심 등 긍정적인 감정과 상관관계를 갖는다. 일반적으로 공포나 분노와 같은 감정은 높은 수준의 창의성으로 이어지지 않지만, 강렬하고 부정적인 정서 반응은 가끔 굉장히 긍정적이고 창의적인 무언가로 전환될 수 있다. 자동차 사고로 아이를 잃은 여성들이 조직한 음주 운전을 반대하는 어머니 모임Mothers Against Drunk Driving, MADD이 그 예다. 깊은 슬픔과 분노가 강력한 조직의 탄생을 촉발했다. 기쁨부터 좌절까지 감정의 다양한 스펙트럼으로부터 영향을 받은 창의성의 예는 매우 많다. 이때 감정의 프로세스에 관여하는 세 가지 핵심 영역은 측두엽 내부의 편도체, 전두엽 중앙의 대상피질, 전전두엽피질의 복내측 전전두피질이다. 편도체와 대상피질은 감정과 관련된 정보를 처리한 후 그 정보를 더 높은 수준의 사회적 기능, 성격, 감정적 계획, 감정 조절에 관여하는 복내측 전전두피질로 보낸다.

상상의 역할

창의성 프로세스에 대해 이해해야 할 것들이 더 있다. 최근 연구들은 해마가 정보를 장기기억의 형태로 전전두엽피질에 제공하는 것 이상의 역할을 한다는 것을 보여주었다. 그것은 창의성의 또 다른 중요한 형태인 상상에도 영향을 주는 것으로 보인다.

상상은 '감각으로 존재하지 않는 외부 대상에 대한 새로운 아이디어나 이미지, 개념을 형성하는 능력 또는 행위'로 정의한다. 상상은 창의성과 관련이 있을 뿐 동일하지는 않다. 창의적인 아이디어는 상상 속에 싹트고 스며들 수 있지만, 상상만으로 이러한 아이디어의 실행을 보장할 수는 없다. 이와 대조적으로 창의성은 상상의 지원을 받는 아이디어의 발아에서 전파와 실행으로 이어지는 능력을 모두 포함한다. 다시 말해 무언가를 상상하는 것도 나쁘지 않지만 아이디어나 통찰력을 실행하는 것이 창의성의 진정한 평가 기준이 된다.

해마와 상상의 연관성은 해마에 손상을 입은 환자를 관찰하던 중에 처음 발견되었다. 런던의 한 연구팀이 해마에 손상을 입은 것으로 추정되는 환자들과 통제 집단을 조사했다. 두 집단은 낯선 상상 속의 경험을 서술하는 테스트를 받았다. 예를 들어, 열대 지방에 가본 적이 없는 참가자들에게 아름다운 열대의 바닷가를 따라 펼쳐진 백사장에 누워 있는 장면을 상상하도록 했다. 통제 집단의 한 피험자는 다음과 같은 반응을 보였다.

너무 덥고 햇볕이 따갑게 내리쬔다. 모래가 참을 수 없을 정도로 뜨겁다. 작은 파도가 해안가에 부딪히는 소리가 들린다. 바다는 무척 아름다운 에메랄드 빛깔이다. 등 뒤로 야자수가 늘어서 있고 바스락거리는 소리가 미풍을 타고 들려온다. 좌측 해안선은 둥글게 휘어지다 하나의 점이 된다. 그리고 그곳에 목재 건물이 몇 채 서 있다.

해마에 손상을 입은 피험자는 다음과 같이 반응했다.

눈앞에 보이는 것은 하늘뿐이다. 갈매기와 바다의 소리가 들린다. 손가락 사이로 모래 입자가 느껴진다. 선박의 경적 소리가 들린다. 대충이 정도다.

과거의 사건에 대한 장기기억, 즉 해마에 의해 처리되는 일화기억을 만드는 데 관여하는 뇌 영역이 상상할 때도 중요한 이유는 무엇일까? 보다시피 이 두 가지는 별개의 기능이 아닐 수 있다. 해마가 기억을 되찾아오는 것처럼, 과거를 떠올리는 데 중요한 영역은 미래를 생각하거나 상상력을 사용할 때에도 비슷하게 작동한다. 뇌 기능 영상 연구는 해마를 포함한 영역들의 연결망이 과거와 미래에 대한 사고를 위해 활성화된다는 것을 보여주었다. 이것은 새롭고 흥미로운 진전이며, 해마가 기억을 전문적으로 다룰 뿐 아니라 과거와 미래에 관한 일화를 떠올리는 일에도 관여한다는 것을 시사한다. 또한 이러한 능력은 기억난 경험들을 하나로 연결하는 해마의 능력을 강화한다.

브레인 핵스: 확산적 사고를 위한 생각 연습법

때로 창의성은 확산적 사고, 즉 독창적이거나 참신한 목적을 위해 한 가지 대상을 사용하는 능력으로 여겨진다. 여기에 확산적 사고에 도움이 되는 몇 가지 연습법을 소개한다.

- 칫솔, 토스터, 스테이플러, 고무 밴드 등 매일 접하는 평범한 물건의 활용법을 네 가지만 생각해보라.
- 커피를 마시는 새로운 방법을 생각해보라.
- 자녀(또는 다른 누군가)에게 학교(또는 직장)에서 무엇을 했는지 물어보기 위한 세 가지 방법을 생각해보라.
- 반려견을 산책시키거나 반려묘와 놀아줄 새로운 방법을 세 가지만 생각해보라.

창의성 연구는 왜 이렇게 복잡할까

다양한 뇌 영역들이 창의성에 관여한다는 주장이 인정을 받기 시작했지만, 창의성의 프로세스에 관한 신경학적 기초에 대해 명확히 이해하려면 아직 갈 길이 멀다. 창의성을 다루기 어려운 이유 중 하나는 창의성의 프로세스에 대한 강력하고 적절한 연구 방법을 찾기가 매우 까다롭기 때문이다. 창의성을 연구할 최선의 방법은 무엇일까? 과학자들은 확산적 사고에 초점을 맞추어 창의성의 측정 기준으로 사용할 몇 가지 핵심 과제를 계발했다. 한 가지 예는 용도 찾기 테스트Alternative Uses Test다. 예를 들어, 피험자에게 벽돌을 보여주고 문진, 벌레 잡는 도구, 무기 등 그 쓰임새를 최대한 많이 떠올리게 하는 것이다. 창의성 측정에 유용하기는 하지만 이 테스트만으로 인간이 가진 창의성의 모든 측면을 확인할 수는 없다.

가장 강력한 연구법 중 하나는 초반에 다루었던 기억상실증 환자 H.M.과 같은 뇌 손상 환자를 관찰하는 것이다. 최근 한 연구는 다양한 뇌 질환을 앓고 있는 40명의 환자와 통제 집단을 조사했다. 모든 피험자는 용도 찾기 테스트를 받았다. 과학자들은 뇌 중심부를 향하는 전두엽 일부, 특히 우뇌 쪽에 손상을 입은 환자들의 창의성 점수가 더 낮다는 것을 발견했고, 그 결과는 우뇌가 곧 창의성이라는 과거의 주장과 일치했다. 반면 두정엽과 측두엽을 포함한 좌뇌에 손상을 입은 환자들의 창의성 점수는 통제 집단보다 높았다.

잠깐, 뭐라고? 좌뇌의 손상이 창의성을 향상시킨다고? 도대체 무슨 일이 일어난 걸까? 사실 창의성 향상으로 이어지는 뇌 손상은 이전에도 관찰된 적이 있으며, 그것은 일차성 진행성 실어증primary progressive aphasia, PPA이라는 신경 질환과 관련된 것으로 밝혀졌다. 선조체 등 언어와 관련된 좌뇌 영역의 손상은 PPA에서 흔히 나타난다. 기억하라. 선조체는 뇌 중앙의 깊은 곳에 위치하며 보상 체계뿐 아니라 움직임에도 관여한다. PPA는 발화와 언어 기능이 점차 망가지는 퇴행성 신경 질환이다. 가장 잘 기록된 PPA 사례 중 하나가 앤 애덤스라는 여성에 관한 것이다.

애덤스는 물리학과 화학을 전공하고 세포생물학으로 박사 학위를 취득한 후 수년간 대학에서 교수로 일했다. 그러다 46세가 되던 해에 심각한 교통사고를 당한 아들을 돌보기 위해 교수 일을 그만두었다. 이때부터 그녀는 그림을 그리기 시작했다. 그녀의 초기 작품은 고전적이며 단순한 편이었다. 그러나 그 후로 6년 동안 그녀의 그림은 매우 정밀하고 대담하며 강렬하고 추상적인 스타일로 진화했다.

PPA 증상이 나타나기 7년 전, 53세의 애덤스는 걸작으로 불릴 만한 작품 〈언라벨링 볼레로〉Unraveling Bolero를 완성했다. 작곡가 모리스 라벨의 유명 교향곡 〈볼레로〉에서 영감을 얻은 작품이었다. 이 그림에서 애덤스는 라벨의 악보를 시각적 양식으로 아주 섬세하게 표현했다.

〈볼레로〉는 무자비한 반복성으로 무척 강렬한 인상을 주는 곡이다. 실제로 이 곡은 리듬이 시종일관 집요하게 반복되다 마지막에 갑작스러운 클라이맥스를 맞이한다. 애덤스가 악보를 시각적으로 전환하는 방식은 믿기 힘들 정도로 체계적이다. 악보의 각 마디는 반듯한 직사각형으로, 곡의 볼륨은 직사각형의 높이로 표현했다. 애덤스는 〈볼레로〉에서 일관적으로 유지되는 조key를 표현하기 위해 3,236번째 마디까지 통일적인 색채 조합을 사용한다. 그리고 이 지점에서 애덤스는 눈에 띄는 주황색과 분홍색으로 마지막 몇 마디를 화려하게 폭발시키며 극적인 마무리를 짓는다.

애덤스는 계속해서 그림에 골몰했고, 파이π와 같은 추상적 개념에 주목했다가 다감각적 주제로, 그리고 다시 사진 영역으로 초점을 옮겨갔다. 처음에 애덤스는 그저 늦은 나이에 창의적인 재능이라는 선물을 발견한 여성처럼 보였다. 그러나 〈언라벨링 볼레로〉 이후 7년이 흘러 60세가 되자 언어 기능과 발화에 문제가 생기기 시작했다. PPA의 병리적 증세가 처음으로 나타난 것이다. 안타깝게도 증상이 악화되면서 언어와 운동 기능에도 문제가 생겼지만, 투병 중에도 애덤스는 그림에 대한 의지를 놓지 않았고 붓을 쥘 수 있을 때까지 계속 그림을 그렸다. 그리고 67세에 세상을 떠났다.

진단부터 사망까지 애덤스의 뇌를 스캔해둔 덕분에 우리는 이 소중한 창을 통해 신경 질환의 진행뿐 아니라 창의성의 결과물까지 들여다볼 수 있다. MRI 스캔은 애덤스의 뇌에서 두 가지 주요 변화를 식별해냈다. 첫째, 다른 PPA 환자들과 마찬가지로 좌측 전두엽에 심각한 손상이 나타났으며, 운동 제어에 중요한 피질하 영역인 선조체로 확장되었다. 이것은 언어 기능에 관여하는 핵심 영역과 전두엽에 손상을 남겨 언어장애를 유발했다. 운동 기능과 관련된 선조체의 손상은 파킨슨병 환자에게도 흔히 나타나며, 애덤스가 겪은 발화 문제의 원인이었을 가능성이 높다. 좌측 전두엽의 손상은 앞서 언급한 연구들처럼 환자들의 창의성을 향상시키는 것으로 나타났다. 좌측 전두엽 영역들은 언어 기능 외에 어떤 기능에 관여할까? 이 영역들은 주의력과 특정 반응을 보이는 능력을 감독하거나 통제하는 것으로 여겨진다. 이 부분이 손상되면 주의력과 반응영역에 대한 통제력이 상실되고, 통제가 느슨해지면서 억제력이 약화되어 창의적인 사고가 늘어날 수 있다.

두 번째 변화는 더욱 놀라웠다. 연구자들은 연령과 교육 수준이 동일한 사람들의 뇌와 비교할 때 애덤스의 우뇌 일부가 현저히 커져 있음을 확인했다. 확장된 영역은 지각과 형상화에 매우 중요한 두정엽과 후두엽의 후측 영역을 포함했다. 이 덕분에 애덤스가 청각적 양식을 시각적으로 지각 가능한 그림의 형식으로 연결시킬 수 있었는지도 모른다. 즉, 애덤스의 작품에서 완전히 다른 매체인 음악과 그림이 뒤섞인 것은 우연이 아니었다.

애덤스의 뇌에서는 무슨 일이 일어나고 있었을까? 50대에 만개한 그녀의 창의성은 PPA의 초기 증상으로 인한 좌측 전두엽 손상에서 시작되었다. 뇌 기능의 약화로 후측 영역들에 대한 감독과 통제가 느슨해지면서 창의성이 흘러나올 수 있었던 것이다.

애덤스가 선천적으로 큰 두정엽과 후두엽을 가지고 있었는지, 아니면 질환으로 인해 커진 것인지는 확인할 수 없을 것이다. 그러나 확장된 후측 영역들이 시각적·청각적 세부 사항에 대한 주의력과 뒤늦게 찾아온 창의성의 분출에 영향을 준 것으로 보인다.

애덤스의 사례에는 흥미로운 사실이 한 가지 더 있다. 모리스 라벨은 자신의 걸작을 작곡할 때쯤 애덤스와 같은 PPA 증상을 겪고 있었다. 실제로 라벨은 의학 논문에 소개된 PPA 환자 중 가장 유명한 사람일 것이다. 애덤스와 마찬가지로 라벨도 반복에 집착했고, 그것은 〈볼레로〉의 중요한 주제였다. 그러나 단조로울 수 있는 상황에서 라벨은 뇌리에서 잊히지 않는 아름다운 선율로 긴장감을 고조시키며 마지막까지 사람들의 넋을 빼놓았다. 애덤스가 남긴 기록을 보면 그녀가 라벨의 작품에 매료되었던 것은 분명하다. 다른 PPA 환자들의 사례에서도 창의성은 통제를 벗어나며 자연스럽게 찾아오기도 하고 신경 질환에서 기인하기도 한다.

즉흥성의 신경생물학

창의성에 관한 뇌과학의 기초를 이해하기 위한 또 다른 접근법은 창의성이 뛰어난 사람들의 뇌 활동을 조사하는 것이다. 여기서 까다로운 부분은 연구에 적합한 예술가의 범주를 선정하는 일이다. 그것은 일종의 수수께끼다. 신속하게 평가될 수 있고, MRI 스캐너에 누워 진행할 수 있는 예술의 유형을 한 가지만 떠올려보라. 그러한 예술 유형이 존재하기는 할까?

내가 가장 선호했던 유형은 즉흥 연주 또는 즉석에서 빠르게 멜로디를 만드는 작곡 능력이었다. 신경과학자들은 주로 즉흥성을 대표하는 재즈 피아노 연주와 즉흥 랩을 연구했다.

나는 특히 즉흥 랩에 흥미를 느꼈다. 나는 몇 년 전 뉴욕에서 열린 월드 사이언스 페스티벌에서 쿨 잡스라는 프로그램을 진행했었다. 혹시 과학 래퍼가 뭔지 알고 있는가? 과학 래퍼인 브릭먼은 과학에 관한 랩을 한다. 그는 짝짓기, 진화, 인간의 본성에 대한 과학적 지식을 바탕으로 가사를 쓴다. 우리 두 사람은 즉흥 랩의 신경생물학에 관해 대화를 나누었고, 나는 그에게 랩의 라임과 리듬의 역사에 대한 강연을 부탁했다. 그의 강연은 자연스럽게 즉흥성과 랩에 관여하는 뇌 영역의 신경생물학적 연구에 관한 무척 흥미로운 논의로 이어졌다.

즉흥 랩에 관여하는 영역을 조사한 fMRI 연구는 하나뿐이지만, 재즈를 즉흥적으로 연주하는 동안 활성화되는 영역을 살펴본 연구는 훨씬 많다. 랩과 재즈 연구에서 과학자들은 자유로운 형식으로 즉흥 공연을 할 때와 미리 암기하여 준비한 공연을 했을 때 나타나는 뇌 활성화의 패턴을 비교했다. 즉흥 공연에서 추가적으로 활성화되는 뇌 영역은 무엇일까? 두 가지 경우 모두 전두엽 내부에서 주요 활성화 패턴이 나타났다. 연구자들은 즉흥적인 상황에서 좌뇌의 복내측 전전두피질의 일부가 활성화되는 것을 발견했다. 이 영역은 의도적으로 동기를 부여한 행동의 조직에도 관여한다. 게다가 재즈와 랩 연구 모두에서 배외측 전전두엽 일부의 비활성화가 나타났다. 비활성화된 영역은 자기 감시에 관여하며 내면의 비판자로서 우리에게 말한다. "그런 말 하지 마, 바보 같잖아!" 또는 "그렇게 하면 모두가 너를 우습게 볼 거야." 자기 감시영역은 자유롭고 즉흥적인 상황에서 비활성화된다.

자기 감시, 더 정확히 말하면 자기 감시에 대한 억제는 모든 예술 행위와 창조성 프로세스에서 가장 중요한 측면이다. 즉흥적인 재즈와 랩에 관한 연구가 느슨한 상태로 흐름을 따르게 하는 핵심 영역을 정확히 찾아냈다는 점이 무척 매력적이다.

그러나 즉흥성에 관한 연구는 아직 걸음마 단계에 불과하다. 래퍼나 재즈 뮤지션들이 다른 음악가나 관객과 상호작용하며 피드백에 반응하기 시작할 때 어떤 일이 일어나는지를 비롯하여 반드시 다뤄야 할 매혹적인 의문점이 너무 많다. 즉흥적인 예술가들의 남다른 재능을 설명할 수 있는 뇌 구조의 차이가 있는 걸까? 우리에게는 제이 지가 자신의 특기인 즉흥 공연을 펼치는 동안 그의 뇌에서 벌어지는 일을 들여다볼 수 있는 작은 창이 있다.

제이 지부터 필립 시모어 호프먼까지: 연기의 신경생물학

앞서 언급했듯 나는 극장과 영화에 대한 애정 속에서 자랐다. 어릴 때는 뮤지컬뿐 아니라 〈바람과 함께 사라지다〉, 〈소피의 선택〉, 〈대부〉 같은 명작 영화도 좋아했다. 나는 스크린에 마치 진짜 삶이 펼쳐지는 것처럼 느끼게 하는 배우들을 무척 존경한다. 몇 년 전 뉴욕 대학교 정서적뇌연구소Emotional Brain Institute에서 주관한 '원스 모어 위드 필링'Once More with Feeling이라는 행사에서 연기의 기술에 대해 더 깊이 통찰할 기회가 있었다. 배우 팀 블레이크 넬슨과 지금은 고인이 된 필립 시모어 호프먼, 신경과학자 레이 돌런이 패널로 참여한 공개 토론회였다. 사회자는 배우 겸 연출가이자 뉴욕 대학교의 티시예술학교 교수인 마크 윙데이비였다. 이 엄청난 행사는 호프먼과 넬슨에게 자신만의 연기 접근법을 질문하는 것으로 시작되었다. 그들의 대답도 흥미로웠지만, 윙데이비가 신경과학자와 주고받은 대화가 가장 인상적이었다. "연기가 잘못된 기억을 유도하는 것과 비슷한가요? 그러니까 무대에서 보여주는 감정은 진짜인가요, 아니면 뭔가 다른 건가요?"

물론 그 질문의 정답을 아는 사람은 없겠지만 돌런은 용감하게 자신의 의견을 피력했다. 그는 무대 위의 배우는 관객을 인식하고 현실에서 감정을 느낄 때와 다른 방식으로 그 감정을 관찰하기 때문에 연기할 때의 감정은 진짜와 다르다고 설명했다. 또 진짜 감정에는 몇 가지 핵심 요소가 있는데, 연기할 때의 감정은 그러한 요소들을 갖추고 있지 않다고 말했다.

돌런의 답변이 끝나기가 무섭게 호프먼이 말했다. "전 동의하지 않아요!" 그는 연기할 때 자신이 표현하는 모든 것을 느낀다고 말했다.

그의 말에 나는 생각했다. 아마 관객들도 모두 이렇게 생각했을 것이다. "그래서 당신이 탁월한 연기로 오스카상을 받은 거잖아요!"

호프먼은 현실에서는 더 많은 감시가 존재한다며 연기가 실제 삶과 다르다는 주장을 반박했다. 그는 사람들이 항상 자기 자신을 감시한다고 말했다. 마트에서 우유를 살 때, 사람들 앞에서 중요한 프레젠테이션을 할 때, 그리고 무대에 설 때도 자신을 감시한다는 것이다.

그는 말했다. "연기하고 있는 장면은 가짜더라도 거기에서 표현하는 감정들은 진짜입니다. 저는 무대에서도 여전히 살아 있고 삶을 경험해요."

넬슨이 다른 관점을 제시했다. 그는 무대에서 관객들의 시선을 의식하며 하는 부부 싸움과 진짜 부부 싸움은 다르다고 말했다.

그러자 호프먼은 사람들이 항상 자기 자신을 감시하기 때문에 진짜 삶과 연기의 경계도 흐려질 수밖에 없다고 주장했다. 그는 이렇게까지 말했다. "사람들은 잠에서 깨어나면 이렇게 생각할 겁니다. 이런 식이면 나도 출연료를 받아야 해!" 그는 분명 돈을 받고 그 일을 할 자격이 있는 사람이었다.

분명해진 것은 연기의 기술에는 다양하고 효과적인 접근법이 많다는 점이었다. 최선의 연기 방법에 대한 철학은 매우 다양하지만, 훌륭하게 연기된 장면은 모두가 같은 방식으로 알아보는 것 같다. 그날 밤나는 연기의 기술에 관한 수많은 방법론을 떠올리며 연기의 신경생물학에 대한 연구가 얼마나 어려울지 깨달았다. 이에 관한 연구가 없는 것을 보면 동료들의 생각도 나와 같은 것 같다. 런던의 한 fMRI 실험실에서 배우 피오나 쇼의 뇌를 연구한 내용이 〈가디언〉에 실린 적이 있다. 연구팀은 그녀가 시 구절을 읽을 때와 일련의 숫자를 셀 때를 비교했다. 그들은 시를 읽을 때 시각화에 중요한 두정엽의 일부 영역에서 더 많은 활성화가 나타났다고 보고했다. 안타깝게도 연구는 여기서 끝났지만 이 분야는 분명 연구자들에게 열려 있다.

창의성 향상시키기

세계적으로 유명한 래퍼나 배우도 아니고 창의성을 향상시키는 뇌 질환을 가지고 있지도 않지만, 많은 사람이 일상에서 창의성을 극대화하기 위해 노력한다. 그리고 운 좋게도 신경과학자들과 전문가들은 창의성을 향상시키는 데 유용한 정보를 가지고 있다.

창의성 전문가들은 절제가 창의성을 높이는 열쇠라고 제안한다. 즉, 확산적 사고는 창의성에 유용하지만 너무 과하면 얼토당토않은 아이디어로 이어진다. 다른 연구들은 특정 유형의 창의성을 높이는 초점 주의focused attention의 중요성을 강조해왔다. 그러나 이것 역시 너무 과하면 나무 때문에 숲을 잃는 결과를 초래한다. 어떤 사람들은 관점을 변화시키거나 직관에 어긋나는 무언가를 시도하여 새로운 통찰을 얻을 수도 있지만, 변화가 지나치면 문제를 코앞에 두고 엉뚱한 곳을 헤맬 수 있다고 충고한다.

나는 창의성 향상에 관한 연구 중에 2014년 스탠퍼드 대학교의 심리학자들에 의해 진행된 연구를 가장 좋아한다. 이 연구팀은 걷기가 창의적 사고에 마치는 효과를 실험했다. 길거리를 걷다 불현듯 창의적인 아이디어를 떠올려본 사람은 나뿐만이 아닐 것이다. 스탠퍼드의 연구자들은 피험자들에게 걸으면서 용도 찾기 테스트를 수행할 것을 지시했고, 그 결과를 통제 집단과 비교했다. 한 연구에서는 전체 인원의 81퍼센트가 앉아 있을 때보다 걸을 때 확산적 사고 테스트에서 더 높은 점수를 얻었다. 또 다른 실험에서 연구자들은 실외에서 걸었던 피험자들이 앉아 있을 때와 달리 한 가지 이상의 새로운 양질의 유추를 만들어낸다는 사실을 발견했다.

이러한 연구 결과는 신체 활동이 창의성을 높일 수 있다는 증거를 제공하지만, 이와 관련된 메커니즘은 여전히 밝혀지지 않았다. 뜨개질이나 낚시처럼 머리를 비울 수 있는 가벼운 신체 활동도 같은 방식으로 작용할 수 있다. 또 걷기로 인해 기분이 좋아져 더 창의적인 상태가 될 수도 있다. 움직임과 창의성의 상관관계가 많이 밝혀지지는 않았지만 이러한 실험 결과는 유용하면서 즉시 실행 가능하다. 창의성을 높이고 싶거나 좋은 아이디어를 떠올려야 한다면 산책을 하라. 다시 한번 말하지만, 운동은 뇌에 좋다!

　창의성에 대한 나의 탐구는 변화와 진화의 과정을 겪고 있었다. 나는 매우 고전적인 방식으로 창의성을 사고하기 시작했고, 인지적인 지식을 천천히 쌓아간 덕분에 기억이 뇌에서 어떻게 작동하는지, 새로운 장기기억이 어떻게 태어나는지에 대해 흥미로운 과학적 질문을 할 수 있었다. 나는 미지의 뇌 영역을 탐구하여 새로운 것들을 발견했다. 최근에는 계획적이고 집중적인 방식을 넘어 더 즉흥적이고 정서적인 창의성을 일과 삶 속에서 탐구하기 시작했다. 여전히 초점 주의를 이용하여 신경과학을 연구하고 있지만, 처음 과학자로서 일을 시작했을 때보다 감정적인 여운의 영향을 훨씬 더 많이 받는다. 예술가, 음악가 등 창의적인 친구들도 내가 창의성의 불꽃에 불을 붙일 수 있게 도와준다.

　그러나 내 삶에 나타난 가장 큰 변화는 친구이자 베스트셀러 《스파

크: 창의성은 어떻게 작동하는가》Spark: How Creativity Works의 저자인 쥴리 버스테인이 '비극적 간극' 또는 미지의 무언가라고 부르는 것에 대한 내 반응일 것이다. 일을 시작한 지 얼마 안 되었을 때는 비극적 간극이 너무 두려웠다. 이것이 과학의 일부라는 것을 알고 있었지만, 미지의 무언가에 접근할 때 나는 뭔가 흥미로운 것이 나타날 때까지 머리를 숙이고 최선을 다해 일만 했다. 어떤 면에서는 괜찮은 전략일 수도 있지만 그런 태도는 반드시 바뀔 필요가 있었다. 처음에 나는 잘 알려지지 않은 뇌의 구석진 곳을 탐험할 수 있다는 면에서 과학에 끌렸던 것 같다. 하지만 종신 교수라는 현실과 그 지위를 얻기 위해 써내야 했던 수많은 논문들이 낭만적인 꿈을 가로막았고, 나는 내가 알고 있던 유일한 방법인 집중하여 끊임없이 일하기로 목표를 향해 달렸다.

내 과학적 접근법에 나타난 가장 큰 변화는 답이나 실험 결과를 예측할 수 없을 때 미지의 비극적 간극에 앉아 있으면 가장 창의적인 아이디어를 떠올릴 수 있다는 사실을 인정하게 된 것이다. 불편하고 두렵고 외로운 장소지만 그곳에서 충분히 긴 시간을 보내면 결과적으로 더 자주 보상을 얻게 된다. 이 과정은 기대와 성급한 대답을 내려놓고 이상한 아이디어와 강렬한 감각에 열린 태도를 취하는 것을 포함한다. 명상 수행이 여기에 굉장히 큰 도움을 주었다. 그리고 이러한 충돌에서 새로운 아이디어가 출현한다. 통제 욕구를 버리면 도움이 될 것이다. 정신과 마음을 열어두면 흥미로운 길을 마주하거나 발견할 수 있을 것이다. 이 방법은 내게 창의적인 영혼의 정수와 같다.

나는 이제 창의성 프로세스에 대한 마지막 깨달음을 여러분과 나누려고 한다.

나는 유산소 운동을 늘리고 유지함으로써 학습 능력, 기억력, 주의력, 기분이 더 나아질 거라고 확신했고, 운동이 내 창의성도 향상시킬 것이라고 생각했다. 왜? 운동은 창의성에 중요한 전전두엽피질의 기능뿐 아니라 미래에 대한 사고, 즉 상상력에 관여하는 핵심 영역인 해마의 기능도 향상시키기 때문이다. 기분의 고양은 높은 수준의 창의성과도 관련이 있다. 이것은 증명된 사실이 아니라 최근 개인적으로 관찰한 결과다. 단순한 걷기도 창의성의 폭발을 도울 수 있지만, 장기적으로 유산소 운동의 양을 늘리는 것이 창의성의 바퀴에 기름칠을 하여 자유롭고 열린 태도로 새로움을 대하고 한계를 마주하며 비극적 간극 안에서 행복하게 머물 수 있도록 도와줄 것이다.

기억할 사항: 창의성의 신경과학

· 창의성은 양쪽 뇌 모두의 영향을 받으며 정서적 영역(편도체, 대상피질, 복내측 전전두피질)과 상호작용하는 배외측 전전두피질 그리고 장기적인 지식과 기억에 관여하는 영역들(대뇌피질과 해마)과 연관되어 있다.

- 해마는 창의성의 프로세스에 매우 중요한 상상력과 미래에 대한 사고에 영향을 미친다.
- 일부 연구들은 좌측 전두엽의 손상이 통제를 느슨하게 하여 일부 환자들에게서 창의적인 결과물이 폭발적으로 쏟아져 나온다고 설명한다.
- 모든 연구 결과에 따르면, 창의적 사고는 다른 인지 능력처럼 연습을 통해 향상될 수 있는 평범한 사고의 특정 버전일 뿐이다.
- 창의성의 열쇠는 미지의 무언가를 발견하는 과정을 즐기는 것이다.

브레인 핵스: 다각도로 창의성을 자극하라

창의성은 많은 감각을 동시에 사용할 때 활성화될 수 있다. 또한 안전지대에서 나와 자신의 능력을 시험할 때에도 창의성이 자극될 수 있다. 그러니 새로운 것을 배워보자!

- 이쑤시개와 젤리처럼 부드러운 캔디를 사용해 기하학적 조형물을 만들어보자.
- 색지를 보기 좋게 오려보자. 마티스가 그랬던 것처럼!
- 집에 있는 재료만 가지고 맛있는 요리를 만들어보자. 요리는 4분 이상 걸리겠지만, 요리 전략을 짜는 것은 4분 안에 충분히 할 수 있다.
- 좋아하는 노래에 새로운 가사를 붙여보자.
- 야외에 앉아 눈을 가리고 4분 동안 세상의 소리를 새로운 방식으로 들

어보자.

- 고장 난 채로 방치해둔 무언가를 고쳐보자.
- 셰익스피어의 《소네트》나 어느 시의 일부를 연기하듯 감정을 실어 큰 소리로 읽어보라.

우울과 명상의 과학

고요히 머무르기 그리고 앞으로 나아가기

지난 몇 년간 나는 명상이 몸과 마음에 주는 유익함에 관한 정보를 수 없이 많이 접했다. 명상은 마음을 진정시킬 수 있고 에너지를 북돋을 수 있으며 우리를 행복하게 만들 수 있고 수면의 질을 높일 수 있다. 또한 우리를 더 친절하고 이타적인 사람으로 만들 수 있다. 지금껏 많은 연구들이 명상의 탁월한 효과를 주장해왔다. 하지만 명상이 견디기 힘들다면?

요요 명상가의 고백

나는 운동과 함께해온 여정이 자연스럽게 확장되는 과정에서 명상을 접했다. 앞서 말했듯 운동은 내 삶을 바꾸었다. 목적을 가진 운동 또는 유념하는 운동은 그보다 더 많은 변화를 만들었고 운동의 효과에 대한 뇌의 반응도를 높였다. 의식적인 운동의 다음 단계로 자연스럽게 명상이 등장했고, 나는 그것을 삶의 일부로 만드는 일에 열중했다. 그러나 내가 요요 명상가라는 것은 부인할 수 없는 사실이다.

명상을 삶의 일부로 만들기 시작한 후부터 나는 항상 견고하고 흔들리지 않는 태도로 명상에 전념할 수 있기를 바라왔지만 몇 년이 지난 지금도 그러지 못하고 있다. 오랜 시간 앉아 깊은 명상을 할 수 있는 수도승이 되기를 바라지는 않는다. 그저 매일 10~15분 동안 견고하고 믿음직한 자세로 명상을 할 수 있기를 바랄 뿐인데, 이렇게 작은 목표를 달성하는 것조차 말처럼 쉽지 않았다. 규칙적인 명상을 스스로 실천하는 것은 상상했던 것보다 어려운 일이었다.

노력하지 않았던 것은 아니다. 사실 명상에 도전하면서 어려운 과제를 여러 차례 극복하기도 했다. 첫 번째 도전 과제는 인텐사티 강사 교육 기간 동안 웨인 다이어 박사의 '아침 아 명상'Morning AH Meditation이라는 20분 분량의 유튜브 영상을 매일 따라 하는 것이었다. 다이어는 '아' 소리를 내며 명상을 하라고 가르쳤다. '아' 소리는 알라, 부처, 크리슈나, 여호와 등 여러 문화의 신을 의미하는 단어에 포함되어 있기 때문에 더욱 강력하다고 주장했다. 그는 이 소리가 순수한 기쁨이라고 믿는다. 그리고 삶에서 이루거나 드러내고 싶은 것에 주의를 집중하며 이 소리를 내면 매우 강력한 힘을 발휘할 수 있다고 생각한다. 따라서 아 명상을 통해 규칙적으로 주의를 집중하면 바라는 일이 실현될 것이라고 설명한다.

나는 이미 명시manifesting(삶에서 특별히 원하는 것에 주의를 집중한다는 의미)의 효과를 굳게 믿고 있었고, 명상을 할 때도 '아' 소리처럼 만트라가 주의 집중을 도와준다고 생각했다. 나는 명상 수행을 위해 기꺼이 의도를 주문과 연결시켰다. 물론 명시가 실현되었다면 훨씬 더 좋았을 것이다!

당시 내 목표는 인텐사티 교육에서 배운 대로 30일 동안 빠짐없이 아 명상을 하는 것이었다. 무엇이든 30일 동안 지속하면 그것을 습관으로 만들 수 있다고 믿었기 때문이다. 첫 달에는 명상 실력에 확실한 변화가 나타났다. 처음 명상을 하려고 앉았을 때는 명상을 끝내고 싶어 안달이 난 것처럼 오른발을 계속 까딱거렸다. 나는 의식적으로 까딱거림을 멈추었고, 한 달이 지나면서 훨씬 덜 움직이게 되었다. 또 호흡을 조절하여 명상하는 내내 소리를 유지하는 방법도 터득했다. 솔직히 다이어보다 소리를 더 오래 내려고 경쟁을 하기도 했다. 이것은 일반적인 선 명상법과 다르지만 내 주의가 돌아올 수 있도록 도와주었다.

물론 이런저런 이유로 하루를 빼먹기는 했지만 30일 동안 꾸준히 명상을 하는 데 성공했다. 명상 수행을 하면서 삶에 변화가 나타났느냐고? 물론이다! 집중력이 더 예리해졌으며, 산만함은 줄고 효율성은 늘었다.

나는 이러한 결과에 무척 기뻤고, 그 보상으로 나에게 며칠의 휴식을 주었다. 그사이 아 명상은 완전히 자취를 감추었다.

30일 동안 습관을 만들 수 있다는 말은 여전히 유효하다. 다만 명상 수행을 일상화하려면 30일 명상에 성공했을 때보다 더 강력한 동기부여가 필요한 것 같다.

좋은 소식은 명상을 지속하지는 못했어도 명상 수행이 어떤 것인지 살짝 맛볼 수 있었다는 것이고, 더 중요한 것은 주의 집중력의 향상과 진정 효과를 비롯한 명상의 유익함을 알게 되었다는 점이다. 나는 내가 포기하지 않을 것임을 알고 있었다.

⤳ 어떻게 하면 새로운 습관을 성공적으로 만들 수 있을까?

새로운 것을 배우는 일은 늘 어렵다. 나는 언젠가부터 규칙적으로 운동을 하기 시작했지만 그러한 변화를 만들기까지 엄청난 정신적·정서적·신체적 에너지가 필요했다. 그렇다, 나는 페루에서 모험을 즐기려다 부족한 체력을 제대로 직면했고, 적나라하게 찍힌 살찐 내 모습을 마주했다. 그러나 운동을 지속할 수 있었던 궁극적인 동기는 욕구와 긍정적 결과물의 결합에서 비롯되었다. 나는 강인함을 느끼고 싶었고 체중을 줄이고 싶었고 더 사교적인 사람이 되고 싶었고,

점차 그 결과물을 확인할 수 있었다. 이러한 긍정적 강화가 고비를 넘길 수 있게 도와주었다.

많은 사람이 자신을 새로운 행동에 완전히 몰입시킴으로써 변화의 동기를 얻는다. 그래서 운동이나 명상 수행을 위한 훈련소에 가는 것이다. 몰입은 집중과 규칙성을 강요한다. 비용을 지불하고 괜찮은 명상 수행 프로그램에 참가해 매일 몇 시간씩 명상을 하는 것도 도움이 되었을 것이다.

외부의 도움을 받을 수 없다면 어떻게 해야 할까? 한 가지 유용한 전략은 내가 했던 것보다 훨씬 더 작은 단위로 시작하는 것이다. 하루 20분은 무언가에 전념하기에 너무 긴 시간이고, 초보자라면 내가 30일 명상을 끝내자마자 그랬던 것처럼 바로 포기할 수도 있다.

그 대신 하루에 30초 동안만 긍정적인 목표 한 가지를 되새기며 명상을 시작해보자. 스탠퍼드 대학교의 사회심리학자이자 깨알 습관 Tiny Habits이라는 프로그램의 창시자인 BJ 포그라였다면 깨알 같은 새로운 습관을 이미 일상적으로 하고 있는 일과 짝지어보라고 조언했을 것이다. 예를 들어, 아침 양치질과 목표 암송을 짝짓는 것이다. 양치질이 끝나면 욕실에 그대로 서서 눈을 감고 목표를 말해보자. 일단 이런 것들에 익숙해지고 나면 만트라를 말하거나 호흡 명상을 하는 방식으로 확장할 수 있다.

브레인 핵스: 뇌가 좋아하는 4분 명상

명상은 간단하다. 시간이 오래 걸리지 않고 어디서나 할 수 있으며 두뇌
와 신체의 연결에 강력한 효과를 발휘한다. 다음에 제시한 간단한 팁을
활용해보자.

- 하루를 시작할 때 인생의 목표나 의지를 한 가지 말하라.
- 야외의 조용한 장소에 가만히 앉아 4분 동안 주변에만 주의를 집중
  하라.
- 4분 명상에 '옴'이나 '아' 같은 만트라를 사용하라.
- 잠자리에 들기 전에 고요히 앉아 4분간 호흡에 집중하라.
- 명상 친구를 구해 주 3회 이상 4분 명상을 하기로 약속하라.

달라이 라마, 명상과 신경과학의 대사

달라이 라마는 국제적인 명상 대사일 뿐 아니라 명상이 뇌에 미치는
효과에 대한 신경과학 연구의 강력한 지지자다. 나는 2005년 11월에
열린 신경학회 연례 모임에서 명상을 주제로 한 달라이 라마의 강연
을 직접 듣는 특혜를 누렸다. 달라이 라마에 대해 가장 놀랐던 점은
그의 소년 같은 매력이었다. 그는 수줍게 웃으며 신경과학자들을 대
상으로 하는 강연을 준비하는 것이 스트레스였다는 고백으로 말문을

열었다. 나는 무대로 올라가 그의 양 볼을 꼬집어주고 싶었다. 달라이 라마는 기쁨을 주는 매력과 묵직한 존재감의 훌륭한 결합체였고, 그날 나는 이 두 가지를 모두 확인할 수 있었다.

달라이 라마는 불교와 신경과학 연구 사이에 공통점이 많다고 말했다. 그는 성서나 증명되지 않은 믿음에만 의존하기보다 본질을 탐구하고 아이디어를 명확하게 실험하는 불교의 전통이 과학적인 노력과 일치한다고 보았다. 불교와 신경과학의 또 다른 흥미로운 공통점은 불교도 전통적으로 인간의 정신을 변화시킬 수 있다고 굳게 믿는다는 것이다. 실제로 명상 수행이 불교의 일부로 발전하게 된 중요한이유 중 하나가 명상이 사람들의 정신을 변화시켜 더 깊은 연민과 더심오한 지혜를 얻을 수 있도록 돕는다는 점이었다.

달라이 라마는 세계적인 명상 대사로 활동할 뿐 아니라 매일 아침 4시간씩 명상을 하며 자신의 말을 몸소 실천한다. 어린 나이에 달라이 라마로 인정받으며 규칙적이고 강도 높은 명상 수행을 일찍부터 시작했기 때문에 몰입을 통한 엄격한 수행을 할 수 있을 것이라는 추측만 할 뿐이다. 그러나 자라온 방식만으로 그의 영적인 수행을 모두 설명할 수 있다고 생각하지는 않는다. 나는 그에게 특별한 무언가가 있다고 믿는다. 달라이 라마가 있는 공간에 들어서면 그곳이 축구장처럼 넓은 강연장이어도 곧바로 그의 존재를 느낄 수 있다. 그는 깊고 강력한 영적 존재다.

워싱턴 강연에서 가장 놀랍고 좋았던 부분은 달라이 라마가 자신에게도 명상은 어려운 일이라고 인정한 것이었다. 달라이 라마가 이렇게 말할 정도라면 우리의 기분도 조금 나아져야 되지 않을까? 그는 신경과학자들이 매일 아침 4시간씩 수행을 하지 않고도 명상의 유익함을 얻을 수 있는 방법을 찾는다면 기꺼이 그것을 사용하겠다고 도발적으로 말했다.

명상할 때 뇌에서 일어나는 일들

명상이 우울증과 기타 정동장애 같은 광범위한 신경학적 질환에 미치는 유익한 효과에서 영감을 얻은 신경과학자들은 명상을 할 때 뇌에서 정확히 어떤 일이 일어나는지 연구하기 시작했다. 명상만의 두뇌 '시그니처'가 있을까? 그리고 신경 활동이 실제로 명상에 반응하여 변한다면 그것이 정신을 통제하는 능력에 대해 시사하는 바는 무엇일까?

가장 흥미로운 영역 중 하나는 명상 중에 발생하는 리드미컬한 뇌 활동 패턴인 뇌파에 대한 연구다. 뇌파는 광활한 연결망의 뇌세포들이 동시에 점화되며 발생하는 전기적 신호에서 비롯된다. 이 전기적 활동이 만드는 파장의 패턴은 아주 느린 파장부터 아주 빠른 파장까지 다양한 속도로 발생한다. 일부 신경과학자들은 명상 연구에서 특히 가장 빠른 파장 중 하나인 감마파에 관심을 보였다. 그것은 초당 40회 정도로 매우 빠르게 발생한다. 신경과학자들이 감마 진동에 유독 관심을 쏟는 이유는 이전 연구들이 고도의 인지기능과 관련된 과제가 수행되는 동안 다양한 뇌 영역에서 감마 활성이 증가했다고 보고했기 때문이다.

감마파에 관해 잘 알려진 문제는 결합 문제binding problem다. 결합 문제는 다양하고 광범위한 뇌 영역들이 시각, 감정, 후각, 기억 등을 처리하고 나서 이 개별적인 정보들을 어떻게 통합하여 내놓는지에 대한 질문이다. 알다시피 우리는 세상을 시각, 감정, 기억 등 별개의 짧은 정보로 보거나 느끼지 않는다. 우리의 지각과 사고, 행위는 하나로 매끄럽게 통합된다. 신경과학자들은 이렇게 매끄러운 통합을 얻으려면 지각, 행위, 감정, 기억을 조직화할 수 있는 수석 지휘자가 필요하며, 감마파가 그 역할을 할 수 있을 것이라고 제안해왔다. 현재 과학자들은 감마파가 특정 자극(시각적, 후각적, 정서적)에 반응하는 다양한 뇌 영역의 활동을 결합하는 데 도움을 주어 일관적이고 통합적인 표현을 가능하게 한다는 가설을 실험 중이다.

명상이 광범위한 뇌 영역을 변화시키고 주의 집중력을 높인다고 여겨졌기 때문에(주의력은 높은 수준의 감마 활동과 관련이 있는 것으로 이미 밝혀졌다), 명상을 하는 동안 감마파의 활성화를 조사하는 것은 당연한 결과였다. 한 연구팀이 전문 명상가들과 일주일간 기초적인 명상 훈련을 받은 통제 집단의 뇌 활동을 조사하여 그들의 차이점을 확인하기로 했다. 전문 명상가들은 15~40년에 걸쳐 1~5만 시간 동안 명상을 해온 8명의 티베트 승려들이었다. 그들은 명상에 관해서는 그야말로 진정한 전문가였다. 연구자들은 승려들과 초보자들이 자애 명상이라는 심화된 형태의 명상을 수행하는 동안 감마 진동을 비롯한 뇌파의 패턴을 비교했다.

그 결과, 두 집단의 뇌파 패턴이 하늘과 땅 차이인 것으로 드러났다. 물론 초보 명상가들보다 승려들의 뇌에서 감마파가 훨씬 더 많이 나타났다. 실제로 감마 활동 수준이 어마어마해서 여태까지 인간 연구에서 확인된 것 중 가장 강력한 감마파였다. 이 결과는 전문 명상가와 초보 명상가의 뇌에서 실제로 극적인 차이가 나타난다는 것을 보여주었다. 이 결과에 따르면 수도승들이 했던 엄청난 양의 수행과 명상이 감마파의 발생 빈도를 현저하게 증가시켰고, 이것은 고도로 발달한 알아차림과 마음 챙김을 반영하는 것일 수 있다. 그러나 깊은 명상에 빠져들게 하는 감마파를 더 많이 발생시키는 경향성을 가지고 태어나 자연스럽게 수도승이 되었을 가능성도 있다. 다시 말해 수도승들의 뇌파가 선천적으로 달랐을 수도 있다는 것이다. 널리 참조되고 있는 이 연구는 결국 이 두 가지 가능성을 구별해내지 못했지만, 두 개의 동일한 피험자 집단에서 명상 수행의 유무에 따른 영향을 비교한 무작위 대조 연구들은 명상이 뇌에서 수없이 다양한 종류의 변화를 야기한다는 사실을 확인했다.

⤳ 집중 명상 vs 초월 명상

명상의 종류는 매우 다양하지만 일반적으로 두 개의 광범위한 카테고리로 분류할 수 있다. 첫 번째 카테고리는 집중 명상이다. 이름에서 알 수 있듯 이 명상은 특정 대상에 주의를 두고 그 상태를 유지하는 행위에 초점을 맞춘다. 이것은 아주 흔한 유형의 명상이며, 요가 수업에서 방황하는 생각들을 밀어내고 호흡에 집중하도록 가르칠 때 자주 사용된다.

두 번째 카테고리는 난이도가 더 높은 초월 명상이다. 초월 명상은 먼저 집중 명상으로 마음을 진정시키고 난 후에 주의를 대상(호흡)에서 특정한 상태, 예컨대 자애와 연민의 상태로 옮겨간다.

자애 명상을 시작하려면 먼저 현재 사랑하는 혹은 과거에 사랑했던 누군가를 마음속에 떠올린다. 성인을 대상으로 해도 괜찮지만 아기를 떠올릴 때 특히 효과가 좋다. 먼저 아기에 대한 기쁨의 감정과 아무런 거리낌이 없는 사랑의 감각을 음미한다. 만약 아기나 사랑했던 사람도 소용이 없다면 강아지나 고양이처럼 동물을 떠올려봐도 좋을 것이다.

내면에서 자애와 연민이 흘러넘치는 것이 느껴지면 그 감정을 다른 대상으로 옮겨보자. 일단 가까운 친구나 가족처럼 쉬운 대상부터 시작하면 된다. 그리고 나서 자애의 감정이 비행기 옆 좌석에 앉은 사람이나 음식을 가져다주는 웨이터처럼 낯선 사람을 향하도록 연습해보자. 이제 정말 어려운 단계다. 자애의 감정이 대하기 껄끄럽거나 미워하는 누군가를 향하도록 해보자. 물론 이 마지막 단계를 완전히 익히려면 몇 달이나 몇 년 또는 평생이 걸릴 수도 있다. 그래도 괜찮다.

자애 명상에는 다음과 같은 만트라가 함께한다. "당신이 행복하기를. 당신이 고통으로부터 자유롭기를. 당신이 기쁨과 평안을 느끼기를." 자애 명상을 하는 동안 주의가 가닿는 모두에게 이런 말을 해주면 된다. 당신의 여정에 행운이 따르기를!

명상은 뇌에 정말 어떤 영향을 주는 걸까?

앞선 연구에서 수도승들과 초보 명상가들의 감마파 차이가 두드러지게 나타나기는 했지만, 명상으로 변할 수 있는 뇌 영역에 대한 구체적인 정보는 제공하지 않았다. 감마파 연구들은 신호를 보내는 뇌 영역에 대한 정확한 정보도 제시하지 않는다. 그러나 fMRI 연구들은 명상으로 변화하는 뇌 영역과 그것의 구체적인 기능을 확인하는 데 도움을 주었다. 한 연구는 3년 이상의 경력을 갖춘 명상가 집단의 뇌 활성을 비전문가들과 비교했다. 이 연구는 피험자들이 주의를 한곳에서 다른 곳으로 빠르게 옮겨야 하는 선택적 주의를 이용하여 과제를 수행할 때 뇌 활성에 차이가 나타나는지를 확인하기 위한 것이었다. 놀랍게도 과제를 수행하는 동안 명상가들의 전두엽 활성도가 통제 집단보다 낮게 나타났다. 처음에는 직관에 어긋나는 듯 보였지만 일리가 있는 결과였다. 만약 전문 명상가들이 주의를 더 잘 통제한다면 그만큼 노력이 덜 필요하므로, 주의를 다른 대상으로 빠르게 이동시킬 때 뇌가 덜 활성화될 수 있는 것이다.

그러나 이전에도 질문했던 것처럼 전문 명상가와 초보 명상가에게 나타난 이 모든 차이가 선천적으로 다른 신경 회로 때문이라면? 이 의문을 해결하기 위해 한 연구팀은 고강도 명상 수행에 익숙한 21~70세의 자원 참가자들을 대상으로 고강도 명상 수행을 할 때와 그렇지 않을 때의 효과를 조사했다. 참가자들 모두 초보 명상가는 아니었지만 그것은 잘 설계된 무작위 대조 연구였다. 연구자들은 고강도 명상 수행이 주의력과 시각적 구별 능력을 향상시키는지 확인하기 위해 참가자들을 무작위로 고강도 명상을 하는 집단과 그렇지 않은 집단으로 배정했다. 그 결과, 고강도 명상 집단은 통제 집단과 달리 두 가지 과제 모두에서 개선된 결과를 얻었다. 또 다른 무작위 대조 연구는 피험자들이 호흡에 집중하며 매우 일반적인 명상을 수행할 때 fMRI를 사용하여 그들의 뇌 활성을 검사했다. 뇌의 측면 깊은 곳에 위치한 뇌섬엽은 호흡이나 소화 등 생체 기능에 대한 주의에 관여하는 것으로 알려져 있다. 이 연구는 호흡 명상을 수행하는 동안 섬피질의 활성이 증가된다는 것을 보여주었다. 이와 관련된 연구가 계속 증가하는 추세이며, 그중 두 연구에서 명상 수행이 무작위 표본 집단의 뇌 활성을 변화시킬 수 있는 것으로 나타났다. 그러나 단기 및 장기 명상 수행에서 발생하는 변화의 특징을 완전히 이해하기 위해서는 유사한 연구가 더 많이 필요하다.

다른 명상 연구들은 fMRI를 사용하여 명상 수행에 의해 나타나는 뇌 크기의 변화를 조사했다. 그 결과, 많은 연구에서 명상이 피질의 부피(뇌 크기)를 증가시키는 것으로 드러났다. 한 연구는 최소 5년 이상 자애 명상을 수행한 사람들을 주목했다. 연구자들은 그들의 뇌에 있는 공감, 불안, 기분에 관여하는 우측각이랑과 후측해마곁이랑의 부피가 증가했다고 보고했다. 또 다른 연구는 전문 명상가들의 우측 전측뇌섬엽과 좌측 하측두이랑 그리고 우측 해마의 부피가 비전문가들보다 크다는 사실을 확인했다.

또 다른 연구는 8주 과정의 명상이 초보 명상가들에게 어떤 효과를 가져다주는지 조사했고, 참가자들의 좌측 해마와 후측대상피질에 있는 회백질이 실험 전에 비해 증가한 것을 확인했다.

이 모든 연구에서 명상에 의한 뇌 변화가 다르게 나타나는 이유가 궁금할 수 있다. 한 가지 주의해야 할 점은 연구들마다 서로 다른 유형의 명상을 사용했기 때문에 직접적인 비교가 어렵다는 것이다. 명상법은 굉장히 다양하며, 각 명상은 뇌에 고유의 효과를 가져다줄 수 있다. 우리는 명상의 종류를 체계화하여 이 궁금증을 해결해나가야 한다.

다양한 유형의 운동이 뇌에 미치는 영향에 대한 연구에도 이와 비슷한 어려움이 있다. 과학적인 연구를 통해 밝혀진 노르딕 워킹과 러닝머신에서 달리기, 스피닝 수업의 차이는 무엇인가? 운동과 명상 모두 긍정적인 뇌 변화를 야기한다는 증거가 발견되더라도 수없이 다양한 운동과 명상의 효과를 일일이 구체화하려면 해야 할 일이 너무 많다.

요컨대, 명상의 신경생물학 연구는 뇌에 관해 상당히 놀라운 사실들을 알려준다. 유산소 운동은 인체의 생리적 기능—심장박동 수, 호흡, 체온, 근육 활동, 혈관의 수축 및 확장 정도—에 영향을 미칠 뿐 아니라 굉장히 놀랍고 다양한 방식으로 뇌를 변화시킬 수 있다. 이 장에서 검토한 연구들은 손가락 하나 까딱하지 않고도 뇌가소성의 유효함을 확인할 수 있다는 것을 보여준다. 실제로 가만히 앉아 내면에 집중하기만 해도 전기적 활성, 해부학적 측면, 행동과 관련된 기능에 커다란 변화들이 나타날 것이다. 어떤 의미에서는 운동에 의해 나타나는 변화보다 더 놀랍고 강력하다. 내게는 이것이 뇌가소성의 가장 놀랍고 심오한 예다.

운동과 명상의 대결

나는 종종 운동과 명상 중 무엇이 뇌에 더 유익한지에 대한 질문을 받는다. 운동의 거칠고 육체적인 힘과 명상의 강철 같은 차분함이 1대 1로 맞붙는다면 어떻게 될까? 사실 나도 늘 궁금했던 부분이다. 나는 고강도 운동을 규칙적으로 하면서 명상 수행을 늘려갔다. 그러자 기분이 좋아졌고, 그 이유를 알고 싶어졌다. 운동이 바꾸어놓은 뇌 영역은 어디이고, 명상의 효과가 나타난 영역은 어디였을까? 무엇이 내 뇌에 더 유익했을까?

여기서 첫 번째로 유의해야 할 점은 유산소 운동이 동물과 인간의 뇌 기능에 미치는 영향은 연구할 수 있지만, 명상이 동물에게 미치는 영향은 연구할 수 없다는 것이다. 동물은 명상을 하지 않는다! 그러다 보니 운동의 기저를 이루는 세포 및 분자 수준의 메커니즘이 상대적으로 더 많이 알려지게 되었다. 물론 명상 수행이 수천 년 동안 이어져 왔고 지금도 상당한 관심을 받고 있다는 점은 매우 유리한 부분이다.

최근 스탠퍼드 대학교 연구팀이 운동과 명상의 효과를 비교한 결과를 내놓았다. 사회불안장애social anxiety disorder, SAD 환자들을 대상으로 마음 챙김에 근거한 스트레스 완화mindfulness-based stress reduction라는 명상법과 운동이 기분에 미치는 영향을 비교하기 위해 무작위 대조 방식을 사용한 결과, 명상 집단과 운동 집단은 치료를 받지 않은 통제 집단에 비해 SAD 증상이 거의 나타나지 않았고 삶의 질 점수도 더 높게 나왔다. 즉, 피험자들은 운동과 명상을 한 후에 삶의 질을 더 높게 평가했다. 또한 운동과 명상은 SAD 환자들의 기분과 삶의 질에 비슷한 효과를 가져다주는 것으로 나타났다.

이전 연구들이 운동이 노년층의 주의력을 향상시킨다는 것을 입증했다면, 후속 연구는 마음 챙김에 근거한 명상이 운동보다 SAD 환자들의 주의력 향상에 더 효과적일 수 있음을 보여주었다. 이 연구에서 연구자들은 부정적 자기 신념에 대한 정서적 반응을 조절할 때 뇌의 어느 부분이 활성화되는지를 확인하기 위해 fMRI를 통해 마음 챙김에 근거한 명상과 유산소 운동의 효과를 비교했다. 이 연구의 목적은 ⑴부정적 자기 신념에 대한 참가자들의 반응도를 감소시키는 개입(운동 또는 명상)이 무엇인지 확인하고, ⑵참가자들이 부정적인 자기 신념에 반응할 때 그들의 뇌 활성 패턴을 관찰하는 것이었다. 연구자들은 명상에 참여한 SAD 환자들이 부정적인 정서 반응을 더 적게 보이며, 운동 집단보다 더 애써서 부정적 자기 신념에 대한 자신의 반응을 조절하는 것을 확인했다. 게다가 명상 집단의 두정엽 활성(주의력 통제에 중요한)이 운동 집단보다 더 활발하게 나타났다. 그 결과는 명상이 주의력에 관여하는 영역을 활성화할 수 있고, SAD 환자들도 명상을 통해 부정적 자기 신념과 관련된 감정을 더 잘 조절할 수 있음을 의미한다. 비록 SAD 환자들을 대상으로 한 연구였지만 주의력을 조절해야 할 때, 특히 정서적인 상황에서 누구든 명상의 도움을 받을 수 있다. 이와 같은 유익함이 명상 수행을 거친 평범한 통제 집단에게도 나타나는지 확인하려면 더 많은 연구가 필요할 것이다.

최상의 조합 찾기

운동과 명상의 대결에서 승자는 누구일까? 현재 인간을 대상으로 한 연구들에서 도출한 데이터를 바탕으로 보면, 결과는 무승부다. 운동과 명상 모두 뇌에 유익한 효과를 제공한다는 명백한 증거들이 있기 때문이다. 두 가지 모두 질환자 집단과 건강한 통제 집단의 기분을 매우 좋아지게 한다. 그뿐만 아니라 다양한 뇌 구조물의 크기를 증가시키고 주의력에 긍정적인 영향을 준다.

나는 종종 운동과 명상의 긍정적인 효과를 극대화할 최선의 방법이 무엇일지 자문했다. 여러분도 나처럼 유산소 운동과 명상 수행을 둘 다 운동 요법에 포함하고 싶을 것이다. 나라면 빈야사 요가 수업을 주 2회 들으면서 스피닝, 킥복싱, 댄스 수업에도 2~3회 참여할 것이다.

이런 것들이 의미하는 것은 무엇일까?

요가는 일주일에 몇 번 해야 할까? 명상은 또 얼마나 해야 할까? 심장박동 수를 올리는 운동은 몇 번이 적합할까? 최상의 결과를 얻기 위해서는 몇 번 해야 할까? 운동을 하기에 최적인 시간대가 있을까? 두뇌와 신체에 개선의 기회를 주려면 각 회기가 얼마나 지속되어야 할까? 이런 질문들을 나 자신에게 던진다.

이 질문들의 최종적인 대답은 여전히 알 수 없지만, 신경과학적 증거들이 운동과 명상이 뇌에 긍정적인 영향을 미친다는 것을 보여준다. 나는 일주일 동안 세 가지 활동을 골고루 할 때 가장 기분이 좋다. 또한 나는 기분 상태에 세심한 주의를 기울인다. 여러분도 여러 가지 운동의 조합을 시험하면서 자신에게 가장 완벽한 레시피를 찾으면 된다. 그렇다, 과학은 이런 모든 과정을 쉽게 만들어야 하고, 그런 방향으로 가는 중이다. 좋은 소식은 조합, 스타일, 운동 횟수, 명상법이 무엇이든 최상의 기분을 만들어주는 것이 가장 효과적이라는 점이다.

한 요요 명상가의 고백, 2라운드: 피터와의 명상

'아 명상' 이후 1년 만에 나는 명상에 다시 도전하기로 했다. 그리고 디팩 초프라의 21일 명상 챌린지를 신청했다. 이 무료 온라인 프로그램이 명상 수행에 새로운 힘을 불어넣기에 아주 적합할 것 같았다. 나는 바로 챌린지에 뛰어들었다. 게다가 동기부여를 위해 주변에 이 소식을 알렸다. 수많은 지지에도 불구하고 나는 금세 방황하기 시작했고, 셋째 날에는 사실상 포기하기에 이르렀다. 지도자들의 말을 듣는 것이 즐겁지 않았고, 매일 새로운 사람이 나타나는 바람에 누구에게도 익숙해지지 못했기 때문이다. 결국 나는 초프라의 챌린지에 실패했다.

6~8개월 후, 나는 다시 한번 시도해보기로 했다. 이번에는 초프라의 또 다른 21일 명상 챌린지인 매니페스팅 어번던스_{Manifesting Abundance}를 선택했다. 매력적인 이름에 이끌려 곧장 등록했다. 드디어 내게 딱 맞는 프로그램을 찾은 것 같았다. 초프라가 모든 명상을 직접 선보였기 때문이다. 마음을 진정시키는 목소리도 너무 좋았고, 그의 이야기를 듣는 것도 즐거웠다. 또한 만트라의 산스크리트어가 정신을 집중하도록 도와주었다. 초프라는 각 단어의 의미를 알려주고 명상을 하는 동안 그 단어를 반복하게 했다. 내가 가장 좋아하는 만트라 '샷 칫 아난다'_{Sat chit ananda}는 '실재, 의식, 더없는 행복'이라는 뜻이다. 또 '옴 바루남 나마'_{Om varunam namah}는 '내 삶은 우주 법칙의 조화 속에 있다'는 뜻이다.

이 두 가지 만트라에 유독 끌렸던 이유는 아름답고 이국적인 소리와 의미 때문이었던 것 같다. 만트라의 소리와 의미가 편안함과 위안을 주었고, 명상에 집중하는 데에도 많은 도움이 되었다. 운동에 활기를 불어넣어 준 인텐사티 수업을 처음 발견했을 때가 떠올랐다. 마치 그때처럼 만트라도 나와 연결되어 명상 수행에 활기를 불어넣었다. 만트라는 정말 효과적이었던 것 같다. 21일 챌린지를 모두 끝마쳤을 때 무척 감격스러웠다! 내게는 처음 있는 일이었다. 챌린지를 처음부터 다시 시작하면서 명상이 내게 정말 안성맞춤이라는 생각을 했다. 수도승들의 수준까지 가려면 한참 멀었지만, 올바른 방향으로 한 걸음을 내디딘 것은 분명했다.

사실 당시에 내가 초점을 맞추었던 의도는 명확했다. 나는 꿈에 그리던 남자, 인생을 함께할 파트너를 만나고 싶었다. 나는 재미있는 일을 하며 사교 활동을 만끽하고 있었고, 마이클과의 이별에서 회복한 후 행복을 되찾았다. 삶이 내게 또 무엇을 가져다줄지 확인할 시간이었다.

음식과 여행, 뉴욕 탐방에 대한 사랑을 일부만이라도 공유할 수 있는 지적이고 건강하며 사교적이고 활기 넘치는 남자가 필요했다. 또 당시에는 마이클이 전혀 관심을 보이지 않았던 영적인 측면도 중요했다. 나는 명상 수행을 서서히 강화하면서 연애 상대에 대한 명료한 의도를 계속 유지했다. 그러던 중에 신기한 일이 일어났다. 정말 명상을 좋아하는 남자를 만난 것이다! 게다가 아주 매력적인 남자였다!

피터는 요가 수련회에서 진정한 스승의 가르침을 받으며 영적인 여정을 시작했다고 말했다. 그의 스승은 영성이 종교가 아닌 삶의 방식이라고 가르쳤고, 피터는 그 가르침에 진심으로 응답했다. 피터는 수년째 스승을 따르며 함께 수련회에 가고 그의 저서를 읽고 그의 가르침을 일상에서 최대한 실천하려고 애쓰고 있었다.

이런 대화를 통해 나는 영적 수행에 대해 생각해보고 내 견해를 표현하게 되었다. 새로운 경험이었다. 나는 전혀 종교적이지 않은 환경에서 자랐고, 성인이 되어서도 쭉 신경과학자로 살았기 때문에 영적 수행은 떠올리는 것만으로도 어색한 주제였다. 내가 과학을 공부하고 직업으로 삼으면서 만났던 사람들은 대체로 양적이고 실증적인 것을 중시했고, 운동으로서의 명상에 대해서는 관대한 편이었지만 종교와 영성에 대해서는 나약하고 어리석은 사람들을 위한 것이라며 냉혹하게 비판했다. 그러나 명상 수행에 깊이 빠져들수록 영적인 면에 끌릴 수밖에 없었다. 요가 수업을 비롯하여 대부분의 체계적인 명상 수업, 녹화 영상, 공개 강연에서는 늘 영혼이나 우주, 에너지에 관해 이야기했다. 그들의 말처럼 나는 명상이라는 행위 안에 힘이 있음을 깨달았다. 그 힘은 나와 만물을 연결시키는 일종의 우주 에너지에 다가간다는 느낌에서 비롯되었다. 그런 경험은 나에게 더할 나위 없이 영적으로 느껴졌다. 지금도 내 영적 수행은 여전히 초기 단계에 머물러 있다. 나는 여전히 배우고 탐색하는 중이다. 그러나 피터와 대화를 나누면서 내 영적 수행이 신경과학자로서의 삶과 어떻게 연결되어 있는지를 생각하기 시작했다. 나는 우리와 우주를 연결시키는 영혼이나 어떤 특별한 에너지원이 있다는 경험적 증거를 가지고 있지 않았다. 그러나 명상을 통해 영성 탐구에 전념했고, 그것이 나를 어디로 데려가는지 확인했다.

달라이 라마는 불교의 목적도 과학처럼 본질을 탐구하는 것이라고 말했다. 나는 명상 수행이 영성과 내 진정한 본성을 탐구하는 과정이라고 느낀다. 더 큰 우주 에너지의 존재 또는 내부의 작동 원리를 증명할 수는 없겠지만, 나는 여전히 그것이 내 삶에서 어떻게 작용하는지를 탐구하고 싶다. 어떤 면에서 이것은 내가 씨름하고 있는 과학적 의문점에 다가가는 방법이다. 운동이 뇌 기능에 정확히 어떻게 영향을 미치는지 모르지만, 나만의 가설을 발전시키고 이러한 가설이나 아이디어를 체계적으로 시험해볼 수는 있다. 이와 비슷하게 나는 영성이 내 삶에 어떻게 작용하는지에 대한 가설들을 발전시키고 있고, 개인적인 영적 수행에서 시험해볼 수 있다. 사실 운동이 뇌에 미치는 영향과 명상 및 영성에 대해 이해하려는 노력은 삶과 경험의 본질에 대한 호기심에서 비롯된 것이기도 하다.

명상에 관한 대화를 나눈 후 나는 피터와 함께 명상을 하기 시작했다. 피터와 함께 하는 명상은 명상가들로 가득 찬 방 안에서 하는 명상과 달랐고, 혼자 하는 명상과도 굉장히 달랐다. 그의 존재만으로 수행에 깊이가 더해진 것 같았다. 또한 피터는 명상을 시작하면 그 무엇에도 방해받지 않았고 그 집중력이 내게도 전달되었다.

우리의 관계는 아주 잘 풀려가고 있었다. 그는 잘생긴 외모와 운동신경, 지적 수준과 영적인 측면까지 고루 갖춘 데다 훌륭한 댄서이기까지 했다. 무엇을 더 바라겠는가? 우리는 정말 여러 가지 면에서 잘 맞았다.

물론 맞지 않는 부분도 몇 가지 있었다. 수도승 같은 그의 태도는 명상에는 아주 적합했지만 너무 독립적이어서 쌀쌀맞게 보일 때가 있었다. 아주 멋지고 흥미로운 대화를 나눌 때도 있었지만 대화거리를 찾기가 힘들 때도 있었다. 그가 재미없는 사람이어서가 아니라 늘 나와 같은 수준으로 상호작용하고 싶어 하지 않아서였다. 이런 일들은 나를 외롭게 하고 뭔가를 더 갈구하게 만들었다.

나는 피터와 많은 관심사를 공유했고 그의 장점들을 잘 알고 있었지만 그를 사랑하지 않는다는 사실을 비교적 빨리 깨달았다. 나는 정말 순수하게 그를 좋아했다. 나는 연애 초기부터 그가 달라지기를 바라는 것이 어떤 의미인지 자문했다. 만약 그를 정말 사랑하지 않는다면 그리고 그가 달라지기를 바란다면 관계를 정리해야 했다.

나는 피터에게 내 감정을 솔직히 털어놓았다. 그의 반응은 매우 정중했다. 그는 내 솔직함과 자기 인식에 고마워했다.

나는 그것이 옳은 결정이었다고 확신한다. 피터와 여전히 좋은 친구 관계를 유지하고 있기 때문이다. 사실 피터와의 이별은 내 삶에서 가장 어른스러운 이별이었다. 그리고 여기에는 그럴 만한 이유가 있다. 명상 수행의 효과가 나타난 것이다. 명상으로 인해 내게 아주 긍정적인 세 가지 변화가 나타나기 시작했다. 첫 번째는 나 자신과 현실을 더 제대로 인식하게 되었다는 것이다. 나는 내게 정말 소중한 것과 인생에서 원하는 것을 더 명확히 알게 되었다. 엄격히 말해서 이 깨달음은 명상과 운동 그리고 삶에서 얻은 경험의 조합에서 비롯된 것이었다. 명상을 통한 고요한 사색이 자각 능력을 발전시키는 데 도움이 되었다. 게다가 상이나 인정을 받는 일부터 멋진 친구들, 명상, 차, 재밌는 운동, 도심 산책, 또는 내가 가장 좋아하는 것 중 하나인 새로운 레스토랑 찾기까지, 즐거움을 주는 삶의 모든 것에 대해 감사하게 되었다.

나는 목표에 도달하기 위해 너무 오랫동안 노력과 의지력을 최대치로 사용했었다. 처음 목표는 훌륭한 실험실을 만들고 종신 교수가 되는 것이었고, 그다음 목표는 삶의 균형을 다시 맞추는 것이었기에 운동을 시작했다. 명상은 삶의 균형을 되찾으면서 얻는 것들에 대해 감사함을 느끼게 했을 뿐 아니라 이러한 변화를 가져오려고 너무 지나치게 노력할 필요는 없다는 것을 깨닫게 했다. 이 깨달음을 얻기까지 꽤 오랜 시간이 걸렸다. 그때까지 배워온 세상의 이치에 완전히 어긋나는 것이었다. '아무도 너를 도와주지 않을 테니 원하는 것을 얻으려면 전력으로 일하라.'가 과거의 관점이었다면, '네가 가진 것을 즐겨라. 그리고 앞으로 가야 할 방향을 말해주는 신호들을 찾아라. 그 과정에서 도움을 얻을 것이다.'라는 새로운 관점을 갖게 되었다.

명상으로 인한 두 번째 변화는 현재의 삶에 더 집중하게 되었다는 것이다. 제7장에서 말한 것처럼 현재에 집중하는 것을 처음 감사하게 해준 것은 운동이지만, 이 기술을 실제로 발전시킨 것은 규칙적인 명상이었다. 나는 아주 오랫동안 미래의 목표에 집중하며 그것을 이루기 위해 가능한 모든 것을 해내느라 정작 나 자신에게는 현재를 살거나 그것에 감사할 시간을 주지 못했다. 나는 이제 사람들이 진정으로 현재에 머무는 순간을 알아볼 수 있다. 그들에게는 스마트폰을 통해 수많은 사람과 나누는 산만한 상호작용과 아주 강하게 대비되는 현재가 있다. 현재를 사는 사람들은 그 순간에 존재하고, 그 순간에 집중하며, 그 순간의 모든 것을 받아들인다. 달라이 라마가 무척 놀라운 이유도 여기에 있다. 그는 현재의 순간에 충만히 존재한다. 다만 우리는 그것을 보고 느끼고 경험하는 것에 익숙하지 않을 뿐이다. 나도 모든 순간에 존재하지 않지만, 존재할 때와 그렇지 않을 때를 훨씬 더 예민하게 알아차리며 현재를 사는 시간을 늘려가는 중이다.

가장 중요한 세 번째 변화는 명상이 내 삶에 더 많은 연민을 가져다주었다는 것이다. 이것은 자애 명상과 함께 시작되었다. 처음에는 자애 명상의 목적이 세상에 더 많은 연민을 보내는 것이라고 생각했다. 즉, 친절하라는 뜻으로 받아들였다. 그러나 자애 명상은 전혀 그런 방식으로 작용하지 않는다. 먼저 나 자신에게 초점을 맞추어 자애 명상을 해야 한다. 그것은 의외로 굉장히 힘든 일이었고, 타인에게 사랑과 연민을 주는 것보다 더 어려웠다. 나는 아주 오랫동안 충분히 열심히 일하지 않았다거나 충분히 성공하지 못했다며 나 자신을 너무 엄격하게 대했다는 것을 깨달았다. 자애 명상 수행이 가져다준 가장 심오한 변화 중 하나는 나에게 자애를 비추는 고요한 시간이었다. 나는 명상을 통해 과거와 완전히 다른 차원으로 나 자신을 사랑하고 신뢰하는 방법을 배웠다. 그렇다, 나는 이제 더 많은 자신감과 행복감을 느낀다. 더 많은 친구를 사귀고 더 균형 있는 삶을 살고 있기 때문이다. 자신감과 기쁨은 자기 수용에 뿌리를 두고 있다. 이것은 나뿐만 아니라 다른 많은 사람에게도 엄청난 일일 것이다. 어느 순간에 나는 자문해야 했다. 나는 나를 받아들이고 있는가?

그 질문에 나는 이렇게 답했다. 내가 나를 받아들여도 되는가? 오랫동안 성공에 대한 외부 기준에 의존해서인지 자기 수용은 진즉에 사라지고 없었다. 명상 수행은 오직 외부 기준만으로 자기 가치를 판단하던 습관을 버리고, 대신 나만의 기준으로 성공과 행복을 판단하여 하고 싶은 일을 결정하게 했다. 나를 진정으로 사랑하고 나 자신에게 감사할 수 있어야 그 사랑과 연민을 세상에 돌려줄 수 있다. 나와 타인에 대한 사랑은 세상을 바라보는 시각을 바꾸어놓았다. 그 후로 세상은 생존을 위해 독을 뿜는 뱀으로 가득 찬 구덩이가 아니라 인생의 여정에 놓인 아름다운 정원이었다.

개인적인 경험 때문에 명상을 맹신하는 것처럼 들릴 수도 있지만 시간을 보내는 방법부터 몸과 마음의 연결에 대한 감각까지, 내가 얼마나 오랫동안 삶의 여러 측면을 변화시켜왔는지 잊어서는 안 된다. 나는 명상이 가져다줄 다음 변화를 맞이할 준비가 되어 있었다. 나는 뇌가소성을 극대화할 수 있도록 뇌를 준비시켰다. 명상이 그 모든 것을 가져다줄 것 같았다.

새로운 차원의 자기애는 내 행동에 어떤 영향을 주었을까? 나는 나 자신에 대한 사랑과 신뢰, 감사의 마음에 집중하면서 타인에 대한 사랑과 신뢰, 감사의 마음을 배웠다. 이제 나는 누군가와의 이별처럼 힘들고 고통스러운 일조차도 결국 사랑의 행위가 될 수 있다는 것을 안다. 피터와의 일이 정확히 그랬고, 그 사랑의 행위는 앞으로도 계속 나를 사랑하고 지지해줄 친구를 내 삶에 남겨주었다.

이것은 명상 연구법에 관한 더 흥미로운 궁금증을 불러일으킨다. 여러분도 알아차렸는지 모르겠지만, 이런 식의 자기 가치 혹은 자기애의 변화는 명상에 관한 신경생물학 연구에서 한 번도 언급되지 않았다. 명상 연구들은 보통 명상과 관련된 뇌파나 해부학적 변화에 초점을 맞춘다. 신경과학의 관점에서 보면 연구를 시작하기에 괜찮은 주제들이지만, 명상에 관한 내 개인적인 경험은 뇌와 명상에 관한 더 깊고 복잡한 문제들을 제시한다. 내가 경험한 모든 변화는 뇌가소성의 예였고, 신경생물학적 기초의 일부를 포함하는 것으로 보인다. 강화된 자기애 및 수용과 관련된 신경망은 무엇인가? 개인적인 평가 시스템을 외부 기반 모델에서 내부 기반 모델로 전환할 때 무슨 일이 벌어지는가? 또 나는 웨인 다이어의 아 명상부터 디팩 초프라의 명상 챌린지, 자애 명상까지 다양한 명상법을 복합적으로 사용했다. 어느 명상법이 어떤 영향을 줄까? 내 복합적인 명상 방식은 과거에 발표된 명상 연구에 사용된 방식을 반영하고 있어 수행 방식 간의 비교를 어렵게 만든다. 앞으로 우리는 명상이 뇌 기능에 미치는 효과를 이해하기 위한 여정에서 엄청난 잠재력과 무시무시한 난관을 두루 만나게 될 것이다.

완벽한 끝맺음, 새로운 시작

명상을 통해 현재를 살기 시작하고 자신에 대해 더 많은 사랑과 감사를 느끼게 되면, 우리는 무슨 일이 벌어진 건지 자문할 것이다. 그 답은 명상이 인간의 자각을 높인다는 사실에서 찾을 수 있다. 그리고 그것은 때로 아름다운 하나의 끝맺음으로 이어진다.

이 이야기는 풍수에 대해 더 많이 배우고 싶은 내 욕구에서 시작된다. 나는 새롭고 멋진 인간관계에 길을 터주기 위해 오래된 관계의 탁한 에너지를 없애려고 애쓰는 중이었다.

나는 친구이자 풍수 전문가인 이네사 프레이레크먼에게 집으로 와 달라고 부탁했다. 그녀는 의식에 사용할 허브와 만트라 그리고 발리에서 가져온 아름다운 황금 종 세트를 준비해왔다. 그녀는 각 공간이 상징하는 것에 대해 설명하고, 에너지 흐름을 개선하기 위해 제거하거나 조정해야 할 것들이 어디에 있는지 확인했다. 그리고 집 안의 기본적인 기의 흐름을 평가한 후, 거기에 있는 물건들이 즐겁고 긍정적인 기억을 상징하는지 아니면 오래된 관계를 상징하기 때문에 제거해야 하는지 물었다. 잘 풀리지 않았던 관계와 관련된 물건들이 생각보다 많이 남아 있었다. 프레이레크먼은 그 물건들을 새로운 장소로 옮기고 방 안의 에너지를 환기하자고 제안했다. 나는 벽과 선반에 줄지어 세워놓은 엄청난 양의 장식품과 편지에 깜짝 놀랐고, 제거할 물건들을 선별하기 시작하자마자 금세 기분이 가벼워지는 것을 느꼈다.

그다음 우리는 옷 방으로 갔다. 방문을 열자 커다란 첼로 케이스가 가장 먼저 눈에 들어왔다. 그것은 굉장히 넓은 공간을 차지하고 있었다. 아주 오래전 프랑수아에게 선물 받았던 바로 그 첼로였다. 프레이레크먼이 첼로에 대해 물었다. 내 설명을 들은 그녀가 최근에 연주한 적이 있는지 물었고 나는 아니라고 대답했다.

그때 갑작스럽게 눈물이 터져 나왔다.

그녀는 무슨 일이냐고 조심스럽게 물었다.

나는 이렇게 아름다운 첼로를 선물 받고도 아주 오랫동안 그것을 연주하지 않았다는 사실에 죄책감을 느낀다고 말했다. 또 나는 첼로를 보관할 자격이 없으며, 이렇게 멋진 선물을 갖기에는 너무나 형편없고 무가치한 사람이라고 말했다. 전화로 모질게 이별을 통보했던 기억이 떠올라 더욱 미안해졌다. 나는 죄책감으로 가득한 이 첼로를 연주할 시간도, 처분할 마음도 없이 마냥 이곳저곳으로 끌고 다녔다. 몇 년 동안은 생각조차 하지 않았는데 그렇게 거기에 남아 있다가 나를 울게 만든 것이다.

나는 첼로를 필요한 곳에 보내기로 결심했다.

프레이레크먼도 좋은 생각이라며 나를 격려해주었고, 집 안을 마저 둘러보고 나서 축복과 만트라로 의식을 마무리했다. 굉장히 좋은 경험이었다.

나는 그녀와 함께 선별한 물건들에게 작별을 고했고, 혼자 찾아낸 몇 가지 물건까지 합쳐 모두 새로운 장소로 옮겼다. 새로운 에너지와 함께 집 안이 더 밝고 상쾌하게 느껴졌다. 정말 마음에 들었다.

그러던 어느 날, 첼리스트인 한 대학원생이 청년 오케스트라에서 사용 가능한 첼로를 찾고 있다고 알려주었다. 내 첼로에게 사랑스러운 집이 될 것 같았다. 나는 기부 계획에 필요한 모든 정보를 얻었다.

하지만 그 후에 전혀 나답지 않은 행동을 했다.

나는 아무것도 하지 않았다.

수개월이 흐른 뒤에야 나는 무엇이 잘못되었는지 깨달았다. 소중한 첼로를 차마 다른 곳에 보낼 수 없었던 것이다.

나는 첼로를 다시 옷 방에 남겨두었다.

어느 주말, 친구 지나와 롱아일랜드의 이국적인 노스 포크에서 열린 와인 시음회에 갔다. 잠시 도시에서 벗어나 쉬고 싶었던 우리는 작고 귀여운 민박에서 하루를 묵기로 했다. 거창한 여름휴가 계획을 세워두었던 지나는 친구에게서 프랑스 보르도에서 가장 훌륭하다는 호텔에 대해 들었다고 했다. 그 호텔은 비교적 저렴한 비용으로 숙박 시설과 식사를 제공했고, 투숙객은 호텔을 포함한 사유지를 마음껏 둘러볼 수 있었다. 나는 대학 이후 처음으로 보르도에서 만난 예전 남자친구에 대해 얘기했다.

지나가 보르도에 함께 가면 좋지 않겠느냐고 물었다. 그곳에 가면 프랑수아를 만나 안부를 물을 수도 있었다. 그러나 나는 대답을 회피했다. 대화 중에 무척 중요한 무언가를 깨달았기 때문이다.

그렇다, 나는 프랑수아와 다시 대화하고 싶었다. 그러나 보르도 여행을 통해서는 아니었다. 나는 프랑수아에게 전화를 걸어 첼로와 프랑스에서 보낸 시간들에 대해 제대로 고마움을 전해야 했다. 나는 내가 무엇을 하려고 하는지 알고 있었다.

나는 롱아일랜드에서 돌아오자마자 구글에서 '보르도의 피아노 조율사'를 검색했고, 시시한 검색 결과를 훑다가 피아노를 조율하는 프랑수아의 사진을 발견했다. 예전보다 조금 더 나이 들어 보였지만 분명 그였다. 나는 프랑수아가 녹음실에서 일한다는 사실을 알게 되었고, 이튿날 새벽 다섯 시에 일어나 녹음실로 전화를 걸었다.

세 번째 연결음이 울릴 때 한 남자가 전화를 받았고, 나는 예전 같지 않은 프랑스어 실력으로 프랑수아가 있느냐고 물었다.

그가 말했다. "없는데요."

나는 물었다. "아, 거기서 일하지 않나요?"

그가 대답했다. "조율사가 필요할 때만 나옵니다."

프랑수아를 안다는 말이잖아!

나는 프랑수아의 오랜 미국인 친구이고 그와 연락을 하고 싶다며 프랑수아의 휴대폰 번호를 알려줄 수 있느냐고 물었다. 그가 프랑수아의 휴대폰 번호를 알려주었다. 나는 감사의 인사를 건네고 전화를 끊었다.

나는 28년 동안 프랑수아와 연락을 하지 않았다는 사실은 조금도 생각하지 않고 지체 없이 번호를 눌렀다.

두 번째 연결음에 누군가가 전화기를 들었다.

나는 물었다. "프랑수아?"

그가 말했다. "네, 그런데요."

"오! 나 예전에 알고 지내던 미국인 친구 웬디 스즈키야."

"안녕!"

우리는 웃었고, 서로의 가족과 지난 삶에 대해 물어보며 즐거운 시간을 보냈다. 프랑수아의 가족은 모두 잘 지내고 있으며, 그는 결혼을 해서 아이가 둘이라고 했다. 나도 내 가족과 지난 삶에 대해 간단히 전해주었다.

그는 첼로도 잘 있느냐고 물었다. 나는 기쁜 마음과 함께 안도감을 느끼며 잘 있다고 대답했다.

그리고 전화를 건 진짜 이유를 말하기로 했다. 나는 심호흡을 한 후, 이렇게 중요한 인생 경험을 하게 해준 것에 대한 고마움을 제대로 전하지 못했다는 사실을 첼로를 통해 깨달았다고 말했다. 그리고 그와 함께 했던 1년이 얼마나 특별했는지 이야기했다. 나는 침을 꿀꺽 삼키면서 전화를 건 진짜 이유를 말했다. "고마워."

잠시 침묵이 이어졌다.

그리고 그가 대답했다. "메르시, 웬디."

그는 이별 후에 무척 힘들었고 나와 함께했던 1년이 자신에게도 무척 의미 있는 경험이었다고 말했다. 그리고 이렇게 오랜만에 연락이 닿아서 무척 행복하다고 말했다. 우리는 이메일로 연락을 주고받기로 약속했고 서로의 행운을 빌어주며 전화를 끊었다.

그것은 내가 인생에서 경험한 최고의 끝맺음이었다.

프랑수아와의 대화는 28년간 품고 있었던 관계의 거대한 응어리를 내 삶에서 완전히 제거했다. 그해 내가 경험했던 모든 것에 대해 프랑수아에게 감사하고 인정할 수 있게 되면서, 내 인생에 나타날 새로운 누군가에게도 충분히 감사할 수 있게 되었다. 프랑수아와의 대화와 풍수를 통해 새롭게 단장한 집은 손에 만져질 듯한 신선한 빛과 에너지로 가득 채워졌다. 나는 내 아름다운 첼로를 수리하여 거실의 명당자리에 세워두었다. 그리고 첼로 레슨을 시작하기 전에 첼로를 조율하고 연주하는 방법부터 다시 배우고 있다. 첼로를 볼 때마다 미소가 절로 지어진다.

그렇다, 다음에 무엇이 오든 나는 진정으로 즐길 준비가 되어 있다.

누구나 뇌를 이용해
행복해질 수 있다

나는 이 책을 통해 나를 대상으로 한 뇌가소성 실험에서 얻은 가장 의미 있는 통찰을 여러분과 나누었다. 내가 확실하게 아는 한 가지는 뇌가소성이 최상의 모습으로 변할 수 있는 엄청난 능력을 우리에게 부여한다는 것이다. 이 책을 쓰는 과정에서 나는 브로드웨이와 수학을 똑같이 사랑했던 그 소녀가 여전히 내면 깊은 곳에 살고 있음을 알게 되었다. 비밀스러운 브로드웨이 디바부터 수줍음을 극도로 많이 타면서도 학교에서는 근면한 학생, 세계를 여행하는 대학생, 실외 활동을 전혀 하지 않는 완벽한 일 중독자까지 나는 삶에서 무척 다양한 단계들을 거쳐왔다. 이 모두가 전부 나였다. 그저 다른 버전의 나일 뿐이다. 나는 수줍음 많은 괴짜 고등학생과 종신 교수 재직권을 코앞에 둔 일 중독자 부교수를 싫어했었다. 지금은 그들 모두를 나로 받아들인다. 나는 균형 잡힌 삶에서 기쁨을 느끼는 의도적이고 낙관적인 여성이다. 그러나 그들을 모두 받아들인다고 해서 변화와 성장을 원하지 않는 것은 아니다. 특히 최근에 겪은 가장 큰 변화, 즉 완전히 균형을 잃은 신경과학자에서 행복하고 균형 잡힌 여성으로 변할 수 있었던 이유는 (1)나 자신을 개선하겠다는 명확한 욕구, (2)많은 운동량을 포함한 근면과 인내, 그리고 (3)나만의 뇌가소성 때문이다.

가장 신나는 소식은 이 프로그램을 따라 하면 누구든 자신의 삶을 바꿀 수 있다는 것이다. 그것은 변하고자 하는 내면의 욕구에서 시작된다. 이 혼합체에 필요한 나머지 핵심 요소는 올바른 방향을 알려줄 약간의 신경과학적 노하우다. 이 책에서 나는 유산소 운동과 의식적인 운동을 통해 기억력, 주의력, 기분, 그리고 삶을 향한 열정을 향상시키는 데 필요한 도구를 제공하려 노력했고, 그것은 당신의 뇌가소성에 시동을 걸어줄 것이다. 뇌가소성을 삶의 여러 측면에 정확히 어떻게 적용하는지를 포함하여, 당신이 뇌가소성으로 이루는 일은 개인적이고 독창적인 창작품이 될 것이다.

지금의 나는 이제껏 겪어본 적 없는 최상의 모습을 하고 있다. 운동은 이제까지 할 수 없었던 방식으로 정신과 몸, 영혼을 조정할 수 있는 길을 제시해주었다. 나는 세상에 기여할 수 있는 최선의 방법을 지속적으로 탐색하며 매일 그 변화들의 효과를 확인한다. 그리고 변화는 아직 끝나지 않았다. 나는 남은 생애 동안 나만의 창의성을 표현하며 끊임없이 탐색하고 성장하고 변화할 것이다.

　독자들이 이 책을 통하여 자신만의 놀라운 뇌가소성을 탐색하고, 최상의 모습으로 변화할 수 있기를 바란다.

　　　　　　여러분의 건강한 두뇌와 행복한 인생을 기원하며.

　　　　　　　　　　　　　　　　웬디 스즈키

제1장 괴짜 소녀는 어쩌다 뇌와 사랑에 빠졌을까?

Anderson, A. K., and Phelps, E. A. "Lesions of the Human Amygdala Impair Enhanced Perception of Emotionally Salient Events." Nature 411 (2001): 305–309.

Bennett, E. L., Diamond, M. C., Krech, D., and Rosenzweig, M. R. "Chemical and Anatomical Plasticity of Brain." Science 146 (1964): 610–619.

Bennett, E. L., Rosenzweig, M. R., and Diamond, M. C. "Rat Brain: Effects of Environmental Enrichment on Wet and Dry Weights." Science 163 (1969): 825–826.

Blood, A. J., and Zatorre, R. J. "Intensely Pleasurable Responses to Music Correlate with Activity in Brain Regions Implicated in Reward and Emotion." Proceedings of the National Academy of Sciences U.S.A. 98 (2001): 11818–11823.

Cao, F., Tao, R., Liu, L., Perfetti, C. A., and Booth, J. R. "High Proficiency in a Second Language Is Characterized by Greater Involvement of the First Language Network: Evidence from Chinese Learners of English." Journal of Cognitive Neuroscience 25 (2013): 1649–1663.

- Diamond, M. C., Krech, D., and Rosenzweig, M. R. "The Effects of an Enriched Environment on the Histology of the Rat Cerebral Cortex." Journal of Comparative Neurology 123 (1964): 111–120.
- Diamond, M. C., Law, F., Rhodes, H., Lindner, B., Rosenzweig, M. R., Krech, D., and Bennett, E. L. "Increases in Cortical Depth and Glia Numbers in Rats Subjected to Enriched Environment." Journal of Comparative Neurology 128 (1966): 117–126.
- Diamond, M. C., Rosenzweig, M. R., Bennett, E. L., Lindner, B., and Lyon, L. "Effects of Environmental Enrichment and Impoverishment on Rat Cerebral Cortex." Journal of Neurobiology 3 (1972): 47–64.
- Globus, A., Rosenzweig, M. R., Bennett, E. L., and Diamond, M. C. "Effects of Differential Experience on Dendritic Spine Counts in Rat Cerebral Cortex." Journal of Comparative Physiological Psychology 82 (1973): 175–181.
- Hamann, S. "Cognitive and Neural Mechanisms of Emotional Memory." Trends in Cognitive Science 5 (2001): 394–400.
- Harrison, L., and Loui, P. "Thrills, Chills, Frissons, and Skin Orgasms: Toward an Integrative Model of Transcendent Psychophysiological Experiences in Music." Frontiers in Psychology 5 (2014): 790.
- Hu, H., Real, E., Takamiya, K., Kang, M. G., Ledoux, J., Huganir, R. L., and Malinow, R. "Emotion Enhances Learning via Norepinephrine Regulation of AMPA–Receptor Trafficking." Cell 131 (2007): 160–173.
- Klein, D., Mok, K., Chen, J. K., and Watkins, K. E. "Age of Language Learning Shapes Brain Structure: A Cortical Thickness Study of Bilingual and Monolingual Individuals." Brain and Language 131 (2014): 20–24.
- Koelsch, S. "Towards a Neural Basis of Music–Evoked Emotions." Trends in Cognitive Science 14 (2010): 131–137.
- Krech, D., Rosenzweig, M. R., and Bennett, E. L. "Effects of Environmental Complexity and Training on Brain Chemistry." Journal of Comparative Physiological Psychology 53 (1960): 509–519.

Kuhl, P. K. "Brain Mechanisms in Early Language Acquisition." Neuron 67 (2010): 713–727.

Kuhl, P. K. "Early Language Acquisition: Cracking the Speech Code." Nature Reviews Neuroscience 5 (2004): 831–843.

Kuhl, P. K., Stevens, E., Hayashi, A., Deguchi, T., Kiritani, S., and Iverson, P. "Infants Show a Facilitation Effect for Native Language Phonetic Perception between 6 and 12 Months." Developmental Science 9 (2006): F13–F21.

LaBar, K. S., and Cabeza, R. "Cognitive Neuroscience of Emotional Memory." Nature Reviews Neuroscience 7 (2006): 54–64.

Maguire, E. A., Gadian, D. G., Johnsrude, I. S., Good, C. D., Ashburner, J., Frackowiak, R. S., and Firth, C. D. "Navigation–Related Structural Changes in the Hippocampus of Taxi Drivers." Proceedings of the National Academy of Sciences U.S.A. 98 (2000): 4398–4403.

Maguire, E. A., Spiers, H. J., Good, C. D., Hartley, T., Frackowiak, R. S., and Burgess, N. "Navigation Expertise and the Human Hippocampus: A Structural Brain Imaging Analysis." Hippocampus 13 (2003): 250–259.

Maguire, E. A., Woollett, K., and Spiers, H. J. "London Taxi Drivers and Bus Drivers: A Structural MRI and Neuropsychological Analysis." Hippocampus 16 (2006): 1091–1101.

Phelps, E. A. "Emotion and Cognition: Insights from Studies of the Human Amygdala." Annual Review of Psychology 57 (2006): 27–53.

Phelps, E. A. "Human Emotion and Memory: Interactions of the Amygdala and Hippocampal Complex." Current Opinion in Neurobiology 14 (2004): 198–202.

Phelps, E. A., and Anderson, A. K. "Emotional Memory: What Does the Amygdala Do?" Current Biology 7 (1997): R311–R314.

Rochefort, C., Gheusi, G., Vincent, J. D., and Lledo, P. M. "Enriched Odor Exposure Increases the Number of Newborn Neurons in the Adult Olfactory Bulb and Improves Odor Memory." Journal of Neuroscience 22

(2002): 2679–2689.

- Rochefort, C., and Lledo, P. M. "Short-term Survival of Newborn Neurons in the Adult Olfactory Bulb after Exposure to a Complex Odor Environment." European Journal of Neuroscience 22 (2005): 2863–2870.
- Rosenzweig, M. R., Krech, D., Bennett, E. L., and Diamond, M. C. "Effects of Environmental Complexity and Training on Brain Chemistry and Anatomy: A Replication and Extension." Journal of Comparative Physiological Psychology 55 (1962): 429–437.
- Rosselli-Austin, L., and Williams, J. "Enriched Neonatal Odor Exposure Leads to Increased Numbers of Olfactory Bulb Mitral and Granule Cells." Brain Research. Developmental Brain Research 51 (1990): 135–137.
- Salimpoor, V. N., Benovoy, M., Larcher, K., Dagher, A., and Zatorre, R. J. "Anatomically Distinct Dopamine Release during Anticipation and Experience of Peak Emotion to Music." Nature Neuroscience 14 (2011): 257–262.
- Sharot, T., Delgado, M. R., and Phelps, E. A. "How Emotion Enhances the Feeling of Remembering." Nature Neuroscience 7 (2004): 1376–1380.
- Woollett, K., and Maguire, E. A. "Acquiring 'the Knowledge' of London's Layout Drives Structural Brain Changes." Current Biology 21 (2011): 2109–2114.
- Zatorre, R. J., and Salimpoor, V. N. "From Perception to Pleasure: Music and Its Neural Substrates." Proceedings of the National Academy of Sciences U.S.A. 110 Suppl. 2 (2013): 10430–10437.

제2장 기억의 미스터리 풀기

- Amaral, D. G., Insausti, R., Zola-Morgan, S., Squire, L. R., and Suzuki, W. A. "The Perirhinal and Parahippocampal Cortices in Memory Function." In Proceedings of Vision, Memory and the Temporal Lobe, edited by

Mortimer Mishkin and Eiichi Iwai, 149–161. New York: Elsevier Science Ltd., 1990.

- Corkin, S. "Acquisition of Motor Skill after Bilateral Medial Temporal–Lobe Excision." Neuropsychologia 6 (1968): 255–265.

- Corkin, S. Permanent Present Tense. New York: Basic Books, 2013.

- Corkin, S., Amaral, D. G., Gilberto Gonzalez, R., Johnson, K. A., and Hyman, B. T. "H.M.'S Medial Temporal Lobe Lesion: Findings from Magnetic Resonance Imaging." Journal of Neuroscience 17 (1997): 3964–3979.

- Insausti, R., Amaral, D. G., and Cowan, W. M. "The Entorhinal Cortex of the Monkey: II. Cortical Afferents." Journal of Comparative Neurology 264 (1987): 356–395.

- Lashley, K. S. Brain Mechanisms and Intelligence: A Quantitative Study of Injuries to the Brain. Chicago: Chicago University Press, 1929.

- Lashley, K. S. "Mass Action in Cerebral Function." Science 73 (1931): 245–254.

- Milner, B. "Disorders of Learning and Memory after Temporal Lobe Lesions in Man." Neuropsychologia 19 (1972): 421–446.

- Milner, B. "The Medial Temporal–Lobe Amnesic Syndrome." Psychiatric Clinics of North America 28 (2005): 599–611.

- Milner, B. "The Memory Defect in Bilateral Hippocampal Lesions." Psychiatric Research Reports 11 (1959): 43–58.

- Milner, B. "Wilder Penfield: His Legacy to Neurology. Memory Mechanisms." Canadian Medical Association Journal 116 (1977): 1374–1376.

- Milner, B., and Penfield, W. "The Effect of Hippocampal Lesions on Recent Memory." Transactions of the American Neurological Association 80 (1955): 42–48.

- Milner, B., Squire, L. R., and Kandel, E. R. "Cognitive Neuroscience and the Study of Memory." Neuron 20 (1998): 445–468.

- Mishkin, M. "Memory in Monkeys Severely Impaired by Combined but Not by Separate Removal of Amygdala and Hippocampus." Nature 273 (1978): 297–298.

- Penfield, W., and Mathieson, G. "Memory: Autopsy Findings and Comments on the Role of Hippocampus in Experiential Recall." Archives of Neurology 31 (1974): 145–154.

- Penfield, W., and Milner, B. "Memory Deficit Produced by Bilateral Lesions in the Hippocampal Zone." A.M.A. Archives of Neurology and Psychiatry 79 (1958): 475–497.

- Scoville, W. B., and Milner, B. "Loss of Recent Memory after Bilateral Hippocampal Lesions." Journal of Neurology, Neurosurgery, and Psychology 20 (1957): 11–21.

- Squire, L. R. "Declarative and Nondeclarative Memory: Multiple Brain Systems Supporting Learning and Memory." Journal of Cognitive Neuroscience 4 (1992): 232–243.

- Squire, L. R. "Memory Systems of the Brain: A Brief History and Current Perspective." Neurobiology of Learning and Memory 82 (2004): 171–177.

- Squire, L. R., Clark, R. E., and Bailey, P. J. "Medial Temporal Lobe Function and Memory." In The Cognitive Neurosciences III, edited by M. Gazzaniga, 691–708. Cambridge: MIT Press, 2004.

- Squire, L. R., and Knowlton, B. J. "Memory, Hippocampus, and Brain Systems." In The Cognitive Neurosciences, edited by M. Gazzaniga, 825–837. Cambridge: MIT Press, 1994.

- Squire, L. R., and Zola, S. M. "Episodic Memory, Semantic Memory and Amnesia." Hippocampus 8 (1998): 205–211.

- Suzuki, W. A. "Neuroanatomy of the Monkey Entorhinal, Perirhinal and Parahippocampal Cortices: Organization of Cortical Inputs and Interconnections with Amygdala and Striatum." Neurosciences 8 (1996): 3–12.

- Suzuki, W. A., and Amaral, D. G. "Cortical Inputs to the CA1 Field of the

Monkey Hippocampus Originate from the Perirhinal and Parahippocampal Cortex but Not from Area TE." Neuroscience Letters 115 (1990): 43–48.

Suzuki, W. A., and Amaral, D. G. "Functional Neuroanatomy of the Medial Temporal Lobe Memory System." Cortex 40 (2004): 220–222.

Suzuki, W. A., and Amaral, D. G. "Perirhinal and Parahippocampal Cortices of the Macaque Monkey: Cortical Afferents." Journal of Comparative Neurology 350 (1994): 497–533.

Suzuki, W. A., and Amaral, D. G. "The Perirhinal and Parahippocampal Cortices of the Macaque Monkey: Cytoarchitectonic and Chemoarchitectonic Organization." Journal of Comparative Neurology 463 (2003): 67–91.

Suzuki, W. A., and Amaral, D. G. "Topographic Organization of the Reciprocal Connections between Monkey Entorhinal Cortex and the Perirhinal and Parahippocampal Cortices." Journal of Neuroscience 14 (1994): 1856–1877.

Suzuki, W. A., and Amaral, D. G. "Where Are the Perirhinal and Parahippocampal Cortices? A Historical Overview of the Nomenclature and Boundaries Applied to the Primate Medial Temporal Lobe." Neuroscience 120 (2003): 893–906.

Suzuki, W. A., and Brown, E. N. "Behavioral and Neurophysiological Analyses of Dynamic Learning Processes." Behavioral and Cognitive Neuroscience Reviews 4 (2005): 67–95.

Suzuki, W. A., Miller, E. K., and Desimone, R. "Object and Place Memory in the Macaque Entorhinal Cortex." Journal of Neuroscience 78 (1997): 1062–1081.

Suzuki, W. A., Zola-Morgan, S., Squire, L. R., and Amaral, D. G. "Lesions of the Perirhinal and Parahippocampal Cortices in the Monkey Produce Long-Lasting Memory Impairment in the Visual and Tactual Modalities." Journal of Neuroscience 13 (1993): 2430–2451.

Wirth, S., Yanike, M., Frank, L. M., Smith, A. C., Brown, E. N., and

Suzuki, W. A. "Single Neurons in the Monkey Hippocampus and Learning of New Associations." Science 300 (2003): 1578-1581.

Zola-Morgan, S., Squire, L. R., and Amaral, D. G. "Lesions of the Amygdala That Spare Adjacent Cortical Regions Do Not Impair Memory or Exacerbate the Impairment Following Lesions of the Hippocampal Formation." Journal of Neuroscience 9 (1989): 1922-1936.

Zola-Morgan, S., Squire, L. R., Amaral, D. G., and Suzuki, W. A. "Lesions of Perirhinal and Parahippocampal Cortex That Spare the Amygdala and Hippocampal Formation Produce Severe Memory Impairment." Journal of Neuroscience 9 (1989): 4355-4370.

Zola-Morgan, S., Squire, L. R., and Mishkin, M. "The Neuroanatomy of Amnesia: Amygdala-Hippocampus Versus Temporal Stem." Science 218 (1982): 1337-1339.

제3장 치매에 걸리면 새로운 기억은 무의미할까?

Anderson, A. K., and Phelps, E. A. "Lesions of the Human Amygdala Impair Enhanced Perception of Emotionally Salient Events." Nature 411 (2001): 305-309.

Hamann, S. "Cognitive and Neural Mechanisms of Emotional Memory." Trends in Cognitive Sciences 5 (2001): 394-400.

Hu, H., Real, E., Takamiya, K., Kang, M. G., Ledoux, J., Huganir, R. L., and Malinow, R. "Emotion Enhances Learning Via Norepinephrine Regulation of AMPA-Receptor Trafficking." Cell 131 (2007): 160-173.

LaBar, K. S., and Cabeza, R. "Cognitive Neuroscience of Emotional Memory." Nature Reviews Neuroscience. 7 (2006): 54-64.

Phelps, E. A. "Emotion and Cognition: Insights from Studies of the Human Amygdala." Annual Review of Psychology 57 (2006): 27-53.

Phelps, E. A. "Human Emotion and Memory: Interactions of the Amygdala and Hippocampal Complex." Current Opinion in Neurobiology 14 (2004): 198–202.

Phelps, E. A., and Anderson, A. K. "Emotional Memory: What Does the Amygdala Do?" Current Biology 7 (1997): R311–R314.

Sharot, T., Delgado, M. R., and Phelps, E. A. "How Emotion Enhances the Feeling of Remembering." Nature Neuroscience 7 (2004): 1376–1380.

제4장 새로운 자극이 잠든 뇌를 깨운다

Arnone, D., McKie, S., Elliott, R., Juhasz, G., Thomas, E. J., Downey, D., Williams, S., Deakin, J. F., and Anderson, I. M. "State–Dependent Changes in Hippocampal Grey Matter in Depression." Molecular Psychiatry 18 (2013): 1265–1272.

Arnone, D., McKie, S., Elliott, R., Thomas, E. J., Downey, D., Juhasz, G., Williams, S. R., Deakin, J. F., and Anderson, I. M. "Increased Amygdala Responses to Sad but Not Fearful Faces in Major Depression: Relation to Mood State and Pharmacological Treatment." American Journal of Psychiatry 169 (2012): 841–850.

Boecker, H., Sprenger, T., Spilker, M. E., Henriksen, G., Koppenhoefer, M., Wagner, K. J., Valet, M., Berthele, A., and Tolle, T. R. "The Runner's High: Opioidergic Mechanisms in the Human Brain." Cerebral Cortex 18 (2008): 2523–2531.

Carney, D. R., Cuddy, A. J., and Yap, A. J. "Power Posing: Brief Nonverbal Displays Affect Neuroendocrine Levels and Risk Tolerance." Psychological Science 21 (2010): 1363–1368.

Chennaoui, M., Grimaldi, B., Fillion, M. P., Bonnin, A., Drogou, C., Fillion, G., and Guezennec, C. Y. "Effects of Physical Training on Functional Activity of 5–HT1B Receptors in Rat Central Nervous System: Role of 5–HT–Moduline." Naunyn–Schmiedeberg's Archives of

Pharmacology 361 (2000): 600–604.

- Cohen, G. L., and Sherman, D. K. "The Psychology of Change: Self–Affirmation and Social Psychological Intervention." Annual Review of Psychology 65 (2014): 333–371.

- Cotman, C. W., and Engesser–Cesar, C. "Exercise Enhances and Protects Brain Function." Exercise and Sport Science Reviews 30 (2002): 75–79.

- de Castro, J. M., and Duncan, G. "Operantly Conditioned Running: Effects on Brain Catecholamine Concentrations and Receptor Densities in the Rat." Pharmacology, Biochemistry, and Behavior 23 (1985): 495–500.

- Dunn, A. L., Reigle, T. G., Youngstedt, S. D., Armstrong, R. B., and Dishman, R. K. "Brain Norepinephrine and Metabolites after Treadmill Training and Wheel Running in Rats." Medicine and Science in Sports and Exercise 28 (1996): 204–209.

- Gauvin, L., Rejeski, W. J., and Norris, J. L. "A Naturalistic Study of the Impact of Acute Physical Activity on Feeling States and Affect in Women." Health Psychology 15 (1996): 391–397.

- Koenigs, M., and Grafman, J. "Posttraumatic Stress Disorder: The Role of Medial Prefrontal Cortex and Amygdala." Neuroscientist 15 (2009): 540–548.

- Lin, T. W., and Kuo, Y. M. "Exercise Benefits Brain Function: The Monoamine Connection." Brain Sciences 3 (2013): 39–53.

- Lindsay, E. K., and Creswell, J. D. "Helping the Self Help Others: Self–Affirmation Increases Self–Compassion and Pro–Social Behaviors." Frontiers in Psychology 5 (2014): 421.

- Lorenzetti, V., Allen, N. B., Fornito, A., and Yucel, M. "Structural Brain Abnormalities in Major Depressive Disorder: A Selective Review of Recent MRI Studies." Journal of Affective Disorders 117 (2009): 1–17.

- Lorenzetti, V., Allen, N. B., Whittle, S., and Yucel, M. "Amygdala Volumes in a Sample of Current Depressed and Remitted Depressed Patients and Healthy Controls." Journal of Affective Disorders 120 (2010): 112–119.

Masi, G., and Brovedani, P. "The Hippocampus, Neurotrophic Factors and Depression: Possible Implications for the Pharmacotherapy of Depression." CNS Drugs 25 (2011): 913–931.

Rejeski, W. J., Gauvin, L., Hobson, M. L., and Norris, J. L. "Effects of Baseline Responses, In-Task Feelings, and Duration of Activity on Exercise-Induced Feeling States in Women." Health Psychology 14 (1995): 350–359.

Salmon, P. "Effects of Physical Exercise on Anxiety, Depression, and Sensitivity to Stress: A Unifying Theory." Clinic Psychological Review 21 (2001): 33–61.

Steptoe, A., Kimbell, J., and Basford, P. "Exercise and the Experience and Appraisal of Daily Stressors: A Naturalistic Study." Journal of Behavioral Medicine 21 (1998): 363–374.

Tuson, K. M., Sinyor, D., and Pelletier, L. G. "Acute Exercise and Positive Affect: An Investigation of Psychological Processes Leading to Affective Change." International Journal of Sport Psychology 26 (1995): 138–159.

Villanueva, R. "Neurobiology of Major Depressive Disorder." Neural Plasticity 2013 (2013): 873278.

Yeung, R. R. "The Acute Effects of Exercise on Mood State." Journal of Psychosomatic Research 40 (1996): 123–141.

Young, S. N. "How to Increase Serotonin in the Human Brain without Drugs." Journal of Psychiatry and Neuroscience 32 (2007): 394–399.

Young, S. N., and Leyton, M. "The Role of Serotonin in Human Mood and Social Interaction. Insight from Altered Tryptophan Levels." Pharmacology, Biochemistry, and Behavior 71 (2002): 857–865.

제5장 아이디어의 탄생

Altman, J. "Are New Neurons Formed in the Brains of Adult Mammals?"

Science 135 (1962): 1127–1128.

Altman, J., and Das, G. D. "Autoradiographic and Histological Evidence of Postnatal Hippocampal Neurogenesis in Rats." Journal of Comparative Neurology 124 (1965): 319–335.

Boecker, H., Sprenger, T., Spilker, M. E., Henriksen, G., Koppenhoefer, M., Wagner, K. J., Valet, M., Berthele, A., and Tolle, T. R. "The Runner's High: Opioidergic Mechanisms in the Human Brain." Cerebral Cortex 18 (2008): 2523–2531.

Brickman, A. M., Stern, Y., and Small, S. A. "Hippocampal Subregions Differentially Associate with Standardized Memory Tests." Hippocampus 21 (2011): 923–928.

Brown, J., Cooper–Kuhn, C. M., Kempermann, G., Van, P. H., Winkler, J., Gage, F. H., and Kuhn, H. G. "Enriched Environment and Physical Activity Stimulate Hippocampal but Not Olfactory Bulb Neurogenesis." European Journal of Neuroscience 17 (2003): 2042–2046.

Cassilhas, R. C., Lee, K. S., Fernandes, J., Oliveira, M. G., Tufik, S., Meeusen, R., and de Mello, M. T. "Spatial Memory Is Improved by Aerobic and Resistance Exercise through Divergent Molecular Mechanisms." Neuroscience 202 (2012): 309–317.

Chennaoui, M., Grimaldi, B., Fillion, M. P., Bonnin, A., Drogou, C., Fillion, G., and Guezennec, C. Y. "Effects of Physical Training on Functional Activity of 5–HT1B Receptors in Rat Central Nervous System: Role of 5–HT–Moduline." Naunyn–Schmiedeberg's Archives of Pharmacology 361 (2000): 600–604.

Colcombe, S., and Kramer, A. F. "Fitness Effects on the Cognitive Function of Older Adults: A Meta–Analytic Study." Psychological Science 14 (2003): 125–130.

Creer, D. J., Romberg, C., Saksida, L. M., Van, P. H., and Bussey, T. J. "Running Enhances Spatial Pattern Separation in Mice." Proceedings of the National Academy of Sciences U.S.A. 107 (2010): 2367–2372.

de Castro, J. M., and Duncan, G. "Operantly Conditioned Running: Effects on Brain Catecholamine Concentrations and Receptor Densities in the Rat." Pharmacology, Biochemistry, and Behavior 23 (1985): 495–500.

Dunn, A. L., Reigle, T. G., Youngstedt, S. D., Armstrong, R. B., and Dishman, R. K. "Brain Norepinephrine and Metabolites after Treadmill Training and Wheel Running in Rats." Medicine and Science in Sports and Exercise 28 (1996): 204–209.

Erickson, K. I., Voss, M. W., Prakash, R. S., Basak, C., Szabo, A., Chaddock, L., Kim, J. S., Heo, S., Alves, H., White, S. M., Wojcicki, T. R., Mailey, E., Vieira, V. J., Martin, S. A., Pence, B. D., Woods, J. A., McAuley, E., and Kramer, A. F. "Exercise Training Increases Size of Hippocampus and Improves Memory." Proceedings of the National Academy of Sciences U.S.A. 108 (2011): 3017–3022.

Eriksson, P. S., Perfilieva, E., Bjork-Eriksson, T., Alborn, A. M., Nordborg, C., Peterson, D. A., and Gage, F. H. "Neurogenesis in the Adult Human Hippocampus." Nature Medicine 4 (1998): 1313–1317.

Frick, K. M., and Fernandez, S. M. "Enrichment Enhances Spatial Memory and Increases Synaptophysin Levels in Aged Female Mice." Neurobiology of Aging 24 (2003): 615–626.

Gross, C. G. "Neurogenesis in the Adult Brain: Death of a Dogma." Nature Reviews Neuroscience 1 (2000): 67–73.

Hillman, C. H., Erickson, K. I., and Kramer, A. F. "Be Smart, Exercise Your Heart: Exercise Effects on Brain and Cognition." Nature Reviews Neuroscience 9 (2008): 58–65.

Hopkins, M. E., and Bucci, D. J. "BDNF Expression in Perirhinal Cortex Is Associated with Exercise-Induced Improvement in Object Recognition Memory." Neurobiology of Learning and Memory 94 (2010): 278–284.

Ickes, B. R., Pham, T. M., Sanders, L. A., Albeck, D. S., Mohammed, A. H., and Granholm, A. C. "Long-Term Environmental Enrichment Leads to Regional Increases in Neurotrophin Levels in Rat Brain." Experimental

Neurology 164 (2000): 45–52.

- Jung, C. K., and Herms, J. "Structural Dynamics of Dendritic Spines Are Influenced by an Environmental Enrichment: An In Vivo Imaging Study." Cerebral Cortex 24 (2014): 377–384.

- Kempermann, G., Kuhn, H. G., and Gage, F. H. "More Hippocampal Neurons in Adult Mice Living in an Enriched Environment." Nature 386 (1997): 493–495.

- Kleim, J. A., Cooper, N. R., and VandenBerg, P. M. "Exercise Induces Angiogenesis but Does Not Alter Movement Representations within Rat Motor Cortex." Brain Research 934 (2002): 1–6.

- Kobilo, T., Liu, Q. R., Gandhi, K., Mughal, M., Shaham, Y., and Van, P. H. "Running Is the Neurogenic and Neurotrophic Stimulus in Environmental Enrichment." Learning and Memory 18 (2011): 605–609.

- Krech, D., Rosenzweig, M. R., and Bennett, E. L. "Effects of Environmental Complexity and Training on Brain Chemistry." Journal of Comparative and Physiological Psychology 53 (1960): 509–519.

- Larson, E. B., Wang, L., Bowen, J. D., McCormick,W. C., Teri, L., Crane, P., and Kukull, W. "Exercise Is Associated with Reduced Risk for Incident Dementia among Persons 65 Years of Age and Older." Annals of Internal Medicine 144 (2006): 73–81.

- Lin, T. W., and Kuo, Y. M. "Exercise Benefits Brain Function: The Monoamine Connection." Brain Science 3 (2013): 39–53.

- Marlatt, M. W., Potter, M. C., Lucassen, P. J., and Van, P. H. "Running throughout Middle–Age Improves Memory Function, Hippocampal Neurogenesis, and BDNF Levels in Female C57BL/6J Mice." Developmental Neurobiology 72 (2012): 943–952.

- Pereira, A. C., Huddleston, D. E., Brickman, A. M., Sosunov, A. A., Hen, R., McKhann, G. M., Sloan, R., Gage, F. H., Brown, T. R., and Small, S. A. "An In Vivo Correlate of Exercise–Induced Neurogenesis in the Adult Dentate Gyrus." Proceedings of the National Academy of Sciences U.S.A. 104

(2007): 5638–5643.

Rosenzweig, M. R., Krech, D., Bennett, E. L., and Diamond, M. C. "Effects of Environmental Complexity and Training on Brain Chemistry and Anatomy: A Replication and Extension." Journal of Comparative Physiological Psychology 55 (1962): 429–437.

Smith, P. J., Blumenthal, J. A., Hoffman, B. M., Cooper, H., Strauman, T. A., Welsh–Bohmer, K., Browndyke, J. N., and Sherwood, A. "Aerobic Exercise and Neurocognitive Performance: A Meta–Analytic Review of Randomized Controlled Trials." Psychosomatic Medicine 72 (2010): 239–252.

Stranahan, A. M., Khalil, D., and Gould, E. "Running Induces Widespread Structural Alterations in the Hippocampus and Entorhinal Cortex." Hippocampus 17 (2007): 1017–1022.

Van, P. H. "Neurogenesis and Exercise: Past and Future Directions." Neuromolecular Medicine 10 (2008): 128–140.

Van, P. H., Christie, B. R., Sejnowski, T. J., and Gage, F. H. "Running Enhances Neurogenesis, Learning, and Long–Term Potentiation in Mice." Proceedings of the National Academy of Sciences U.S.A. 96 (1999): 13427–13431.

Van, P. H., Kempermann, G., and Gage, F. H. "Neural Consequences of Environmental Enrichment." Nature Reviews Neuroscience 1 (2000): 191–198.

Van, P. H., Kempermann, G., and Gage, F. H. "Running Increases Cell Proliferation and Neurogenesis in the Adult Mouse Dentate Gyrus." Nature Neuroscience 2 (1999): 266–270.

Van, P. H., Shubert, T., Zhao, C., and Gage, F. H. "Exercise Enhances Learning and Hippocampal Neurogenesis in Aged Mice." Journal of Neuroscience 25 (2005): 8680–8685.

Voss, M. W., Vivar, C., Kramer, A. F., and Van, P. H. "Bridging Animal and Human Models of Exercise–Induced Brain Plasticity." Trends in

Cognitive Science 17 (2013): 525–544.

- Young, S. N. "How to Increase Serotonin in the Human Brain without Drugs." Journal of Psychiatry and Neuroscience 32 (2007): 394–399.
- Young, S. N., and Leyton, M. "The Role of Serotonin in Human Mood and Social Interaction. Insight from Altered Tryptophan Levels." Pharmacology, Biochemistry, and Behavior 71 (2002): 857–865.

제6장 강의실의 쫄쫄이

- Colombe, S., and Kramer, A. F. "Fitness Effects on the Cognitive Function of Older Adults: A Meta-Analytic Study." Psychological Science 14 (2003): 125–130.
- Creer, D. J., Romberg, C., Saksida, L. M., Van, P. H., and Bussey, T. J. "Running Enhances Spatial Pattern Separation in Mice." Proceedings of the National Academy of Sciences U.S.A. 107 (2010): 2367–2372.
- Kinser, P. A., Goehler, L. E., and Taylor, A. G. "How Might Yoga Help Depression? A Neurobiological Perspective." Explore 8 (2012): 118–126.
- Lee, Y. S., Ashman, T., Shang, A., and Suzuki, W. "Brief Report: Effects of Exercise and Self-Affirmation Intervention after Traumatic Brain Injury." NeuroRehabilitation 35 (2014): 57–65.
- Rocha, K. K., Ribeiro, A. M., Rocha, K. C., Sousa, M. B., Albuquerque, F. S., Ribeiro, S., and Silva, R. H. "Improvement in Physiological and Psychological Parameters after 6 Months of Yoga Practice." Consciousness and Cognition 21 (2012): 843–850.
- Thomley, B. S., Ray, S. H., Cha, S. S., and Bauer, B. A. "Effects of a Brief, Comprehensive, Yoga-Based Program on Quality of Life and Biometric Measures in an Employee Population: A Pilot Study." Explore 7 (2011): 27–29.
- Voss, M. W., Nagamatsu, L. S., Liu-Ambrose, T., and Kramer, A. F.

"Exercise, Brain, and Cognition across the Life Span." Journal of Applied Physiology 111 (2011): 1505–1513.

제7장 뇌과학자의 뇌도 스트레스를 받는다!

- Adlard, P. A., and Cotman, C. W. "Voluntary Exercise Protects against Stress–Induced Decreases in Brain–Derived Neurotrophic Factor Protein Expression." Neuroscience 124 (2004): 985–992.
- Ansell, E. B., Rando, K., Tuit, K., Guarnaccia, J., and Sinha, R. "Cumulative Adversity and Smaller Gray Matter Volume in Medial Prefrontal, Anterior Cingulate, and Insula Regions." Biological Psychiatry 72 (2012): 57–64.
- Arnsten, A. F. "Stress Signalling Pathways That Impair Prefrontal Cortex Structure and Function." Nature Reviews Neuroscience 10 (2009): 410–422.
- Baek, S. S., Jun, T. W., Kim, K. J., Shin, M. S., Kang, S. Y., and Kim, C. J. "Effects of Postnatal Treadmill Exercise on Apoptotic Neuronal Cell Death and Cell Proliferation of Maternal–Separated Rat Pups." Brain and Development 34 (2012): 45–56.
- Bannerman, D. M., Rawlins, J. N., McHugh, S. B., Deacon, R. M., Yee, B. K., Bast, T., Zhang, W. N., Pothuizen, H. H., and Feldon, J. "Regional Dissociations within the Hippocampus–Memory and Anxiety." Neuroscience and Biobehavioral Reviews 28 (2004): 273–283.
- Barbour, K. A., Edenfield, T. M., and Blumenthal, J. A. "Exercise as a Treatment for Depression and Other Psychiatric Disorders: A Review." Journal of Cardiopulmonary Rehabilitation and Prevention 27 (2007): 359–367.
- Blumenthal, J. A., Smith, P. J., and Hoffman, B. M. "Is Exercise a Viable Treatment for Depression?" ACSM's Health and Fitness Journal 16 (2012): 14–21.

Bremner, J. D., Narayan, M., Staib, L. H., Southwick, S. M., McGlashan, T., and Charney, D. S. "Neural Correlates of Memories of Childhood Sexual Abuse in Women with and without Posttraumatic Stress Disorder." American Journal of Psychiatry 156 (1999): 1787–1795.

Bremner, J. D., Staib, L. H., Kaloupek, D., Southwick, S. M., Soufer, R., and Charney, D. S. "Neural Correlates of Exposure to Traumatic Pictures and Sound in Vietnam Combat Veterans with and without Posttraumatic Stress Disorder: A Positron Emission Tomography Study." Biological Psychiatry 45 (1999): 806–816.

Davidson, R. J., and McEwen, B. S. "Social Influences on Neuroplasticity: Stress and Interventions to Promote Well-Being." Nature Neuroscience 15 (2012): 689–695.

Driessen, M., Beblo, T., Mertens, M., Piefke, M., Rullkoetter, N., Silva-Saavedra, A., Reddemann, L., Rau, H., Markowitsch, H. J., Wulff, H., Lange, W., and Woermann, F. G. "Posttraumatic Stress Disorder and fMRI Activation Patterns of Traumatic Memory in Patients with Borderline Personality Disorder." Biological Psychiatry 55 (2004): 603–611.

Hendler, T., Rotshtein, P., Yeshurun, Y., Weizmann, T., Kahn, I., Ben-Bashat, D., Malach, R., and Bleich, A. "Sensing the Invisible: Differential Sensitivity of Visual Cortex and Amygdala to Traumatic Context." Neuroimage 19 (2003): 587–600.

Herring, M. P., O'Connor, P. J., and Dishman, R. K. "The Effect of Exercise Training on Anxiety Symptoms Among Patients: A Systematic Review." Archives of Internal Medicine 170 (2010): 321–331.

Hoffman, B. M., Babyak, M. A., Craighead, W. E., Sherwood, A., Doraiswamy, P. M., Coons, M. J., and Blumenthal, J. A. "Exercise and Pharmacotherapy in Patients with Major Depression: One-Year Follow-Up of the SMILE Study." Psychosomatic Medicine 73 (2011): 127–133.

Kannangara, T. S., Webber, A., Gil-Mohapel, J., and Christie, B. R. "Stress Differentially Regulates the Effects of Voluntary Exercise on Cell

Proliferation in the Dentate Gyrus of Mice." Hippocampus 19 (2009): 889–897.

Kempermann, G., and Kronenberg, G. "Depressed New Neurons—Adult Hippocampal Neurogenesis and a Cellular Plasticity Hypothesis of Major Depression." Biological Psychiatry 54 (2003): 499–503.

Kitayama, N., Vaccarino, V., Kutner, M., Weiss, P., and Bremner, J. D. "Magnetic Resonance Imaging (MRI) Measurement of Hippocampal Volume in Posttraumatic Stress Disorder: A Meta–Analysis." Journal of Affective Disorders 88 (2005): 79–86.

Koenigs, M., and Grafman, J. "Posttraumatic Stress Disorder: The Role of Medial Prefrontal Cortex and Amygdala." Neuroscientist 15 (2009): 540–548.

Levine, S. "Plasma–Free Corticosteroid Response to Electric Shock in Rats Stimulated in Infancy." Science 135 (1962): 795–796.

Lyons, D. M., Parker, K. J., and Schatzberg, A. F. "Animal Models of Early Life Stress: Implications for Understanding Resilience." Developmental Psychobiology 52 (2010): 616–624.

McEwen, B. S. "Physiology and Neurobiology of Stress and Adaptation: Central Role of the Brain." Physiological Reviews 87 (2007): 873–904.

McEwen, B. S., and Morrison, J. H. "The Brain on Stress: Vulnerability and Plasticity of the Prefrontal Cortex over the Life Course." Neuron 79 (2013): 16–29.

Ondicova, K., and Mravec, B. "Multilevel Interactions between the Sympathetic and Parasympathetic Nervous Systems: A Minireview." Endocrine Regulations 44 (2010): 69–75.

Parker, K. J., Buckmaster, C. L., Justus, K. R., Schatzberg, A. F., and Lyons, D. M. "Mild Early Life Stress Enhances Prefrontal–Dependent Response Inhibition in Monkeys." Biological Psychiatry 57 (2005): 848–855.

Parker, K. J., Buckmaster, C. L., Schatzberg, A. F., and Lyons, D. M.

"Prospective Investigation of Stress Inoculation in Young Monkeys." Archives of General Psychiatry 61 (2004): 933–941.

Paton, J. F., Boscan, P., Pickering, A. E., and Nalivaiko, E. "The Yin and Yang of Cardiac Autonomic Control: Vago–Sympathetic Interactions Revisited." Brain Research. Brain Research Reviews 49 (2005): 555–565.

Perraton, L. G., Kumar, S., and Machotka, Z. "Exercise Parameters in the Treatment of Clinical Depression: A Systematic Review of Randomized Controlled Trials." Journal of Evaluation in Clinical Practice 16 (2010): 597–604.

Russo, S. J., Murrough, J. W., Han, M. H., Charney, D. S., and Nestler, E. J. "Neurobiology of Resilience." Nature Neuroscience 15 (2012): 1475–1484.

Sahay, A., Drew, M. R., and Hen, R. "Dentate Gyrus Neurogenesis and Depression." Progress in Brain Research 163 (2007): 697–722.

Sahay, A., and Hen, R. "Adult Hippocampal Neurogenesis in Depression." Nature Neuroscience 10 (2007): 1110–1115.

Sapolsky, R. M. "The Influence of Social Hierarchy on Primate Health." Science 308 (2005): 648–652.

Sapolsky, R. M. "Taming Stress." Scientific American 289, no. 3 (2003): 86–95.

Sapolsky, R. M. "Why Stress Is Bad for Your Brain." Science 273 (1996): 749–750.

Schoenfeld, T. J., and Gould, E. "Stress, Stress Hormones, and Adult Neurogenesis." Experimental Neurology 233 (2012): 12–21.

Shin, L. M., Orr, S. P., Carson, M. A., Rauch, S. L., Macklin, M. L., Lasko, N. B., Peters, P. M., Metzger, L. J., Dougherty, D. D., Cannistraro, P. A., Alpert, N. M., Fischman, A. J., and Pitman, R. K. "Regional Cerebral Blood Flow in the Amygdala and Medial Prefrontal Cortex during Traumatic Imagery in Male and Female Vietnam Veterans with PTSD." Archives of General Psychiatry 61 (2004): 168–176.

Uno, H., Tarara, R., Else, J. G., Suleman, M. A., and Sapolsky, R. M.

"Hippocampal Damage Associated with Prolonged and Fatal Stress in Primates." Journal of Neuroscience 9 (1989): 1705–1711.

- Woon, F. L., Sood, S., and Hedges, D. W. "Hippocampal Volume Deficits Associated with Exposure to Psychological Trauma and Posttraumatic Stress Disorder in Adults: A Meta–Analysis." Progress in Neuro–Psychopharmacology and Biological Psychiatry 34 (2010): 1181–1188.

제8장 뇌를 웃게 만드는 법

- Adlard, P. A., and Cotman, C. W. "Voluntary Exercise Protects against Stress–Induced Decreases in Brain–Derived Neurotrophic Factor Protein Expression." Neuroscience 124 (2004): 985–992.
- Aron, A., Fisher, H., Mashek, D. J., Strong, G., Li, H., and Brown, L. L. "Reward, Motivation, and Emotion Systems Associated with Early–Stage Intense Romantic Love." Journal of Neurophysiology 94 (2005): 327–337.
- Barbour, K. A., Edenfield, T. M., and Blumenthal, J. A. "Exercise as a Treatment for Depression and Other Psychiatric Disorders: A Review." Journal of Cardiopulmonary Rehabilitation and Prevention 27 (2007): 359–367.
- Bartels, A., and Zeki, S. "The Neural Basis of Romantic Love." NeuroReport 11 (2000): 3829–3834.
- Berridge, K. C., and Kringelbach, M. L. "Neuroscience of Affect: Brain Mechanisms of Pleasure and Displeasure." Current Opinion in Neurobiology 23 (2013): 294–303.
- Blumenthal, J. A., Smith, P. J., and Hoffman, B. M. "Is Exercise a Viable Treatment for Depression?" ACSM's Health and Fitness Journal 16 (2012): 14–21.
- Carroll, M. E., and Lac, S. T. "Autoshaping I.V. Cocaine Self-Administration in Rats: Effects of Nondrug Alternative Reinforcers on

Acquisition." Psychopharmacology (Berlin) 110 (1993): 5-12.

- Carroll, M. E., Lac, S. T., and Nygaard, S. L. "A Concurrently Available Nondrug Reinforcer Prevents the Acquisition or Decreases the Maintenance of Cocaine-Reinforced Behavior." Psychopharmacology (Berlin) 97 (1989): 23-29.

- Fontes-Ribeiro, C. A., Marques, E., Pereira, F. C., Silva, A. P., and Macedo, T. R. "May Exercise Prevent Addiction?" Current Neuropharmacology 9 (2011): 45-48.

- Harbaugh, W. T., Mayr, U., and Burghart, D. R. "Neural Responses to Taxation and Voluntary Giving Reveal Motives for Charitable Donations." Science 316 (2007): 1622-1625.

- Herring, M. P., O'Connor, P. J., and Dishman, R. K. "The Effect of Exercise Training on Anxiety Symptoms among Patients: A Systematic Review." Archives of Internal Medicine 170 (2010):, 321-331.

- Hoffman, B. M., Babyak, M. A., Craighead, W. E., Sherwood, A., Doraiswamy, P. M., Coons, M. J., and Blumenthal, J. A. "Exercise and Pharmacotherapy in Patients with Major Depression: One-Year Follow-Up of the SMILE Study." Psychosomatic Medicine 73 (2011): 127-133.

- Hosseini, M., Alaei, H. A., Naderi, A., Sharifi, M. R., and Zahed, R. "Treadmill Exercise Reduces Self-Administration of Morphine in Male Rats." Pathophysiology 16 (2009): 3-7.

- Kelley, A. E. "Memory and Addiction: Shared Neural Circuitry and Molecular Mechanisms." Neuron 44 (2004): 161-179.

- Kringelbach, M. L. "The Human Orbitofrontal Cortex: Linking Reward to Hedonic Experience." Nature Reviews Neuroscience 6 (2005): 691-702.

- Kringelbach, M. L., and Berridge, K. C. "The Functional Neuroanatomy of Pleasure and Happiness." Discovery Medicine 9 (2010): 579-587.

- Kringelbach, M. L., and Berridge, K. C. "The Joyful Mind." Scientific American 307, no. 2 (2012): 40-45.

- Kringelbach, M. L., and Berridge, K. C. "Towards a Functional

Neuroanatomy of Pleasure and Happiness." Trends in Cognitive Science 13 (2009): 479–487.

Le, M. M., and Koob, G. F. "Drug Addiction: Pathways to the Disease and Pathophysiological Perspectives." European Neuropsychopharmacology 17 (2007): 377–393.

Lenoir, M., Serre, F., Cantin, L., and Ahmed, S. H. "Intense Sweetness Surpasses Cocaine Reward." Public Library of Science 2 (2007): e698.

Lynch, W. J., Peterson, A. B., Sanchez, V., Abel, J., and Smith, M. A. "Exercise As a Novel Treatment for Drug Addiction: A Neurobiological and Stage–Dependent Hypothesis." Neuroscience and Biobehavioral Reviews 37 (2013): 1622–1644.

Mathes, W. F., and Kanarek, R. B. "Persistent Exercise Attenuates Nicotine–But Not Clonidine–Induced Antinociception in Female Rats." Pharmacology, Biochemistry, and Behavior 85 (2006): 762–768.

National Institute on Drug Abuse. Drugs, Brains, and Behavior: The Scienceof Addiction (NIH Publication No. 14–5605). Rockville, MD, 2014.

Nestler, E. J. "The Neurobiology of Cocaine Addiction." Science and Practice Perspectives 3 (2005): 4–10.

Olds, J. "Neurophysiology of Drive." Psychiatric Research Reports 6 (1956): 15–20.

Olds, J. "A Preliminary Mapping of Electrical Reinforcing Effects in the Rat Brain." Journal of Comparative Physiological Psychology 49 (1956): 281–285.

Olds, J. "Runway and Maze Behavior Controlled by Basomedial Forebrain Stimulation in the Rat." Journal of Comparative Physiological Psychology 49 (1956): 507–512.

Olds, J., Disterhoft, J. F., Segal, M., Kornblith, C. L., and Hirsh, R. "Learning Centers of Rat Brain Mapped by Measuring Latencies of Conditioned Unit Responses." Journal of Neurophysiology 35 (1972): 202–219.

Olds, J., and Milner, P. "Positive Reinforcement Produced by Electrical

Stimulation of Septal Area and Other Regions of Rat Brain." Journal of Comparative Physiological Psychology 47 (1954): 419–427.

- Ortigue, S., Bianchi–Demicheli, F., Hamilton, A. F., and Grafton, S. T. "The Neural Basis of Love As a Subliminal Prime: An Event–Related Functional Magnetic Resonance Imaging Study." Journal of Cognitive Neuroscience 19 (2007): 1218–1230.

- Perraton, L. G., Kumar, S., and Machotka, Z. "Exercise Parameters in the Treatment of Clinical Depression: A Systematic Review of Randomized Controlled Trials." Journal of Evaluation in Clinical Practice 16 (2010): 597–604.

- Russo, S. J., Mazei–Robison, M. S., Ables, J. L., and Nestler, E. J. "Neurotrophic Factors and Structural Plasticity in Addiction." Neuropharmacology 56, suppl. 1 (2009): 73–82.

- Smith, M. A., and Lynch, W. J. "Exercise As a Potential Treatment for Drug Abuse: Evidence from Preclinical Studies." Frontiers in Psychiatry 2 (2011): 82.

- Smith, M. A., Schmidt, K. T., Iordanou, J. C., and Mustroph, M. L. "Aerobic Exercise Decreases the Positive–Reinforcing Effects of Cocaine." Drug and Alcohol Dependence 98 (2008): 129–135.

- Taylor, A. H., Ussher, M. H., and Faulkner, G. "The Acute Effects of Exercise on Cigarette Cravings, Withdrawal Symptoms, Affect and Smoking Behaviour: A Systematic Review." Addiction 102 (2007): 534–543.

- Volkow, N. D., and Wise, R. A. "How Can Drug Addiction Help Us Understand Obesity?" Nature Neuroscience 8 (2005): 555–560.

- Wise, R. A. "Dopamine, Learning and Motivation." Nature Reviews Neuroscience 5 (2004): 483–494.

- Xu, X., Aron, A., Brown, L., Cao, G., Feng, T., and Weng, X. "Reward and Motivation Systems: A Brain Mapping Study of Early–Stage Intense Romantic Love in Chinese Participants." Human Brain Mapping 32 (2011):

249–257.

Xu, X., Brown, L., Aron, A., Cao, G., Feng, T., Acevedo, B., and Weng, X. "Regional Brain Activity During Early–Stage Intense Romantic Love Predicted Relationship Outcomes after 40 Months: An fMRI Assessment." Neuroscience Letters 526 (2012): 33–38.

제9장 걷기만 해도 아인슈타인이 될 수 있다

Berkowitz, A. L., and Ansari, D. "Expertise–Related Deactivation of the Right Temporoparietal Junction during Musical Improvisation." Neuroimage 49 (2010): 712–719.

Berkowitz, A. L., and Ansari, D. "Generation of Novel Motor Sequences: The Neural Correlates of Musical Improvisation." Neuroimage 41 (2008): 535–543.

Brown, S., Martinez, M. J., and Parsons, L. M. "Music and Language Side by Side in the Brain: A PET Study of the Generation of Melodies and Sentences." European Journal of Neuroscience 23 (2006): 2791–2803.

Damasio, A. R. "Toward a Neurobiology of Emotion and Feeling: Operational Concepts and Hypotheses." The Neuroscientist 1 (1995): 19–25.

Dietrich, A. "The Cognitive Neuroscience of Creativity." Psychonomic Bulletin and Review 11 (2004): 1011–1026.

Dietrich, A., and Kanso, R. "A Review of EEG, ERP, and Neuroimaging Studies of Creativity and Insight." Psychology Bulletin 136 (2010): 822–848.

Jung, R. E., Mead, B. S., Carrasco, J., and Flores, R. A. "The Structure of Creative Cognition in the Human Brain." Frontiers in Human Neuroscience 7 (2013): 330.

Jung, R. E., Segall, J. M., Jeremy, B. H., Flores, R. A., Smith, S. M.,

Chavez, R. S., and Haier, R. J. "Neuroanatomy of Creativity." Human Brain Mapping 31 (2010): 398−409.

- Limb, C. J., and Braun, A. R. "Neural Substrates of Spontaneous Musical Performance: An fMRI Study of Jazz Improvisation." Public Library of Science 3 (2008): e1679.

- Liu, S., Chow, H. M., Xu, Y., Erkkinen, M. G., Swett, K. E., Eagle, M. W., Rizik−Baer, D. A., and Braun, A. R. "Neural Correlates of Lyrical Improvisation: An fMRI Study of Freestyle Rap." Scientific Reports 2 (2012): 834.

- Oppezzo, M., and Schwartz, D. L. "Give Your Ideas Some Legs: The Positive Effect of Walking on Creative Thinking." Journal of Experimental Psychology: Learning, Memory, and Cognition 40 (2014): 1142−1152.

- Seeley, W. W., Matthews, B. R., Crawford, R. K., Gorno−Tempini, M. L., Foti, D., Mackenzie, I. R., and Miller, B. L. "Unravelling Bolero: Progressive Aphasia, Transmodal Creativity and the Right Posterior Neocortex." Brain 131 (2008): 39−49.

- Shamay−Tsoory, S. G., Adler, N., Aharon−Peretz, J., Perry, D., and Mayseless, N. "The Origins of Originality: The Neural Bases of Creative Thinking and Originality." Neuropsychologia 49 (2011): 178−185.

제10장 우울과 명상의 과학

- Fries, P., Nikolic, D., and Singer, W. "The Gamma Cycle." Trends in Neuroscience 30(2007): 309−316.

- Goldin, P., Ziv, M., Jazaieri, H., Hahn, K., and Gross, J. J. "MBSR vs Aerobic Exercise in Social Anxiety: fMRI of Emotion Regulation of Negative Self−Beliefs." Social, Cognitive, and Affective Neuroscience 8 (2013): 65−72.

- Holzel, B. K., Carmody, J., Vangel, M., Congleton, C., Yerramsetti, S. M.,

Gard, T., and Lazar, S. W. "Mindfulness Practice Leads to Increases in Regional Brain Gray Matter Density." Psychiatry Research 191 (2011), 36–43.

Holzel, B. K., Ott, U., Gard, T., Hempel, H., Weygandt, M., Morgen, K., and Vaitl, D. "Investigation of Mindfulness Meditation Practitioners with Voxel–Based Morphometry." Social, Cognitive, and Affective Neuroscience 3 (2008): 55–61.

Ives–Deliperi, V. L., Solms, M., and Meintjes, E. M. "The Neural Substrates of Mindfulness: An fMRI Investigation." Social Neuroscience 6 (2011): 231–242.

Jazaieri, H., Goldin, P. R., Werner, K., Ziv, M., and Gross, J. J. "A Randomized Trial of MBSR Versus Aerobic Exercise for Social Anxiety Disorder." Journal of Clinical Psychology 68 (2012): 715–731.

Leung, M. K., Chan, C. C., Yin, J., Lee, C. F., So, K. F., and Lee, T. M. "Increased Gray Matter Volume in the Right Angular and Posterior Parahippocampal Gyri in Loving–Kindness Meditators." Social, Cognitive, and Affective Neuroscience 8 (2013): 34–39.

Lutz, A., Greischar, L. L., Rawlings, N. B., Ricard, M., and Davidson, R. J. "Long–Term Meditators Self–Induce High–Amplitude Gamma Synchrony during Mental Practice." Proceedings of the National Academy of Sciences U.S.A. 101 (2004): 16369–16373.

Lutz, A., Slagter, H. A., Dunne, J. D., and Davidson, R. J. "Attention Regulation and Monitoring in Meditation." Trends in Cognitive Science 12 (2008): 163–169.

MacLean, K. A., Ferrer, E., Aichele, S. R., Bridwell, D. A., Zanesco, A. P., Jacobs, T. L., King, B. G., Rosenberg, E. L., Sahdra, B. K., Shaver, P. R., Wallace, B. A., Mangun, G. R., and Saron, C. D. "Intensive Meditation Training Improves Perceptual Discrimination and Sustained Attention." Psychological Science 21 (2010): 829–839.

Singer, W. "Neuronal Synchrony: A Versatile Code for the Definition of

Relations?" Neuron 24 (1999): 49–25.

Singer, W., and Gray, C. M. "Visual Feature Integration and the Temporal Correlation Hypothesis." Annual Review of Neuroscience 18 (1995): 555–586.

Slagter, H. A., Davidson, R. J., and Lutz, A. "Mental Training As a Tool in the Neuroscientific Study of Brain and Cognitive Plasticity." Frontiers in Human Neuroscience 5 (2011): 17.

Varela, F., Lachaux, J. P., Rodriguez, E., and Martinerie, J. "The Brainweb: Phase Synchronization and Large-Scale Integration." Nature Reviews Neuroscience 2 (2001): 229–239.